Martin Kern

dBASE / xBASE-Toolbox für Turbo Pascal

Martin Kern

dBASE / xBASE-Toolbox für Turbo Pascal

Mehr als 150 Datenbankwerkzeuge für den professionellen Pascal-Programmierer

Das in diesem Buch enthaltene Programm-Material ist mit keiner Verpflichtung oder Garantie irgendeiner Art verbunden. Der Autor und der Verlag übernehmen infolgedessen keine Verantwortung und werden keine daraus folgende oder sonstige Haftung übernehmen, die auf irgendeine Art aus der Benutzung dieses Programm-Materials oder Teilen davon entsteht.

Softcover reprint of the hardcover 1st edition 1994

Der Verlag Vieweg ist ein Unternehmen der Verlagsgruppe Bertelsmann International.

Gedruckt auf säurefreiem Papier

ISBN 978-3-663-05796-3 ISBN 978-3-663-05795-6 (eBook)
DOI 10.1007/978-3-663-05795-6

Vorwort

Liebe Programmierer,

ich hätte nicht gedacht, daß die Toolbox, die Sie mit diesem Buch erworben haben, einmal diesen Funktionsumfang haben würde.

Zunächst war da nämlich nur das Problem, bestimmte Daten auf Festplatte so abzulegen, daß andere Programme damit weiterarbeiten konnten: eine Tabellenkalkulation und eine Datenbank. Da im Bereich der PC-Software das dBASE-Format von vielen Programmen unterstützt wird, wollte ich meine Daten auch in diesem Format ablegen. Für das Programm realisierte ich dann in Turbo Pascal einfache Funktionen, die es mir ermöglichten, die dBASE-Dateien so zu bearbeiten, wie es erforderlich war.

Bei dieser Anwendung blieb es aber nicht. Es folgten weitere, bei denen das Abspeichern der Daten immer wieder ein Thema war. Als Konsequenz entwickelte ich ein eigenes API (Application Programming Interface), das es dem Pascal-Programmierer ermöglicht, dBASE-Dateien auf komfortable Weise zu erzeugen und zu bearbeiten: die „dBASE-/xBASE-Toolbox für Turbo Pascal". In Anlehnung an den internationalen Sprachgebrauch wird die Toolbox im folgenden Werk auch als „Engine" bezeichnet.

Mit diesem Buch möchte ich die Engine der Öffentlichkeit zugänglich machen, so daß möglichst viele Anwender einen Nutzen von ihr haben.

Ich wünsche auch Ihnen viel Erfolg mit den Toolbox-Funktionen.

Reutlingen, im September 1993 Martin Kern

1 Überblick

1.1 An wen richtet sich dieses Buch?

Dieses Buch richtet sich zunächst an alle, die sich für Turbo Pascal interessieren und bereits Kenntnisse im Umgang mit der Sprache und dem Compiler besitzen. Es wendet sich speziell an die Leser, die ihre Daten von Pascal aus auf unkomplizierte Weise im dBASE-Format ablegen und bearbeiten möchten. Auch dBASE-Programmierer, die mit der Pascal-Syntax vertraut sind, können mit dieser Ausgabe ihre Funktionsbibliothek erweitern. Die Kenntnis von dBASE wird nicht vorausgesetzt, ist aber sehr nützlich. Das Buch selbst ist so konzipiert, daß es weniger als Lehr-, sondern vielmehr als Handbuch dienen soll.

1.2 Was ist die dBASE/xBASE-Toolbox?

Die Toolbox, die in diesem Buch auch als Engine ***dPAC**** 3.0 bezeichnet wird, ist eine Sammlung von ca. 150 Routinen (und über 50 Utility-Funktionen). Sie dient als API (Application Programming Interface), das dem Anwender in Pascal-Units zur Verfügung gestellt wird und mit dem sich der dBASE-Datenbestand unter Turbo-Pascal bzw. Borland Pascal bearbeiten läßt. *dPAC* unterstützt die dBASE-Versionen III, III Plus und IV, erkennt automatisch deren Unterschiede und behandelt die Dateien entsprechend. Alle Module liegen im Sourcecode auf Diskette vor und können individuell den eigenen Bedürfnissen angepaßt werden.

Die Haupteinsatzgebiete der Engine liegen in der Datenerfassung und Datenauswertung. Mit ihr ist aber durchaus eine kleine Datenverwaltung realisierbar. *dPAC* setzt deshalb *nicht* das Vorhandensein von dBASE voraus, sondern kann dBASE-Dateien selbst erzeugen und bearbeiten.

---

* dPAC bedeutet „dBASE Pascal Connection" (aktuelle Version 3.0)

Mit den Routinen von *dPAC* können ebenso leicht von dBASE erzeugte Dateien gelesen und bearbeitet werden, wie auch umgekehrt.

Um dem Leser die Strukturen dieser Dateien aufzuzeigen, liegt ein Schwerpunkt dieses Buches in deren detaillierter Beschreibung.

Die Kombination eines vorhandenen dBASE-Systems mit *dPAC* ist möglich, indem die Pascal-Anwendung - welche die Engine-Routinen benutzt - von dBASE aus mit *RUN* aufgerufen wird. Notwendige Parameter können in der Kommandozeile mitübergeben werden. Eine Rückgabe von Parametern des Pascal-Programms kann in Form einer dBASE-Tabelle erfolgen und die Feldinhalte können mit dBASE weiterverarbeitet werden. Das Bild 1.1 zeigt das Zusammenwirken von dBASE und Pascal-Programm. Es soll die oben beschriebenen Sachverhalte deutlich machen.

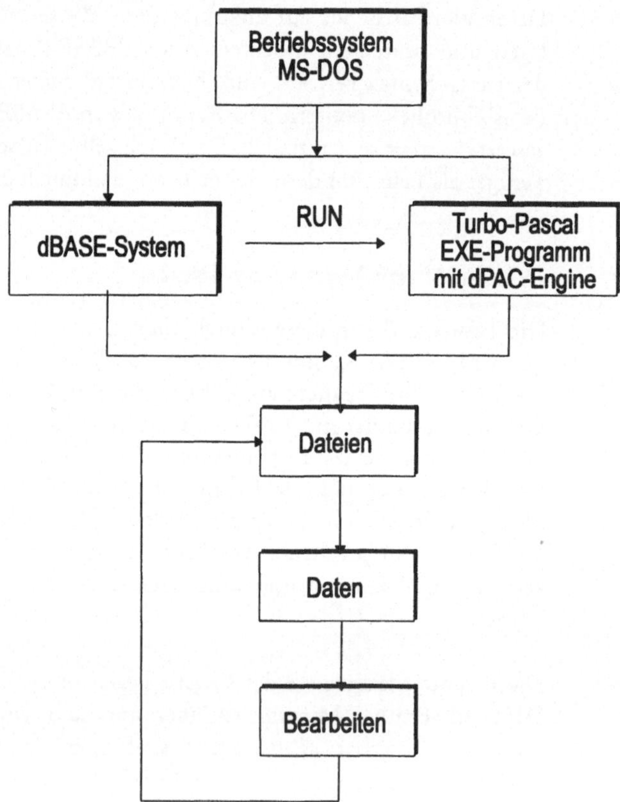

Bild 1.1: dBASE und Pascal arbeiten mit demselben Datenbestand

Die Engine kann auch zusammen mit weiteren Units in das eigene Programm mit aufgenommen werden (z.B. EMS-Speicher-Unit, Window-Manager, Unit für die serielle Schnittstelle, etc.). Dadurch bieten sich dem Anwender vielseitige Einsatzmöglichkeiten.

Einige Beispiele sind in der folgenden Liste zusammengestellt:

- ❑ Verlagerung umfangreicher Berechnungen (aufgrund fehlender oder eingeschränkter Funktionen in dBASE) auf die Hochsprache Pascal.
- ❑ Ausgabe von Grafiken in Turbo-Pascal mit Daten aus dem dBASE-Datenbestand.
- ❑ Bearbeitung von Memotexten mit externem Editor.
- ❑ Datenerfassung, Datenspeicherung und Datenauswertung in Turbo-Pascal.
- ❑ Übernahme einkommender Daten von der seriellen oder parallelen Schnittstelle und das Speichern in einer dBASE-Tabelle.
- ❑ Pascal-Anwendungen legen ihre Daten in einem für dBASE verständlichen Format ab; diese können gegebenenfalls mit dBASE oder mit dBASE-kompatiblen Programmen weiterverarbeitet werden.
- ❑ Aufteilung von Datenbankfunktionen (durch dBASE) und Systemfunktionen (durch Turbo-Pascal).

Wo die Engine nun letztendlich ihren Einsatz findet, stellt sich in der Praxis heraus. Dort wird mit ihrer Hilfe sicherlich das eine oder andere Problem leichter zu lösen sein.

Da man aber ein Programm nur dann effektiv nutzen kann, wenn man seine Vorzüge kennt, wurde in diesem Buch großer Wert auf die Beschreibung der Engine-Routinen gelegt. Zahlreiche Programmbeispiele ergänzen diese Referenz und erleichtern so die Verwendung der Engine.

1.3 Typographie

Die in diesem Buch verwendeten typographischen Konventionen sind in der folgenden Liste zusammengestellt:

Mit diesem Symbol sind Hinweise markiert, die sich hauptsächlich auf die Toolbox beziehen.

Neben dem „Tip-Symbol" stehen nützliche Tips, die Ihnen im Umgang mit den Toolbox-Funktionen eine praktische Hilfe sein können.

Kursiv In der kursiven Schreibweise stehen Funktionsnamen, Prozedurnamen, Pascal-Bezeichner und Variablen etc., die meist in Verbindung mit dem Programmtext stehen.

GROSS Mit Großbuchstaben sind meist Pascal-Konstanten, Unitnamen, Feldbezeichner in dBASE-Dateien oder dBASE-Befehle gekennzeichnet.

`IF OK ...` Quelltexte oder Bildschrimausgaben werden in dieser Schrift gedruckt.

[1] So gekennzeichnete Textstellen verweisen mit ihrer Nummer auf den betreffenden Eintrag im Literaturverzeichnis.

[Strg]+[Y] Bei Funktionen, die über die Tastatur zu bedienen sind, werden die möglichen Tasten- bzw. Tastenkombinationen mit diesen Symbolen dargestellt.

2 Die Toolbox installieren

In diesem Kapitel erfahren Sie, welche Voraussetzungen notwendig sind, um die Toolbox *dPAC* * auf einem Rechner installieren zu können, wie die Installation vor sich geht und schließlich lernen Sie die verschiedenen Möglichkeiten der Kompilierung kennen.

2.1 Systemvoraussetzungen

Um *dPAC* auf dem Zielsystem installieren zu können, wird folgendes vorausgesetzt:

- Betriebssystem DOS ab Version 3.0.
- PC (XT oder AT oder 100% kompatible) mit normalem Speicherausbau (512 KByte oder mehr).
- beliebige Grafikkarte.
- Ein Diskettenlaufwerk (mind. 1,44 MByte)** und eine Festplatte (ab 20 MByte, eher noch mehr). Bei Verwendung von zwei Diskettenlaufwerken, muß eines davon Disketten der Kapazität von mind. 1,44 MByte aufnehmen können.
- Turbo-Pascal (ab Version 5.0) oder Borland Pascal 7.0.

Wie Sie aus der obigen Liste ersehen können, ist das Vorhandensein eines dBASE-Systems nicht Voraussetzung.

---

* dPAC bedeutet „dBASE Pascal Connection“ (aktuelle Version 3.0)

** Nur für die Installation benötigen Sie ein 1,44 MB Diskettenlaufwerk, da die Programme auf einer 3,5" HD-Diskette gespeichert sind. Anwendungen mit der Engine sind auch XT's lauffähig, die nur 360 KByte-Laufwerke besitzen. Verfügen Sie nur über ein solches Laufwerk, kopieren Sie sich die Programme am besten bei Freunden auf das gewünschte Format oder gehen vielleicht zu einem PC-Fachhändler.

Es wird aber benötigt, wenn Pascal-Anwendung und dBASE zusammen auf den dBASE-Datenbestand zugreifen sollen (z.B. Aufruf der Anwendung von dBASE aus mit RUN).

2.2 Installation der Programme

Damit es möglich war, die Programme von dPAC auf einer 1,44 MByte-Diskette unterzubringen, wurden sie in einer „selbstextrahierenden" gepackten Datei untergebracht.

Für eine einfache Installation sorgt die Batchdatei INSTALL.BAT, die bei ihrem Aufruf sämtliche Programme auf das angegebene Ziellaufwerk installiert. Standardmäßig ist als Ziel das Verzeichnis C:\dPAC300 eingestellt, das Sie jedoch beim Aufruf von INSTALL ändern können. Als Alternative zur automatischen Installation kann *dPAC* auch manuell installiert werden. Die folgende Installations-Anleitung beschreibt beide Arten der Installation und geht davon aus, daß sich die Programmdiskette in Laufwerk **A** befindet:

Wenn *dPAC* mit INSTALL installiert werden soll, führen Sie bitte folgende Schritte durch:

1. Einlegen der Programm-Diskette in Laufwerk A.
2. Wechsel auf das Laufwerk A und INSTALL* eingeben. Optional können Sie ein Zielverzeichnis eingeben, sollte dies vom Vorgabewert C:\dPAC300 abweichen (z.B. INSTALL D:\DBENGINE).
3. Bestätigen der Installations-Meldung mit [J].

Nach diesen drei Schritten werden die Programme von *dPAC* automatisch im Zielverzeichnis gespeichert. Sollen zudem die Beispielprogramme aus dem Referenzteil kopiert werden, so ist die nächste Frage ebenfalls mit [J] zu beantworten.

Nachdem alle Programme installiert sind, wird Ihnen die Datei READ.ME am Bildschirm angezeigt.

---

* Bei monochromen Bildschirmen ist der Parameter /M mit anzugeben. Wenn ein Zielpfad mitgegeben wird, ist /M der zweite Aufrufparameter.

Wollen Sie *dPAC* manuell installieren, dann führen Sie bitte die folgenden Schritte durch:

1. Einlegen der Programm-Diskette in Laufwerk A.
2. Wechsel auf Quellaufwerk A und \ENGINE\DPAC300.EXE *dr:\path* eingeben (*dr* durch Ziellaufwerk und *path* durch Zielpfad ersetzen. Das Ziel sollte jedoch nicht Laufwerk A sein!).
3. Wechsel auf Quellaufwerk A und \DEMOS\DEMOS.EXE *dr:\path* eingeben und danach \EXTRA\EXTRA.EXE *dr:\path*, wenn Sie die Demo- und Bonus-Programme auch kopieren möchten.

Existiert das angegebene Zielverzeichnis nicht, wird es sowohl bei der manuellen als auch bei der automatischen Installation - falls möglich - erzeugt. Sind die Programme nach obigen Anweisungen installiert, kann nun beispielsweise durch Wechsel auf das Zielverzeichnis und Eingabe von ADRESS die Adressenliste gestartet werden (näheres dazu jedoch im Kapitel 3.3). Gab es während der Installation Speicherplatz-Probleme, ist es zweckmäßig, das System neu zu starten und gegebenenfalls resident geladene Programme aus dem Speicher zu entfernen. Sollten Sie bei der automatischen Installation mit INSTALL Meldungen wie „Nicht genügend Platz im Umgebungsbereich" oder ähnliche bekommen, dann reicht der reservierte Platz für die momentane Umgebung nicht mehr aus. Dieses Problem umgehen Sie, indem Sie in der Datei CONFIG.SYS den Speicher für den Umgebungsbereich um ca. 100 Bytes erhöhen und das System neu starten. Genauere Informationen erhalten Sie beim Aufruf der Datei INSTALL, die in so einem Fall einen Hilfebildschirm ausgibt.

Lesen Sie auch die Datei READ.ME, die sich auf der Programmdiskette befindet. In ihr stehen Informationen, die erst nach der Drucklegung bekannt wurden.

2.3 Kompilieren der Programme

Die Engine kann im wesentlichen auf zwei unterschiedliche Arten kompiliert werden. Diese werden im folgenden aufgelistet und sind in der Kommandozeile vom DOS-Prompt aus einzugeben:

1. *TPC DPAC [/B /L]*
2. *TPC DPAC /DNOERRORMSG /DFAST [/B /L]*

TPC ist der Kommandozeilen-Compiler von Turbo-Pascal. Die Schalter /B und /L in Klammern müssen Sie nur angeben, wenn alle Module der Engine kompiliert werden sollen (/B), und wenn beim Linken der Link-Puffer auf Diskette/Platte ausgelagert werden soll (/L). Bei Ausführen von **1.** erfolgt eine „normale" Kompilierung, d.h. alle Fehlertexte, die Bereichsüberprüfung {$R+} und die Stack-Kontrolle {$S+} werden mit aufgenommen. Beim Ausführen von **2.** erfolgt eine sogenannte „bedingte" Kompilierung, d.h. es werden keine Fehlertexte aufgenommen und die Engine wird ohne die oben genannten Kontrollen kompiliert. Die verwendeten Compiler-Schalter sind in der Includedatei *COMPILE.INC* zu finden, die von allen Engine-Units mit aufgenommen wird.

Der Vorteil der zweiten Methode ist, daß mit ihr Programmkode gespart wird. Bei der Ausgabe einer Fehlerbehandlung steht Ihnen jedoch lediglich die Fehlernummer und nicht der Fehlertext zur Verfügung. Wird z.B. die Prozedur *DBErrMsg* bei einem Fehler aufgerufen, so gibt sie nur die Meldung „Error <Fehlernummer>" aus.

Bei Datumsangaben haben Sie die Wahl, Tages- und Monats-Angaben in Deutsch oder Englisch ausgeben zu lassen. Wenn Sie die englische Schreibweise bevorzugen, muß die Unit *DPACGBL* mit folgendem Aufrufparameter kompiliert werden:

TPC DPACGBL /DENGLISH

Sie können die Define-Anweisung *ENGLISH* auch zusätzlich zu den oberen beiden Methoden angeben, müssen dann aber mit den Kompiler-Schaltern /M oder /B sicherstellen, daß die Unit *DPACGBL* den Kompiliervorgang ebenfalls durchläuft.

Durch die Unit *MREAD*, die von den Units *XMEMO* und *XVIEW* eingebunden wird, unterstützen der Memo-Editor und die View-Funktion auch die Maus. Kompilieren Sie die Unit *MREAD* mit der Define-Anweisung *MOUSE*

TPC MREAD /DMOUSE

wenn Sie zusätzlich zur Existenzprüfung eines Maustreibers die Initialisierung der Maus durch den Interrupt 33h (Funktion 0) wünschen. Durch diese Art der Maus-Initialisierung kann überprüft werden, ob bei Programmstart eine Maus angeschlossen ist.

Auf manchen älteren Systemen ist diese Initialisierung jedoch recht zeitaufwendig. Sie können die Zeit einsparen, indem Sie die Unit einfach ohne Define-Anweisung kompilieren. In diesem Fall wird lediglich die Existenz des Maustreibers überprüft.

Unabhängig von den obigen Schaltern erfolgt, abhängig von der verwendeten Hardware, in der Unit *DPAC* eine bedingte Kompilierung. Besitzt das System, auf dem die Engine kompiliert wird, einen mathematischen Koprozessor (Typ XX87), so werden nur einige Routinen zur direkten Ansteuerung des Koprozessors eingebunden. Dadurch lassen sich die Prozeduren und Funktionen, die den Koprozessor benutzen
(z. Zt. nur *DBFldGetDoub* und *DBFldPutDoub*), nur auf Systemen mit Koprozessor verwenden. Ist zur Kompilierzeit kein Koprozessor vorhanden, so erfolgt die Aufnahme des kompletten Koprozessor-Emulators. Die Engine läßt sich dann auf Systemen mit und ohne Koprozessor betreiben.

Wollen Sie den Emulator immer mit aufnehmen, müssen Sie zu Beginn der Unit *DPAC* die Kompilier-Bedingung

```
{$IFDEF CPU87}              { Koprozessor ist vorhanden }
   {$N+,E-}
{$ELSE}
   {$N+,E+}
{$ENDIF}
```

durch die Anweisung {$N+,E+} ersetzen. Die Bedeutung der anderen verwendeten Compiler-Schalter ist dem Turbo-Pascal Referenz-Handbuch in Kapitel „Compiler-Befehle" zu entnehmen.

3 Aufbau der dBASE-Dateien

Das folgende Kapitel behandelt die Dateiformate des dBASE-Systems. Im einzelnen werden die Formate der Datendateien (Extension „.DBF"), der Memodateien (Endung „.DBT") und der SDF- und Delimited-Dateien (Text) vorgestellt. Die Datenstrukturen der Indexdateien („.NDX" bzw. „.MDX" bei dBASE IV) werden nicht behandelt, jedoch wird auf die Verwendung des Befehls REINDEX Bezug genommen.

Zwischen den Versionen III, III Plus und IV bestehen bezüglich der internen Struktur der Formate Unterschiede, die es verlangen, jedes Format extra zu behandeln. Die Vorgehensweise beim Aufbau der oben angeführten Dateien kann allerdings bei allen drei Versionen als gleich angesehen werden. Deshalb erfolgt zunächst die Beschreibung der Eigenheiten, die allen Versionen gemeinsam sind. Wurde keine Version angegeben, z.B. nur dBASE, so gilt dies für alle behandelten Versionen.

3.1 Tabellen für die Datenspeicherung

Für die Darstellung der Datenstrukturen verwendet dBASE das relationale Modell. Hierbei werden Daten in flachen (zweidimensionalen) „Tabellen" dargestellt. Entwickelt wurde dieses Modell im Jahre 1976 von E. F. Codd (IBM). Die Tabelle entspricht dabei der Datendatei, welche Zeilen und Spalten besitzt. Alle Daten, die in einer Zeile eingetragen werden, können (Daten-) Satz genannt werden; im folgenden jedoch als **Record** (zu deutsch: Eintrag) bezeichnet. Jede Spalte in einem Record heißt **Feld**.

Im nachfolgenden Bild 3.1 ist der schematische Aufbau einer dBASE-Tabelle zu sehen. Es zeigt die Anordnung der Felder, die im sogenannten „Recordbereich" untergebracht sind.

Bild 3.1: Aufbau des Record-bereichs

Record 1	D	Feld 1	Feld 2	....	Feld n
Record 2	D	Feld 1	Feld 2	....	Feld n

Record n	D	Feld 1	Feld 2	....	Feld n

dBASE-Tabellen zeichnen sich durch nachfolgende Eigenschaften aus:

- Jede Zeile der Tabelle stellt einen Record (Datensatz) dar, der durch eine Nummer gekennzeichnet wird. Aufgrund dieser Nummer kann auf diesen Record in der Datendatei (.DBF) zugegriffen werden (Positionierung).
- Jede Spalte der Tabelle stellt ein Feld dar, das mindestens durch Feldname, Feldtyp und Feldlänge gekennzeichnet ist. Alle Einträge einer Spalte besitzen denselben Feld- (Daten-) Typ.
- Vor den eigentlichen Daten ist jedem Record das sogenannte „Löschbyte" vorangestellt (siehe Bild 3.1, Byte „D"). Ist der Record zum Löschen markiert, wird hier ein * (2Ah) eingetragen; sonst ein Leerzeichen (20h).
- Die Records sind ohne Terminatoren nahtlos aneinander gereiht; zwischen den Feldern besteht ebenfalls keine Trennung durch Separatoren.
- Ein Feldname (Feldbezeichner) darf pro Tabelle nur einmal verwendet werden (beachte auch hierzu Kapitel 3.2).

Der Zusammenhang zwischen Records und Feldern wird in Bild 3.1 deutlich gemacht. Bei dieser Abbildung handelt es sich, wie schon erwähnt, nur um den „Record- (Datensatz-) Bereich". Tatsächlich besteht die Struktur einer dBASE-Datendatei (dBASE-Tabelle) jedoch aus drei Teilen: Dem Datei-Header, dem Record-Bereich und dem Datei-Endekennzeichen EOF (vergleiche Bild 3.2).

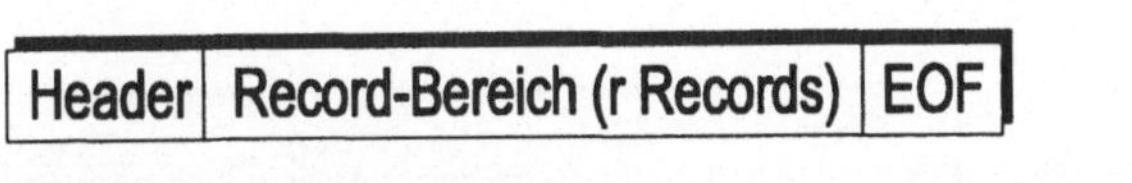

Bild 3.2: Allgemeine Struktur einer dBASE-Datendatei

Der Header einer DBF-Datei stellt für dBASE wichtige Informationen über den Aufbau dieser Datei bereit. Darin enthalten sind u.a. die Definitionen der Felder, die Länge der Records und das Datum der letzten Aktualisierung. Der Header selbst läßt sich wiederum in drei Teile aufspalten: den Definitionsbereich (Byte 0-31), die Felddeskriptoren, von denen jeder 32 Byte lang ist, und den Header-Terminator EOH (0Dh).

Bild 3.3: Struktur des dBASE-Headers

3.2 Struktur der Datendatei in dBASE III

Die Header-Struktur von dBASE III ist in der folgenden Tabelle zu sehen. Schon mit dem ersten Byte läßt sich die Version feststellen, mit der die Datei bearbeitet wurde. Ist mindestens ein Memofeld* vorhanden, erhält dieses Byte den Wert 83h; sonst 03h. Die nächsten drei Bytes enthalten das Datum des letzten Schreibzugriffs auf die Datei. Damit dBASE erkennt, wieviele Records in der Datei gespeichert sind, wird diese Information in den Bytes vier bis sieben gespeichert.

* Genaueres über die Memofelder erfahren Sie ab Kapitel 3.5.

Tabelle 3.1: dBASE III Datei-Header (.DBF-Datei)

Offset	Bytes	Bedeutung
0	1	dBASE-Version. 03h = ohne Memodatei (.DBT) 83h = mit Memodatei
1	3	Datum der letzten Aktualisierung (Schreibzugriff) JJMMTT
4	4	Anzahl der Records in .DBF-Datei (Low-Byte zuerst)
8	2	Headerlänge in .DBF-Datei (Low-Byte zuerst)
10	2	Recordlänge incl. Löschbyte (Low-Byte zuerst)
12	20	für dBASE reserviert
32	f*32	Felddefinitionen: f Felder a 32 Byte (siehe Tabelle 3.2)
32*(f+1)+1	1	Header-Terminator EOH (0Dh = Ende der Felddefinitionen)
32*(f+1)+2	1	reserviert für dBASE (Extra-Byte)

Wenn die Anzahl der Felder (f) bekannt ist, so läßt sich die Länge des Headers (Byte acht und neun) in der Version III wie folgt berechnen:

- **Header-Länge:= 32*(f+1)+2** (bei dBASE III)

Der Header einer dBASE III-Datei, die drei Felder hat, wäre dann *32*(3+1)+2 = 130* Bytes lang. Die Eins in der Klammer berücksichtigt dabei die Länge des Definitionsbereichs (siehe Bild 3.3), welcher ebenfalls 32 Bytes lang ist. Ist die Header-Länge bekannt und die Anzahl der Felder (f) nicht, so läßt sich diese mit der folgenden Formel bestimmen:

- **f:= (Header-Länge-2 DIV 32) - 1** (bei dBASE III)

Diese Berechnung ist beim Einlesen einer dBASE-Datendatei notwendig. Da dBASE Records mit fixer Länge besitzt, kann ihre Größe auch im Header-Bereich untergebracht werden; in den Bytes zehn und elf. Dieser Wert ermöglicht die Berechnung für den Zugriff auf die einzelnen Records. Addiert man die Feldlängen eines Records, so erhält man einen Wert, der um eins kleiner ist, als die eingetragene Zahl. Dieser Umstand ist durch das oben schon erwähnte Löschbyte bedingt, das jedem Datensatz vorangestellt wird. Um den Dateizeiger in der dBASE-Datei auf einen Record (r) zu bewegen, kann mit der folgenden Formel gearbeitet werden:

- **Record-Position:= Header-Länge + (r-1) * Record-Länge**

Angenommen Sie haben eine Datei, die Records mit 100 Bytes gespeichert hat und eine Header-Länge von 162 Bytes besitzt. Um den Dateizeiger auf den Record mit der Nr. 10 zu positionieren, muß der Zeiger zum Offset *162+(10-1) * 100 = 1062* gesetzt werden.
Der Rest des Definitionsbereichs, mit Ausnahme der Felddeskriptoren und des Header-Terminators (EOH), ist für den Zugriff auf dBASE-Dateien nicht wichtig. Der Aufbau der Felddeskriptoren wird in Tabelle 3.2 gezeigt.

Tabelle 3.2: dBASE III Felddeskriptor (.DBF-Datei)

Offset	Bytes	Bedeutung
0	11	Feldname in ASCII (mit 00 aufgefüllt) max. 10 Zeichen. 11. Byte ist immer 00h und dient als Ende-Markierung
11	1	Feldtyp (siehe Tabelle 3.3)
12	4	bei dBASE Felddatenadresse im Hauptspeicher (auf Platte unbrauchbar)
16	1	Feldlänge incl. Vorzeichen, Dezimalstellen und Dezimalpunkt
17	1	Anzahl der Dezimalstellen bei Feldtyp N, sonst 0
18	14	für dBASE reserviert

Jedes Feld in einem Record wird mit einem 32 Byte langen Felddeskriptor beschrieben. Der Deskriptor beginnt mit dem Feldnamen, der die folgenden Eigenschaften aufweist:

- Der Feldname, oder auch „Bezeichner" eines Feldes, darf bis zu zehn Zeichen lang sein und wird mit 00h abgeschlossen (Byte 10). Ist er kleiner als zehn Zeichen, so wird rechtsbündig mit 00h aufgefüllt. Er darf pro Tabelle nur *einmal* verwendet werden.

- Das erste Zeichen des Feldnamens muß ein alphabetisches Zeichen sein. Die folgenden Stellen können eine Kombination aus Buchstaben, Ziffern und Unterstreichungszeichen (_) bilden. Leerzeichen sind nicht erlaubt.

In den deutschen dBASE-Versionen sind auch die Umlaute *Ä*, *Ö* und *Ü*, das *ß*, die Sonderzeichen im Bereich *#128..#154* (darin sind die Umlaute enthalten) und *#160..#167* im ASCII-Alphabet (*ASCII* ist die Abkürzung für American Standard Code for Information Interchange; eine ASCII-Tabelle ist im Anhang zu finden) als Buchstaben erlaubt. Bei den englischen Versionen darf man für Buchstaben in Feldnamen nur die Zeichen des Alphabets *A..Z* bzw. *a..z* verwenden. Ob ein Zeichen im Alphabet enthalten ist, läßt sich mit der dBASE-Funktion ISALPHA() feststellen. Das System behandelt die Feldnamen unabhängig von ihrer Groß- und Kleinschreibung, d.h. es wandelt die Zeichen der Namen (auch die Sonderzeichen) intern zu Großbuchstaben um.

In Byte elf des Deskriptors wird der Feldtyp des jeweiligen Feldes eingetragen. Tabelle 3.3 listet die verfügbaren Feldtypen der Versionen III und III Plus auf. Die nächsten vier Bytes verwendet dBASE für die Adresse der Felddaten im Hauptspeicher. Ihnen kommt auf der Platte/Diskette keinerlei Bedeutung zu. Sie sind somit für die Auswertung der Felddefinitionen unerheblich. In Byte 16 steht die Länge des Feldes. Bei numerischen Feldern wird sie inklusive der Vorzeichen, des Dezimalpunktes und der Nachkommastellen angegeben. Das nächste Byte (Byte 17) enthält nur bei numerischen Typen (falls Fließkommazahl) einen Wert, der größer als Null ist, in allen anderen Fällen ist dieses Byte mit Null belegt. Der Rest des Felddeskriptors ist für die interne Nutzung durch das dBASE-System bestimmt.

Wie aus Tabelle 3.3 ersichtlich ist, verfügen die dBASE-Versionen III und III Plus über fünf verschiedene Feld- (Daten-) Typen. Alle Feldwerte (Einträge in einem Feld) werden im ASCII-Format abgelegt. So wird zum Beispiel auch bei einem numerischen Feld der Wert 100 als Zeichenkette '100' in der Datei gespeichert.

Dies hat den Vorteil, daß sich alle Felder unabhängig von ihrem Typ als Text behandeln lassen, was auch eine Ex- oder Importierung der Feldwerte in oder aus eine(r) Text- (ASCII-) Datei recht einfach macht. Dies gilt auch für die Ausgabe der Feldwerte auf den Bildschirm oder Drucker. Allerdings wirkt sich dies nachteilig auf die Berechnung von numerischen Feldern aus. Dort muß eine Konvertierung dem Rechnen vorausgehen, was einen Zeitverlust bedeutet.

Bei der Vergabe der Feldlängen kann der Benutzer nur bei Zeichenfeldern „C" und bei numerischen Feldern „N" selbst entscheiden, die anderen Längen sind fest vorgegeben. So besitzen Datumsfelder „D" immer die Länge acht, logische Felder „L" nehmen ein Zeichen in Anspruch und Memofelder „M" zehn.

Tabelle 3.3: In dBASE III und III Plus verfügbare Feldtypen (.DBF-Datei)

Feldtyp	Bedeutung	Stellen	mögliche Werte
C	Zeichenfeld	1..254	ASCII-Zeichen außer CHR(0)
D	Datumsangaben	8	JJJJMMTT (bspw. 19920221 = 21.02.92)
L	Logisches Feld	1	Y y N n T t F f (? falls nicht nitialisiert)
M	Memo-Feld	10	DBT-Blocknummer
N	Numer. Feld	1..19	- . 0 1 2 3 4 5 6 7 8 9

Bei Datumsfeldern wird das Datum in umgekehrter Reihenfolge abgelegt: Zuerst das Jahr, dann der Monat und zuletzt der Tag. Das Datum *'10.09.1991'* würde also als Zeichenkette *'19910910'* im Feld untergebracht werden. Diese Art der Ablage wird vom dBASE-System wegen der besseren Sortierbarkeit solcher Felder vorgenommen.

3.3 Struktur der Datendatei in dBASE III Plus

Als nächstes folgen die Dateistrukturen der Version III Plus. Sie sind ähnlich aufgebaut wie die ihrer Vorgängerversion III. Die einzelnen Positionen im Header unterscheiden sich jedoch in ihrer Bedeutung aufgrund der neu hinzugekommenen Funktionen und der Netzwerkfähigkeit von dBASE III Plus. Zusätzlich entfällt bei allen weiteren Versionen das Extra-Byte, welches bei der Version III zwischen Header und Daten eingeschoben wurde. Durch den Verlust dieses Bytes lauten nun die oben aufgestellten Formeln für Header-Länge und Felderanzahl:

- **Header-Länge:= 32*(f+1)+1** (bei dBASE III Plus)
- **f:= (Header-Länge-1 DIV 32) - 1** (bei dBASE III Plus)

Die Länge des Headers in den Bytes acht und neun wird jedoch von dBASE in allen Versionen richtig eingetragen. Eine Berechnung der Felderanzahl kann also mit diesen Bytes durchgeführt werden.

Tabelle 3.4: dBASE III Plus Datei-Header (.DBF-Datei)

Offset	Bytes	Bedeutung
0	1	dBASE-Version. 03h = ohne Memodatei (.DBT) 83h = mit Memodatei
1	3	Datum der letzten Aktualisierung (Schreibzugriff) JJMMTT
4	4	Anzahl der Records in .DBF-Datei (Low-Byte zuerst)
8	2	Headerlänge in .DBF-Datei (Low-Byte zuerst)
10	2	Recordlänge incl. Löschbyte (Low-Byte zuerst)
12	20	für dBASE reserviert (teilweise Netzwerk)
32	f*32	Felddefinitionen: f Felder a 32 Byte (Tabelle 3.5)
32*(f+1)+1	1	Header-Terminator EOH (0Dh = Ende der Felddefinitionen)

In Tabelle 3.4 ist der Headerbereich einer dBASE III Plus Datendatei zu sehen. Ab Offset 12 sind für den Zugriff nur noch die Felddeskriptoren (Tabelle 3.5) und der Header-Terminator von Bedeutung.

Tabelle 3.5: dBASE III Plus Felddeskriptor (.DBF-Datei)

Offset	Bytes	Bedeutung
0	11	Feldname in ASCII (mit 00 aufgefüllt) max. 10 Zeichen. 11.Byte ist immer 00h und dient als Ende-Markierung
11	1	Feldtyp (siehe Tabelle 3.3)
12	4	bei dBASE Felddatenadresse im Hauptspeicher (auf Platte unbrauchbar)
16	1	Feldlänge incl. Vorzeichen, Dezimalstellen und Dezimalpunkt
17	1	Anzahl der Dezimalstellen bei Feldtyp N, sonst 0
18	2	reserviert für Netzwerk (Verschlüsselung)
20	1	Arbeitsbereich ID
21	2	reserviert für Netzwerk (Verschlüsselung)
23	1	Field-Flag (SET FIELDS- Kennzeichnung)
24	8	für dBASE reserviert

Nützliche Informationen für die Verarbeitung der Felder sind in den ersten 18 Bytes der Felddeskriptoren zu finden. Die ID für den Arbeitsbereich (Byte 20) und das „SET FIELDS - Flag“ (Byte 23) werden von dBASE nur intern verwaltet und haben somit für den Benutzer keine Bedeutung.

3.4 Struktur der Datendatei in dBASE IV

In dBASE IV wurde das Grundgerüst des Header-Aufbaus der Vorgänger-Version III Plus beibehalten. Die Bedeutung des Inhalts hat sich jedoch an einigen Positionen geändert. So wird nun bei Vorhandensein einer Memodatei im ersten Byte der Wert 8Bh, anstatt 83h eingetragen. Diese Änderung wurde erforderlich, da sich die Verwaltung der Memofelder mit der Version IV geändert hat. Darauf wird später noch näher eingegangen. Die Struktur des neuen Headers ist in Tabelle 3.6 zu sehen. An den Bytes zwei bis zehn des Headers hat sich gegenüber der Version III Plus nichts geändert.

Tabelle 3.6: dBASE IV Datei-Header (.DBF-Datei)

Offset	Bytes	Bedeutung
0	1	dBASE-Version. 03h = ohne, 8Bh = mit Memodatei (.DBT) 63h = SQL-System-Dateikennung (READ ONLY)
1	3	Datum der letzten Aktualisierung: JJMMTT
4	4	Anzahl der Records in .DBF-Datei
8	2	Headerlänge in .DBF-Datei (Low-Byte zuerst)
10	2	Recordlänge incl. Löschbyte (Low-Byte zuerst)
12	2	für dBASE reserviert
14	1	Flag für unvollständige Befehlsdurchführung, 0 oder 1
15	1	Key-Flag (Verschlüsselung) ist 0, falls nicht verschlüsselt
16	12	reserviert für dBASE (Netzwerk)
28	1	Flag für Erzeugen einer MDX-Datei (Mehrfach-Indizierung) 1 = mit MDX-Datei verbunden, sonst 0
29	3	für dBASE reserviert

Fortsetzung auf folgender Seite

Offset	Bytes	Bedeutung
32	f*32	Felddefinitionen: f Felder a 32 Byte (siehe Tabelle 3.7)
32*(f+1)+1	1	Header-Terminator EOH (0Dh = Ende der Felddefinitionen)

Wegen der SQL-Fähigkeit (Structured Query Language) von dBASE IV kommt dem Versions-Byte (Byte 0) eine neue Bedeutung zu. Bei der Installation des dBASE-Systems werden SQL-System-Dateien (SYS*.DBF) in das Verzeichnis \SQLHOME mitkopiert. Der Aufbau dieser Dateien entspricht dem der Datendateien, jedoch wird im ersten Byte der Wert 63h eingetragen. Dies veranlaßt dBASE IV, beim Öffnen der SQL-Systemdateien diese nur als lesbar (READ ONLY) anzusehen; frühere dBASE-Versionen verweigern den Zugriff ganz.

Eine weitere Neuerung stellt das Byte mit dem Offset 14 dar. In dBASE IV besteht die Möglichkeit der Transaktionsverarbeitung, d.h. Änderungen an Records oder Feldern werden nicht sofort ausgeführt, sondern erst in einer Protokolldatei abgelegt. Bei diesem Vorgang, der durch den Befehl BEGIN TRANSACTION eingeleitet wird, bekommt das „Transaktions-Flag" (Byte 14) den Wert 01h zugewiesen. Erst nach dem O.K. für die Aktualisierung werden die Änderungen auch tatsächlich durchgeführt. Nach gelungener Transaktion wird die Protokolldatei gelöscht und das Transaktions-Flag erhält den Wert 00h. Dies geschieht durch die Befehle ROLLBACK oder END TRANSACTION. Der Status des Bytes kann mit der Funktion COMPLETED() überprüft werden.

Ab dBASE Version IV können Daten auch verschlüsselt gespeichert werden. Dazu wird in Byte 15, dem Key-Flag, bei einer Verschlüsselung der Wert 01h eingetragen. Wird die Verschlüsselung im dBASE-System wieder aufgehoben, so erhält das Key-Flag den Wert 00h. Eine Manipulation des Bytes außerhalb von dBASE bewirkt keine Verschlüsselung, bzw. die Daten können nicht dadurch entschlüsselt werden, daß im Key-Flag der Wert 01h auf 00h gesetzt wird.

Zu den einfachen Indexdateien (.NDX) früherer dBASE-Versionen gibt es in der dBASE Version IV die Möglichkeit der Mehrfachindizierung durch „Multiple Index" - Dateien. Eine Merfachindexdatei wird automatisch erzeugt, wenn ein Feld einer Hauptdatendatei als Indexfeld markiert wurde. Sie erhält dann denselben Namen, wie die Datendatei, allerdings mit der Endung „ .MDX ", und kann bis zu 47 Subindizes aufnehmen. Ist die Datendatei mit einer Mehrfachindexdatei verbunden, so erhält das Byte 28 im Header-Bereich den Wert 01h, ansonsten den Wert 00h.

Ab dem Offset 32 folgen die Felddeskriptoren, dessen Aufbau in Tabelle 3.7 gezeigt wird. In Byte 31 ist das „MDX-Flag" untergebracht. Hat es den Wert 01h, so wurde dieses Feld als Index-Feld für eine Mehrfachindexdatei definiert; bei 00h nicht.

Tabelle 3.7: dBASE IV Felddeskriptor (.DBF-Datei)

Offset	Bytes	Bedeutung
0	11	Feldname in ASCII (mit 00 aufgefüllt) max. 10 Zeichen. 11.Byte ist immer 00h und dient als Ende-Markierung
11	1	Feldtyp (siehe Tabelle 3.8)
12	4	bei dBASE Felddatenadresse im Hauptspeicher (auf Platte unbrauchbar)
16	1	Feldlänge incl. Vorzeichen, Dezimalstellen und Dezimalpunkt
17	1	Anzahl der Dezimalstellen bei Feldtyp N und F, sonst 0
18	2	reserviert für Netzwerk (Verschlüsselung)
20	1	Arbeitsbereich ID
21	2	reserviert für Netzwerk (Verschlüsselung)
23	1	Field-Flag (SET FIELDS- Kennzeichnung)
24	7	für dBASE reserviert
31	1	Flag, ob dieses Feld Schlüsselfeld in einer MDX-Datei ist. 1 = MDX-Feld, sonst 0

Zu den Feldtypen der Version III und III Plus kommt in dBASE IV noch das Fließkomma-Feld „F" hinzu (siehe Tabelle 3.8). In einem solchen Feld können Gleitkomma-Zahlen zwischen 0.1*E-307 und 0.9*E+308 mit höchstens 18 Ziffern hinter dem Dezimalpunkt gespeichert werden. Außerdem erhöht sich bei den numerischen Feldern die Gesamtstellenanzahl von 19 Stellen (Version III, III Plus) auf 20.

Tabelle 3.8: In dBASE IV verfügbare Feldtypen (.DBF-Datei)

Feldtyp	Bedeutung	Stellen	mögliche Werte
C	Zeichenfeld	1..254	ASCII-Zeichen außer CHR(0)
D	Datumsangaben	8	JJJJMMTT (bspw. 19930606 = 06.06.1993)
F	Fließkomma-Feld	1..20	- . 0 1 2 3 4 5 6 7 8 9
L	Logisches Feld	1	Y y N n T t F f (? falls nicht nitialisiert)
M	Memo-Feld	10	DBT-Blocknummer
N	Numer. Feld	1..20	- . 0 1 2 3 4 5 6 7 8 9

Einen Überblick über die Kenngrößen der dBASE-Versionen III, III Plus und IV, im Bezug auf Daten- und Memodateien, gibt die folgende Tabelle. Auf die unterschiedlichen Blockgrößen der DBT-Dateien wird im nächsten Abschnitt noch eingegangen.

Tabelle 3.9: Kenngrößen für dBASE-Dateien

Version	Anzahl Records	Satzgröße (.DBF)	Blockgröße (.DBT)	Felder/Record
III, III Plus	1 Milliarde	4000 Byte	512 Byte	128
IV	1 Milliarde	4000 Byte	512..16384 Byte	255

3.5 Struktur der Memodateien in dBASE III und III Plus

In den vorigen Abschnitten wurden mehrfach die Ausdrücke Memofeld und Memodatei verwendet; hier werden sie näher erläutert. Ab der dBASE-Version III besteht die Möglichkeit, einen Text, der länger als 254 Zeichen ist, in ein Feld einzugeben, in das „Memofeld". Der Text wird dabei nicht in der Datendatei aufbewahrt, sondern in einer Datei gleichen Namens, in der „Memodatei". Im Gegensatz zur Datendatei wird der Memodatei die Erweiterung „ .DBT " angehängt. Sobald sich in der Datenstruktur ein Memofeld befindet, legt dBASE automatisch eine solche Datei an. Dem Versions-Byte in der Datendatei wird dann der Wert 83h zugewiesen.

In dBASE III und III Plus wird die Memodatei zu Blöcken mit je 512 Byte verarbeitet. Jeder Block ist fortlaufend numeriert: 1, 2, 3, 4, usw. Der erste Block der Datei erhält die Blocknummer 0 und dient als Header. In ihm werden nur die ersten vier Bytes benutzt, welche die Zahl für den nächsten verfügbaren Block enthalten. Der Wert wird binär nach der Intel-Notation gespeichert: niederwertigstes Byte zuerst. Bei einer leeren Memodatei steht hier der Eintrag 01000000.

Jedes Memofeld eines Records belegt in der Datendatei 10 Stellen und enthält einen Verweis auf den Text in der Memodatei, die sogenannte DBT-Blocknummer. Diese wird, wie die übrigen Feldwerte, auch in ASCII eingetragen. Dabei wird linksbündig mit Leerzeichen aufgefüllt.

Ist mit dem Feld kein Block verbunden, enthält es 10 Leerzeichen. Wird Text in ein Memofeld eingegeben, wird der nächste verfügbare Block in der Memodatei dazu verwendet, ihn zu speichern; die zugeteilte Blocknummer wird in das Feld eingetragen.

Jedes Memofeld wird mit zwei Zeichen des Wertes 1Ah abgeschlossen, von denen jedoch nur eines als Endezeichen ausgewertet wird (Anm.: Das Zeichen 00h wird ebenfalls als Ende des Memotextes registriert).

Benötigen die Daten mehr als 512 Bytes Speicher, wird die Nummer des nächsten verfügbaren Blocks um die Anzahl der hinzugefügten Blöcke erhöht. Bild 3.4 macht den Zusammenhang zwischen Daten- und Memodatei deutlich.

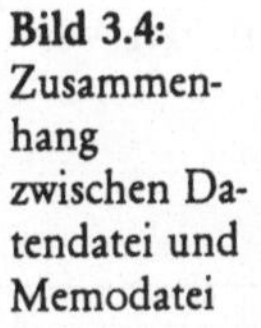
Bild 3.4: Zusammenhang zwischen Datendatei und Memodatei

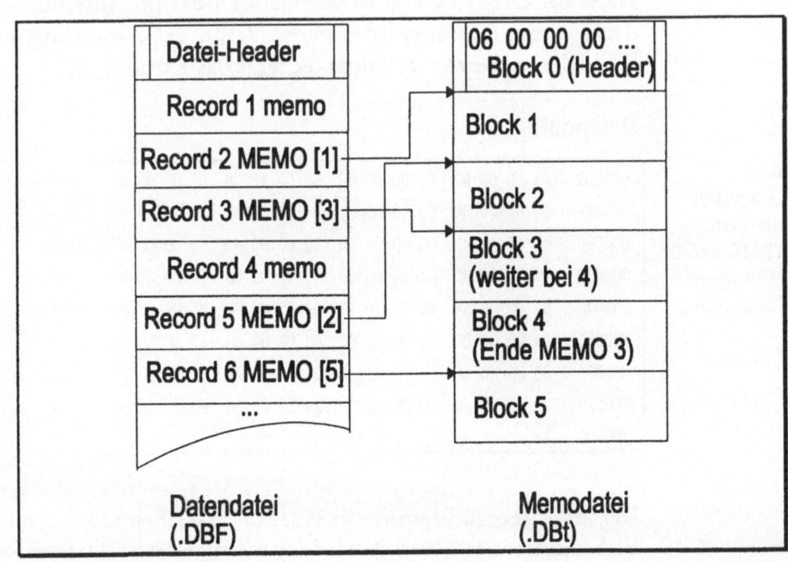

Bei der mehrfachen Editierung eines Memofeldes bleibt der alte Inhalt in der Memodatei, und die veränderten Daten gelangen in den nächsten freien Block. Die Blocknummer in der Datendatei wird dabei aktualisiert. Dieses Vorgehen hat zur Folge, daß bei einer hohen Intensität an Änderungen die Memodatei „tote Blöcke" enthält, die den Speicherbedarf unnötig in die Höhe treiben. Mit dem dBASE-Befehl COPY TO kann für diesen Fall die Datendatei kopiert werden. Dabei werden nur die aktuell benutzten Blöcke der Memodatei mitkopiert, was die Datei auf ihre Mindestlänge kürzt.

Um einen Einblick in die Speicherung der Daten zu gewinnen, wurde mit dBASE III Plus eine Testdatei mit dem Namen TESTDB3.DBF angelegt (siehe Bild 3.5). Sie weist folgende Struktur auf:

Feld	Feldname	Feldtyp	Feldlänge
1	NAME	Zeichen	20
2	TEXT	Memo	10

Im ersten Byte steht der Wert 83h, was darauf hinweist, daß die Datei mit dBASE III behandelt wurde und ein Memofeld enthält. Die Felddeskriptoren beginnen ab dem Offset 20h (= 32 dezimal) mit dem Feld NAME. Die zweite Feldbeschreibung ist ab Offset 40h (= 64 dezimal) abgelegt. Der Header-Terminator (0Dh) beendet den Definitionsteil der Datei bei Offset 60h (= 96 dezimal). Direkt im Anschluß daran befinden sich die Daten; ein Anzeichen dafür, daß diese Datei mit der Version III Plus bearbeitet wurde (es fehlt das Extra-Byte).

Datendatei

Bild 3.5: Hexdump der Datei TESTDB3.DBF (129 Bytes Dateigröße)

```
000000  83 5B 09 02  01 00 00 00  61 00 1F 00  00 00 00 00   ·[······a·······
000010  00 00 00 00  00 00 00 00  00 00 00 00  00 00 00 00   ················
000020  4E 41 4D 45  00 00 00 00  00 00 00 43  0D 00 C2 47   NAME·······C··G
000030  14 00 00 00  01 00 00 00  00 00 00 00  00 00 00 00   ················
000040  54 45 58 54  00 00 00 00  00 00 00 4D  21 00 C2 47   TEXT·······M!··G
000050  0A 00 00 00  01 00 00 00  00 00 00 00  00 00 00 00   ················
000060  0D 20 4B 6F  6E 72 61 64  20 5A 75 73  65 20 20 20   · Konrad Zuse
000070  20 20 20 20  20 20 20 20  20 20 20 20  20 20 20 31                  1
000080  1A
```

Der erste Record beginnt mit einem Leerzeichen (20h), dem Löschbyte. Es kennzeichnet diesen Record als nicht gelöscht. Darauf folgen die eigentlichen Feldwerte. Den Verweis auf den Block in der Memodatei (hier mit Blocknummer 1) erhält das Feld TEXT ab dem Offset 76h (= 118 dezimal). Dort ist deutlich das linksbündige Füllen mit Leerzeichen zu erkennen.

Den Abschluß der Datendatei bildet bei Offset 80h (= 128 dezimal) die Dateiende-Marke EOF mit dem Wert 1Ah. Sie wird nicht durch das Betriebssystem sondern durch dBASE verwaltet.

Ein Hexdump-Auszug der zugehörigen Memodatei ist in Bild 3.6 zu sehen. Der Text steht in Block Nummer 1, welcher ab dem Offset 200h (= 512 dezimal) beginnt.

Bild 3.6: Hexdump-Auszug der Datei TESTDB3.DBT 539 Bytes Dateigröße)

Memodatei

```
000000  02 00 00 00  89 01 5F 24  03 00 00 02  CC 19 31 39   ······_$······19
000010  03 00 00 00  00 00 01 00  00 00 65 72  69 73 63 68   ··········erisch
000020  44 61 74 75  6D 20 20 20  20 4C 6F 67  69 73 63 68   Datum    Logisch
000030  20 20 4D 45  4D 4F 20 20  20 20 20 00  5A 00 00 4A     MEMO      ·Z··J
...     ...                                                              ...
...     ...                                                              ...
...     ...                                                              ...
0001E0  46 72 DB 2D  B4 1B CB 00  57 12 07 00  00 00 00 00   Fr·-····W·······
0001F0  00 00 07 00  1A 02 00 00  00 00 4E 74  DB 2D BC 1B   ··········Nt·-··
000200  48 61 6C 6C  6F 20 4B 6F  6E 72 61 64  2C 20 77 69   Hallo Konrad, wi
000210  65 20 67 65  68 74 27 73  3F 1A 1A                   e geht's?··
```

Der Offset der Blöcke ergibt sich durch die Multiplikation der DBT-Blocknummer aus der Datendatei mit dem Wert 512:

- ❑ **Block-Offset:= DBT-Blocknummer * 512**

In den Bytes 0 bis 3 des Header-Blocks der Memodatei ist die Nummer des nächsten verfügbaren Blocks eingetragen: 02000000 für Block Nr. 2. Der Rest des Header-Blocks ist nicht von Bedeutung. Darin stehen irgendwelche Zeichen, die sich beim Anlegen der Datei rein zufällig im Hauptspeicher befanden. Den Abschluß des Textes bilden die zwei Bytes mit dem Wert 1Ah am Ende der Datei. Wird noch ein 512-Byte-Block an die Datei angehängt, so wird der Block 1 bis zum Offset 3FFh aufgefüllt.

3.6 Struktur der Memodateien in dBASE IV

In dBASE IV findet man ein anderes Konzept für die Memoverwaltung. Die Verweise in der Datendatei bleiben erhalten, besitzen aber andere Werte als bei den IIIer-Versionen. In Bild 3.7 ist ein Hexdump der Datendatei TESTDB4.DBF zu sehen, wie sie mit dBASE IV angelegt wurde. Dabei liegt dieselbe Tabellenstruktur wie bei der Datei TESTDB3.DBF zugrunde.

Am ersten Byte ist schon der Unterschied zu dBASE III erkennbar. Hier ist der Wert 8Bh eingetragen, was auf eine Memofeld-Behandlung unter dBASE IV schließen läßt. Ab dem Offset 76h (= 118 dezimal) ist wieder die Blocknummer als Verweis auf die Memodatei eingetragen. Der Unterschied zu dBASE III liegt darin, daß nicht linksbündig mit Leerzeichen aufgefüllt wird, sondern mit ASCII-Nullen '0'. Der Verweis auf den ersten Block ist hier also mit '0000000001' vermerkt. Leere Memofelder, also Felder ohne Verweise, sind nach wie vor mit 10 Leerzeichen versehen.

Datendatei

Bild 3.7: Hexdump der Datei TESTDB4.DBF (129 Bytes Dateigröße)

```
000000  8B 5B 09 02  01 00 00 00  61 00 1F 00  00 00 00 00   ·[······a·······
000010  00 00 00 00  00 00 00 00  00 00 00 00  00 00 91 00   ················
000020  4E 41 4D 45  00 00 00 00  00 00 00 43  11 00 26 7E   NAME·······C··&~
000030  14 00 00 00  01 00 00 00  00 00 00 00  00 00 00 00   ················
000040  54 45 58 54  00 00 00 00  00 00 00 4D  25 00 26 7E   TEXT·······M%·&~
000050  0A 00 00 00  01 00 00 00  00 00 00 00  00 00 00 00   ················
000060  0D 20 4B 6F  6E 72 61 64  20 5A 75 73  65 20 20 20   · Konrad Zuse
000070  20 20 20 20  20 20 30 30  30 30 30 30  30 30 30 31         0000000001
000080  1A
```

Die zugehörige Memodatei heißt TESTDB4.DBT und ist auszugsweise in Bild 3.8 zu sehen. Die ersten vier Bytes enthalten, wie in Version III, die Nummer des nächsten verfügbaren Blocks. Gegenüber älteren dBASE-Versionen ist bei der Version IV der gemeinsame Name von Datendatei und Memodatei in den Bytes 8 bis 15 zu finden, welcher rechtsbündig mit 00h gefüllt wird.

Memodatei

Bild 3.8: Hexdump-Auszug der Datei TESTDB4.DBT (1024 Bytes Dateigröße)

```
000000  02 00 00 00  00 00 00 00  54 45 53 54  44 42 34 00  ········TESTDB4·
000010  00 00 02 01  00 02 00 00  00 00 00 00  00 00 00 00  ················
000020  00 00 00 00  00 00 00 00  00 00 00 00  00 00 00 00  ················
000030  00 00 00 00  00 00 00 00  00 00 00 00  00 00 00 00  ················
...     ...                                                              ...
...     ...                                                              ...
...     ...                                                              ...
0001E0  00 00 00 00  00 00 00 00  00 00 00 00  00 00 00 00  ················
0001F0  00 00 00 00  00 00 00 00  00 00 00 00  00 00 00 00  ················
000200  FF FF 08 00  22 00 00 00  48 61 6C 6C  6F 20 4B 6F  ····"···Hallo Ko
000210  6E 72 61 64  2C 20 77 69  65 20 67 65  68 74 27 73  nrad, wie geht's
000220  20 3F 00 00  00 00 00 00  00 00 00 00  00 00 00 00   ?··············
000230  00 00 00 00  00 00 00 00  00 00 00 00  00 00 00 00  ················
...     ...                                                              ...
...     ...                                                              ...
...     ...                                                              ...
0003E0  00 00 00 00  00 00 00 00  00 00 00 00  00 00 00 00  ················
0003F0  00 00 00 00  00 00 00 00  00 00 00 00  00 00 00 00  ················
```

Durch die Tatsache, daß sich die Blockgröße in dBASE IV mit dem Befehl SET BLOCKSIZE TO ändern läßt (gefolgt von einer Zahl zwischen 1 und 32), wurde ihr Wert in die Memodatei mit aufgenommen. Zu finden ist dieser in dem Byte 21. Die Blockgröße selbst läßt sich bestimmen, indem man die Zahl im Byte 21 mit 256 multipliziert:

- **Block-Größe:= Wert(Byte21)*256**

Der Standardwert liegt bei 512 Byte. Er wurde auch bei der Testdatei verwendet und ist bei Offset 15h (= 21dezimal) mit dem Wert 02h eingetragen. Der Wert des Bytes 21 muß eine gerade Zahl zwischen 2 und 64 sein, da sich die Blockgröße nur im Bereich von 512 bis 16384 Byte mit Schritten zu je 512 Byte verändern läßt. Eine Änderung der Blockgröße mit SET BLOCKSIZE TO hat nur eine Auswirkung, wenn die Memodatei neu erstellt, oder die aktuelle Tabelle kopiert wird.

Aufgrund der variablen Blockgröße ändert sich die Formel für den Block-Offset in der Memodatei folgendermaßen:

- **Block-Offset:= DBT-Blocknummer * Block-Größe**

Ab dem Offset 200h (= 512 dezimal) beginnt der erste Daten-Block. Dem eigentlichen Text wird bei dBASE IV ein sogenannter „Blockdeskriptor" vorangestellt. In ihm sind Informationen über die Länge des Textes und den Blockdeskriptor selbst enthalten. Als Kennung für ein Memofeld der Version IV werden die ersten zwei Bytes des Blockdeskriptors mit FFFFh belegt. Zu sehen ist dies auch ab Offset 200h im Bild 3.8. Die Bedeutung der einzelnen Bytes ist in Tabelle 3.10 aufgelistet.

Tabelle 3.10: Aufbau des dBASE IV Memo-Blockdeskriptors bei belegten Blöcken (.DBT-Datei)

Offset	Bytes	Bedeutung
0	2	Kennung des Memotextes. FFFFh = Text ist Inhalt eines dBASE IV-Memofeldes, sonst dBASE III bzw. III Plus.
2	2	Anzahl der Bytes im Blockdeskriptor. (Low-Byte zuerst). Normalerweise beträgt dieser Wert 0800h.
4	4	Anzahl der Bytes, die der Memotext incl. Blockdeskriptor an Speicher belegt. (Low-Byte zuerst)

Durch den Eintrag der Textlänge im Blockdeskriptor entfällt ein Abschluß der Daten mit dem Ende-Zeichen 1Ah. Der Rest des Blocks 1 wird mit 00h bis zum Offset 3FFh gefüllt.

Freigabe ungenutzter Blöcke

Ein mehrfach editiertes Memofeld wird in dBASE IV an die alte Position zurückgeschrieben, sollten seine Daten den zuvor gespeicherten Block größenmäßig nicht überschreiten. Bei erhöhtem Speicherbedarf wird der Eintrag einfach an die Memodatei angehängt oder in einen vorher freigegebenen Block-Bereich geschrieben, und der alte Block kann neu belegt werden.

Freigegebene Blöcke können auch durch Löschen des dazugehörigen Records entstehen (bzw. durch das Packen der Datendatei mit PACK).

Die Nummer eines solchen Blocks wird von dBASE IV automatisch in die Bytes 0 bis 3 der Memodatei eingetragen. Der erste freigewordene Block, denn es können ja auch mehrere sein, enthält wiederum die Nummer des nächsten freien Blocks und die Anzahl der hier verfügbaren Blöcke (siehe Tabelle 3.11). So entsteht dann eine Liste von ungenutzten Blöcken, die nach und nach wieder mit Text gefüllt werden kann. Ein „Aufblähen" der Datei durch Blöcke, auf die kein Verweis mehr besteht, wird somit in Grenzen gehalten.

Bild 3.9 soll die Verzeigerung der freien Blöcke deutlich machen. Dort ist schematisch der Aufbau einer Memodatei dargestellt, bei der mehrere Block-Bereiche freigegeben wurden, die nun in einer Liste miteinander verkettet sind.

Bild 3.9: Verkettung freigegebener Blöcke in dBASE IV-Memodateien

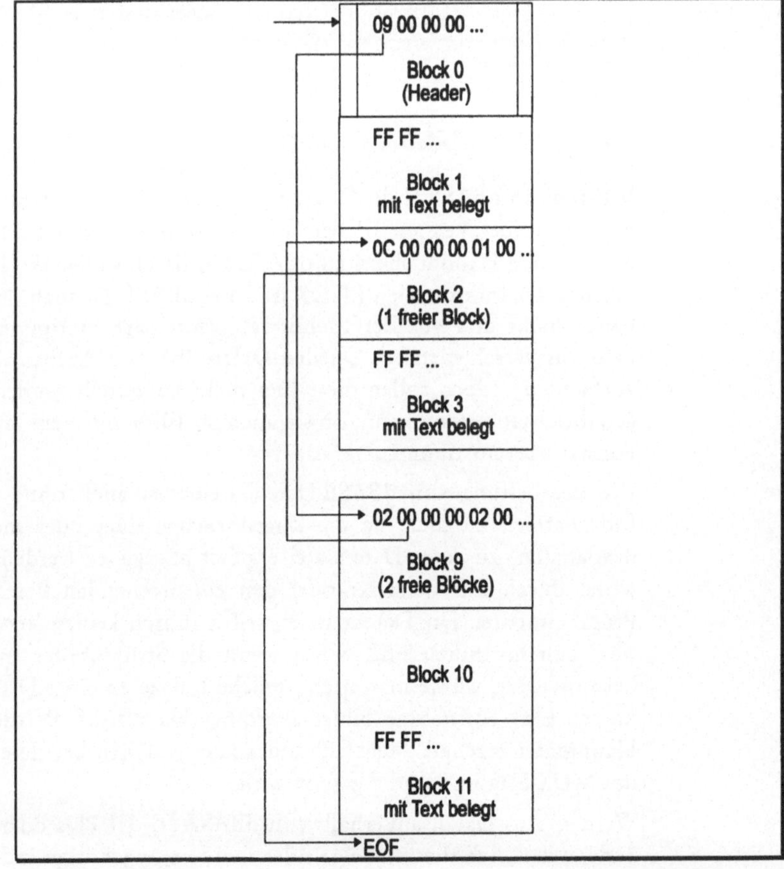

Das Bild zeigt auch deutlich den Unterschied zu dBASE III/III Plus Memodateien. In diesen Dateien führt der Blockzeiger im Header-Block immer an das (logische) Ende der Datei, während er bei dBASE IV, wie im Bild, in die Datei hinein zeigen kann.

Der Aufbau des Deskriptors, der jedem frei gewordenen Block vorangestellt wird, ist in der folgenden Tabelle zusammengestellt. Die Anzahl der freien Blöcke wird mittels der aktuellen Blockgröße in der Memodatei berechnet.

Tabelle 3.11: dBASE IV Memo-Blockdeskriptor bei freien Blöcken (.DBT-Datei)

Offset	Bytes	Bedeutung
0	4	Nummer des nächsten verfügbaren Blocks
4	2	Anzahl der freien Blöcke, ab diesem Block

3.7 Struktur der dBASE-Indexdateien

Während in dBASE II die Struktur der Indexdateien bekannt ist, unterliegt sie ab der Version III der Geheimhaltung. Durch die Informationen aus den Handbüchern zu dBASE III, III Plus oder IV läßt sich das Format der Indexdateien (.NDX und bei dBASE IV auch .MDX) überhaupt nicht und aus der Fachliteratur nur vage bestimmen. Es sind zwar aus verschiedensten Quellen Daten über den Aufbau der Dateien vorhanden, jedoch sollen diese hier nicht vorgestellt werden, da nicht gewährleistet werden kann, ob sie auch zu 100% mit dem tatsächlichen Format übereinstimmen.

Die Bearbeitung von dBASE-Datendateien ist auch ohne zugehörige Indexdateien möglich, da die Zugehörigkeit einer oder mehrerer Indexdatei(en) zu einer Datendatei explizit angegeben werden muß; entweder durch den Benutzer oder den entsprechenden Befehl in einer Programmdatei. Die Datendateien selbst führen keinen Verweis auf eine mögliche Indizierung. Selbst wenn die Struktur der Indexdateien bekannt wäre, wüßte man nicht, welche Indexe zu einer Datendatei gehören. Eine Ausnahme bildet allerdings bei dBASE IV die erste zur Hauptdatei erzeugte Mehrfach-Indexdatei (.MDX), bei deren Existenz das MDX-Flag im Header gesetzt wird.

Werden also Daten außerhalb von dBASE III, III Plus oder IV so verändert, daß sich dies auf eine oder mehrere zugehörige Indexdatei(en) auswirkt oder werden dBASE-Dateien mit unterschiedlichen Versionen bearbeitet, bleibt nur die Möglichkeit der nachträglichen Reindizierung durch den Befehl REINDEX. Durch den Aufruf von REINDEX werden alle zur Datendatei gehörenden offenen Indexe neu indiziert und sind dann wieder konsistent zur Datendatei.

3.8 Struktur der SDF- und Delimited-Dateien

In allen drei dBASE-Versionen gibt es die Möglichkeit, Daten aus ASCII-Textdateien (mit APPEND) zu lesen und Daten aus DBF-Dateien in Textdateien abzuspeichern (mit COPY). Die Arten der Datenablage lassen sich unterteilen in das SDF-Format (**S**ystem **D**ata **F**ormat) und das ASCII-Delimited-Format (Feldbegrenzer-Format). Bei beiden wird ein Record in eine Zeile der Textdatei geschrieben und mit den zwei Zeichen CR (**C**arriage **R**eturn, Wert 0Dh) und LF (Line Feed, Wert 0Ah) abgeschlossen; das Ende der Datei bildet das Zeichen 1Ah. Es wird das Lesen und Schreiben aller dBASE-Datentypen gestattet (mit Ausnahme der Memofelder). Im Gegensatz zum SDF-Format, das für jede Zeile die gleiche Anzahl an Zeichen benötigt und eine feste Feldlänge besitzt, sind die Zeilenlängen (Recordlängen) im Delimited-Format variabel. Während im SDF-Format keine Separatoren für Felder und keine Begrenzer für Zeichenfelder benötigt werden, ist dies beim Delimited-Format der Fall. In Bild 3.9 ist ein Record abgebildet, wie er im Delimited-Format gespeichert wird:

Bild 3.10: Ein Record im ASCII-Delimited-Format

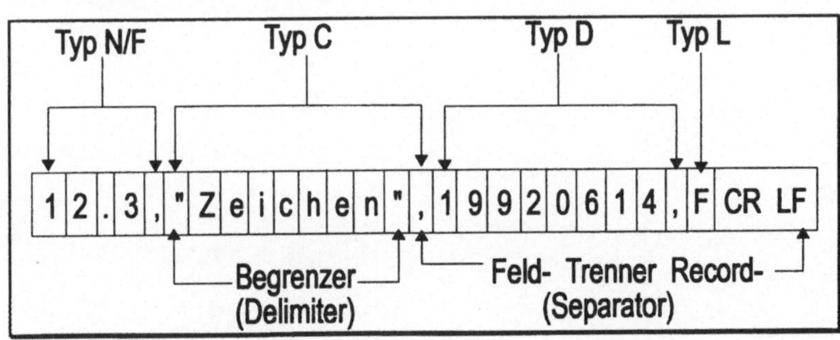

Die Begrenzer-Zeichen für Felder vom Typ „C" sind (standardmäßig) Anführungszeichen, können aber auch vom Benutzer definiert werden. Durch Weglassen von führenden (außer bei Zeichenfeldern) oder den Daten folgende Leerzeichen, kommt die variable Länge der Felder und somit auch der Records zustande.

Die einzelnen Felder werden durch Komma oder Leerzeichen (DELIMITED WITH BLANK) getrennt. Die zweite Art der Felder-Trennung dient hauptsächlich zum Abspeichern von Daten aus einer DBF-Datei. Beim Import aus diesen Dateien kann es dazu kommen, daß der Inhalt von Zeichenfeldern, welche Leerzeichen besitzen, auf mehrere Felder der Datendatei verteilt wird und so zu falschen Ergebnissen führt. Sie sollten also vorsichtig mit dieser Option umgehen.

4 Arbeiten mit der Toolbox

Dieses Kapitel soll Ihnen einen Einblick in die Verwendung der Toolbox- bzw. Engine-Routinen geben. Bevor Sie die Engine *dPAC* einsetzen, sollten Sie die folgenden Hinweise und Erläuterungen beachten.

Im Anschluß an den allgemeinen Teil erfahren Sie im Kapitel 4.2, was es mit dem Moduswort *DBMODE* auf sich hat, und zum Schluß geben zwei Beispielprogramme darüber Aufschluß, wie die Engine in der Praxis „ arbeitet".

Zur Verdeutlichung werden teilweise Prozeduren und Funktionen mit dem Namen aufgeführt. Dabei handelt es sich allerdings *nicht* um den vollen Befehlsumfang. Für die vollständige Liste der Routinen mit ihrer Syntax wird auf den Referenzteil (Kapitel 6) verwiesen. Eine Beschreibung der verwendeten Namenskonventionen, wie auch die Bedeutung der globalen und lokalen Definitionen können im darauffolgenden Kapitel nachgeschlagen werden.

4.1 Die Routinen im Überblick

Die Engine *dPAC* läßt sich recht einfach in eigene Anwendungen einbinden. Dazu muß Ihre Turbo-Pascal-Applikation nur in der *USES*-Anweisung die beiden globalen Units *DPACGBL* und *DPAC** mit aufnehmen. In diesem Fall stehen Ihnen sämtliche „allgemeinen" Funktionen und Prozeduren der Engine zur Verfügung. Wollen Sie auch die erweiterten Memo-Routinen, die Datumsfunktionen oder die View-Funktion nutzen, muß in der *USES*-Zeile noch die Unit *XMEMO*, *XDATE* bzw. *XVIEW* aufgeführt sein.

Es empfiehlt sich, die Units direkt nach dem Wort *USES* aufzuführen, da die Engine mit einer Exit-Prozedur ausgestattet ist, die für ein definiertes Ende bei unerwartetem Programmverhalten sorgt. Behalten Sie die oben genannte Reihenfolge bei, wird diese Exit-Prozedur als *letztes*

* recht deutlich auch in Kapitel 5, Bild 5.3 zu sehen

ausgeführt und eine noch anstehende Fehlermeldung kann ausgegeben, bzw. offene Tabellen können geschlossen werden. Sie sollten nach diesem Schema vorgehen, wenn Sie außer den Engine-Units auch andere benutzen, bei denen ebenfalls eine Exit-Prozedur implementiert ist. Exit-Prozeduren werden nämlich immer in umgekehrter Reihenfolge aufgerufen, wie die Units, in denen sie enthalten sind.

4.1.1 Das Initialisieren und Beenden

Der größte Teil der Engine-Routinen kann erst nach einer Initialisierung mit der Prozedur *DBInit* eingesetzt werden. Dies hat seinen Grund darin, daß die Engine dynamisch aufgebaut ist und die interne Verwaltung erst zur Laufzeit aktiviert wird. Dabei wird für interne Strukturen Speicherplatz angefordert und lokale Größen werden auf ihre Grundwerte gesetzt.

Grundsätzlich sollten Sie also vor der Verwendung einer Engine-Routine die Prozedur *DBInit* aufrufen. Eine Ausnahme bilden allerdings die Prozeduren und Funktionen, die das Moduswort *DBMODE* manipulieren (dazu mehr im Kapitel 4.2). Da der Modus jederzeit verändert werden kann, unterliegen sie nicht der Initialisierungs-Prozedur.

Die Mindestgröße des von der Engine benötigten Speicherplatzes, ist in der Unit *DPACGBL* durch die Konstante *MINMEMSize* gegeben und in der aktuellen Version auf den Wert 25 000 (Bytes) voreingestellt. Das Unterschreiten dieses Wertes ist jedoch nicht empfehlenswert.

Das Pendant zu *DBInit* ist die Prozedur *DBExit*. Mit ihr können Sie die Engine-Umgebung wieder verlassen. Dabei wird der benötigte Speicherplatz für die Verwaltung freigegeben, und offen gebliebene Tabellen werden ordnungsgemäß geschlossen. Sollten Sie es einmal versäumt haben, die Umgebung zu verlassen, erledigt dies für Sie automatisch die eingebaute Exit-Prozedur am Ende des Programmlaufs.

Einige Routinen der Engine informieren Sie im Modus *M_SHOWMESSAGE* mit Bildschirmausgaben über den aktuellen Programm-Zustand. Die Ausgaben lassen sich in die beiden Kategorien „normale Meldungen" und „Fehlermeldungen" unterteilen.

Mit den folgenden zwei Initialisierungs-Routinen haben Sie die Möglichkeit, eigene Ausgabe-Prozeduren zu definieren und diese anstatt der internen zu verwenden: *DBInstErrMsg* für die Installation einer Fehlerausgabe und *DBInstNormMsg* für die einer normalen Meldung.

Die Parameter, die Sie diesen Prozeduren übergeben müssen, sind in der Unit *DPACGBL* vereinbart und werden in Kapitel 5 und 6 näher erläutert. Beim Verlassen der Engine mit *DBExit* bzw. dem Aufruf der Routine *DBInstOrgMsg* erfolgt immer das Zurückschalten auf die internen Ausgabe-Prozeduren.

4.1.2 Die Fehlerbehandlung

Zur Erkennung von Fehlern steht Ihnen die globale Fehlervariable *DBERROR* zur Verfügung. Mit ihr können Sie überprüfen, ob eine Routine ordnungsgemäß durchlaufen wurde. Liegt kein Fehler vor, so ist *DBERROR* auf den Wert *DBSUCCESS* gesetzt (Wert 0); im Fehlerfall bekommt die Variable einen Wert ungleich *DBSUCCESS* zugewiesen:

```
IF (DBERROR=DBSUCCESS) THEN {... Letzte Ausführung O.K. }
```

Zusätzlich zur externen Fehlerbehandlung erfolgt intern automatisch eine Kontrolle auf Ein-/Ausgabefehler, Hardwarefehler und Fehler, die beim Allokieren von Speicher entstehen können.

Die möglichen Fehler, ihre Kürzel und die zugehörigen Fehlertexte sind im Anhang C „Liste der Fehlermeldungen" zu finden.

Die Engine stellt auch Routinen zur Ausgabe von Fehlermeldungen (*DBErrMsg*, *DBShowErr*), zur Ermittlung des aktuellen Fehlerstrings (*DBErrStr*) und dem Rücksetzen vorhandener Fehler (*DBReset*) bereit.

Wenn *DBERROR* einen Wert ungleich *DBSUCCESS* einnimmt, werden alle Operationen nach dem Auftreten dieses Fehlers ignoriert, bis der Fehler explizit zurückgesetzt wird (z.B. mit *DBErrMsg*, *DBShowErr* oder *DBReset*). Bei kritischen Fehlern und dem Betrieb der Engine im Modus *M_HALTONERROR* erfolgt nach dem Aufruf der Prozedur *DBErrMsg* oder *DBShowErr* automatisch ein Programm-Stop.

4.1.3 Die Verwendung der Tabellen-Routinen

Nach der Initialisierung mit *DBInit* dürfen Sie auf dBASE-Tabellen nur zugreifen, wenn diese zuvor mit der Funktion *DBTblOpen* geöffnet wurden. Kann eine Tabelle ordnungsgemäß geöffnet werden, ist sie nach dem Aufruf der Funktion über ein sogenanntes „Tabellen-Handle" erreichbar und wird zum „aktuellen Arbeitsbereich" erklärt.

Beim Öffnen werden die internen Datenstrukturen mit den Tabellen-Daten initialisiert, ein Puffer für die Zwischen-Speicherung eines Records angelegt und der erste Record der Tabelle in diesen Puffer eingelesen. Zusätzlich legt die Engine einmalig - und zwar beim Öffnen der ersten Tabelle - einen temporären Record-Zwischen-Puffer an, den sie für das interne Puffer-Handling benutzt. Bei jeder neu geöffneten Tabelle wird überprüft, ob die Größe des temporären Puffers noch ausreicht und dieser gegebenenfalls erweitert.

DBTblClose schließt - unter Angabe des Handles - eine offene Tabelle. Die Prozedur *DBTblCloseAll* erübrigt bei mehreren Tabellen den wiederholten Aufruf der Routine *DBTblClose* und schließt alle offenen Tabellen. Das Schließen einer Tabelle hat auch die Freigabe von Speicher zur Folge, der durch das Öffnen belegt wurde.

Besitzt eine Tabelle mindestens ein Memofeld und wird die Engine im Modus *M_WITHMMOCHCK* betrieben, dann öffnet die Funktion *DBTblOpen* auch die zugehörige Memodatei (falls vorhanden) und belegt zusätzlich Speicherplatz für einen internen Memo-Puffer. Dieser Puffer ist pro Tabelle <u>nur einmal</u> vorhanden und kann in seiner Größe, je nach eingelesenem Memotext, variieren. Der Inhalt von Memofeldern gelangt nicht wie die üblichen Feldinhalte in den Record-Zwischen-Puffer (dort steht nur der Verweis auf den Memotext), sondern in den Memo-Puffer.

Gibt es mehrere offene Tabellen, können Sie mit der Prozedur *DBTblSelect* zwischen den einzelnen Arbeitsbereichen bzw. Tabellen wechseln, indem Sie als Parameter das jeweilige Tabellen-Handle mitgeben.

Für das Anlegen neuer Tabellen stellt die Engine gleich mehrere Möglichkeiten zur Verfügung. Da sie drei dBASE-Versionen unterstützt, kann auch jede der „Create"-Funktionen drei verschiedene Tabellen-Arten erzeugen.

Besitzt die neue Tabelle ein Memofeld, wird auch eine zugehörige Memodatei erstellt. Sie können die Blockgröße in dBASE-IV Memodateien zuvor mit der Prozedur *DBSetBlockSize* einstellen; bei dBASE III bzw. III Plus ist diese immer 512 Bytes.

Als erste der Create-Funktionen sei *DBTblCreate* genannt, der Sie die folgenden Parameter mitgeben: den Tabellennamen, die Anzahl der Felder, die Namen und Daten der Felder in Array's zusammengefaßt und schließlich den Tabellen-Typ; *DB3TYP* (dBASE III), *DB3PTYP* (dBASE III Plus) oder *DB4TYP* (dBASE IV).

Die Funktion *DBTblCreateFromDBF* benötigt eine externe Strukturdatei, die im Prinzip auch eine dBASE-Tabelle ist. Sie kann mit der Engine-Funktion *DBTblStruToDBF* oder mit dem dBASE-Befehl „COPY STRUCTURE EXTENDED" erstellt sein und muß folgendes Format aufweisen:

Feldname	Feldtyp	Feldlänge	Dezimalstellen
FIELD_NAME	C	10	0
FIELD_TYPE	C	1	0
FIELD_LEN	N	3	0
FIELD_DEC	N	3	0
FIELD_IDX (nur IV)	L	1	0

Das Feld FIELD_IDX ist nur aus Kompatibilitätsgründen zu dBASE IV aufgenommen, wird aber von der Engine nicht ausgewertet, da es keine Mehrfach-Indexdateien unterstützt. Die Records der Strukturdatei beinhalten die strukturellen Daten der neuen Tabelle.

Eine dritte Möglichkeit, eine neue Tabelle zu erstellen, ist Ihnen durch die Funktion *DBTblCreateFromSTR* gegeben. Die Funktion benötigt auch eine externe Strukturdatei, allerdings in Form einer Textdatei. Die „Engine-spezifische" Datei, die auch mit der Routine *DBTblStruToSTR* erstellt sein kann, muß das folgende Format besitzen:

$FILE [/DB3| /DB4]
<Tabellenname>
$FIELDS
:Feldname,Feldtyp,L<Feldlänge>,D<Felddezimalen>
$END

Hinter dem Bezeichner *$FILE* steht der Tabellen-Typ: */DB3B*=dBASE III-Tabelle, */DB4*=dBASE IV-Tabelle. Steht dort nichts, wird automatisch eine dBASE III Plus-Tabelle erzeugt. Direkt unter *$FILE* steht der Name der neuen Tabelle. Die Feldbeschreibungen sind nach dem Wort *$FIELDS* aufgeführt und müssen alle mit einem „:" beginnen, damit sie von der Funktion als solche erkannt werden. Führende oder dem Feldnamen nachfolgende Leerzeichen sind erlaubt.

Bei Feldtypen fester Länge („D", „M", „L"), können die Längenangaben in der Feldbeschreibung auch entfallen. Pro Zeile darf nur ein Feld beschrieben sein (!) und die Anzahl der Beschreibungen ist durch den jeweiligen Tabellen-Typ begrenzt. Hinter der Feldbeschreibung können beliebige Kommentare stehen, sie werden beim Einlesen ignoriert. Die komplette Beschreibung einer Tabelle endet dann mit dem Bezeichner *$END*.

Die Strukturdateien, die von den *DBTblCreateFrom...*-Funktionen benötigt werden, können Sie - wie bereits erwähnt - mit den entsprechenden Routinen *DBTblStruToDBF* bzw. *DBTblStruToSTR* erzeugen. Sie wirken auf den aktuellen Arbeitsbereich und setzen somit eine geöffnete Tabelle voraus. Eine Strukturdatei, die von der Funktion *DBTblStruToDBF* erstellt wurde, ist auch unter dBASE verwendbar.

Das „Leeren" einer Tabelle übernimmt die Funktion *DBTblEmpty*. Mit ihr können Sie alle Records einer Tabelle entfernen - ähnlich dem ZAP in dBASE - oder aber eine neue „leere" Tabelle derselben Struktur erstellen. Die Funktion besitzt dazu zwei Parameter: den Namen einer temporären Tabelle und eine Boolean-Variable, die angibt, was zu tun ist (leeren oder neu erstellen). Durch ihre Doppelfunktion gehört *DBTblEmpty* eigentlich auch zu den Create-Funktionen.

Eine der leistungsfähigsten Routinen der Engine ist wohl die Funktion *DBTblCopy*. Sie unterstützt nicht nur das schnelle Kopieren von Tabellen, sondern erlaubt auch die Angabe unterschiedlicher Typen von Quell- und Zieltabelle. Auf Wunsch ignoriert die Funktion beim Kopieren gelöschte Records (Modus *M_WITHDELETED* nicht aktiv) und hält diejenige Index-Reihenfolge ein, die durch einen eventuell aktiven Primärindex gegeben ist. Selbst Memotexte werden beim Kopieren an das Zielformat angepaßt. Dadurch haben Sie beispielsweise die Möglichkeit eine Tabelle der dBASE-Version IV in eine Tabelle der Version III Plus zu kopieren. Beachten Sie aber, daß *DBTblCopy* eine Tabelle nur kopieren kann, wenn das Ziel eine zur Quelle kompatible Struktur aufweist. In der Engine ist Struktur-Kompatibilität gegeben, wenn folgende Punkte erfüllt sind:

- Die Anzahl der Felder, Recordlängen und Feldlängen sind bei Quelle und Ziel identisch.
- Besitzt die Quelle in einem Feld einen anderen Datentyp als das Ziel, sind diese nur in den folgenden Fällen kompatibel:

Quell-Typ	*Ziel-Typ*
N, F, D, L, M	C
N	F
F	N

- Ein Feld des dBASE-IV Typs „F" (oder „N") kann nur in den dBASE III/III Plus Typ „N" konvertiert werden, wenn es eine Feldlänge von kleiner oder gleich *_LNUM* (Default 19) Zeichen hat und maximal *MaxDecV3* (Default 15) Dezimalstellen besitzt.

Die Funktion *DBTblCopy* hält diese Kompatibilität ein, indem sie die nötigen Konvertierungen vornimmt und mit einem Fehler abbricht, falls Quelle und Ziel nicht zusammenpassen.

Mit *DBTblPack* steht Ihnen eine weitere leistungsstarke Engine-Funktion zur Verfügung. Sollen die als gelöscht markierten Records einer Tabelle auch physikalisch entfernt werden, erledigt das *DBTblPack* in kurzer Zeit. Im Gegensatz zu seinem dBASE-Pendant PACK erstellt die Funktion eine komplett neue Tabelle, in die nur gültige Records kopiert werden und benutzt diese dann als neue aktuelle Tabelle. Die alte Tabelle wird erst nach erfolgreichem Packen gelöscht. Damit haben Sie die Möglichkeit, eine versehentlich gepackte Tabelle durch nachträglich angewendete Utilities (z.B. Norton's Unerase) wieder in ihrem Originalzustand herzustellen* . Der Nachteil beim Kopieren in eine neue Datei ist natürlich der zusätzliche Platzbedarf auf Disk/Platte. Dieser Bedarf an externem Speicher wird zwar nur bis zum Ende der Funktionsausführung gebraucht, muß aber - für ein erfolgreiches Packen - trotzdem zur Verfügung stehen.

„Merkt" die Funktion *DBTblPack*, daß sie es mit einer Tabelle zu tun hat, die mindestens ein Memofeld besitzt (und eine geöffnete Memodatei), ruft sie die „Memo-Pack-Routine" auf, die dann auch gleich den ungenutzten Text aus der Memodatei entfernt.

Für die übersichtliche Darstellung einer geöffneten dBASE-Tabelle wurde die Prozedur *DBTblView* in die Engine mit aufgenommen. Nach ihrem Aufruf gelangen Sie mit Hilfe der Tastatur - oder der Maus - an jeden Record und jedes Feld in der Tabelle. Bei Memofeldern, in denen Text abgelegt ist, reicht ein Tastendruck bzw. ein Mausklick und Sie können sich diesen Text anschauen. Die „View-Prozedur" zeigt den Tabelleninhalt in einem Fenster an, das Sie in seiner Größe verändern können. Weitere Informationen zu dieser Prozedur entnehmen Sie bitte der Funktionsbeschreibung zu *DBTblView* im Kapitel 6, in der Sie auch eine Befehlsliste finden.

Neben den genannten Routinen besitzt die Engine noch eine ganze Reihe von Tabellen-Funktionen. Sie können beispielsweise eine Tabelle inklusive zugehöriger Memodatei mit *DBTblRename* umbenennen oder mit *DBTblDelete* löschen, ihre Version mit *DBTblVersion* oder ihren Namen mit *DBTblName* ermitteln, etc.

---

* Das Wiederherstellen einer gelöschten Datei funktioniert aber auch nur dann, wenn sie nicht schon durch eine neue überschrieben wurde; also am besten gleich nach dem Packen!

Eine Zusammenfassung aller Tabellen-Routinen finden Sie auch in der „Schnell-Referenz“ im Anhang E.

Alle Operationen, die ohne Angabe eines Handles gemacht werden können, beziehen sich immer auf das aktuelle Objekt. So wirken z.B. Tabellen-Routinen, bei denen kein Handle angegeben wird, auf den aktuellen Arbeitsbereich, Record-Routinen auf den aktuellen Record bzw. -Zwischen-Puffer, Index-Routinen auf den Primärindex, etc.

4.1.4 Routinen für Records und Record-Zwischen-Puffer

Der Inhalt eines Records aus der Tabelle gelangt bei der Engine zunächst in einen Record-Zwischen-Puffer. Ein solcher „Zwischenspeicher“ besitzt exakt die Größe eines Tabellen-Records. Neben dem ersten Puffer, der für jede offene Tabelle automatisch angelegt wird, können mit der Funktion *DBRecBufOpen* weitere geöffnet werden. Mit Hilfe eines sogenannten „Puffer-Handle“, können Sie später auf den jeweiligen Record-Zwischen-Puffer bezug nehmen. Per Default ist die Anzahl der maximal offenen Record-Zwischen-Puffer pro Tabelle auf vier (Konstante *MaxBufs*) eingestellt.

Ein gerade geöffneter Puffer wird zum „aktuellen Record-Zwischen-Puffer“. *DBRecBufClose* schließt nicht mehr benötigte Puffer. Beachten Sie aber, daß der Puffer mit dem Handle „Eins“ automatisch mit dem Öffnen der Tabelle angelegt wird und somit auch nur durch das Schließen der Tabelle entfernt werden kann (und nicht mit *DBRecBufClose*).

Der Wechsel zwischen den verschiedenen Record-Zwischen-Puffern einer Tabelle ist mit der Prozedur *DBRecBufSelect* möglich. *DBRecBufEmpty* löscht den Inhalt eines Record-Zwischen-Puffers.

Mit *DBRecBufCopy* können Sie einen angegebenen Record-Zwischen-Puffer in den aktuellen kopieren. Durch Verwendung unterschiedlicher Tabellen-Handles kann sich der Quell-Puffer auch in einem anderen Arbeitsbereich befinden. Quell- und Zielpuffer müssen im Modus *M_STRICTCHECK* die bereits erwähnte Struktur-Kompatibilität aufweisen (siehe weiter oben). Ist dieser Modus nicht aktiv, werden aus der Quelle - ohne Strukturkontrolle und ohne Beachtung der Feldgrenzen - so viele Zeichen kopiert, wie der Zielpuffer aufnehmen kann. Die Memofelder werden beim Kopieren im Modus *M_WITHMMOCHCK* automatisch berücksichtigt.

Um sich 1:1-Kopien eines Record-Zwischen-Puffers anzulegen, darf beim Aufruf von *DBRecBufCopy* der Modus *M_FLDREPLACES* nicht aktiv sein:

```
...
OK:= DBRecBufOpen(BufHdle);      { Neuen Puffer öffnen        }
DBClrMode(M_FLDREPLACES);
Cpy:= DBRecBufCopy(TblHdle,1); { Inhalt von Puffer 1 holen }
...
```

Beachten Sie aber, daß durch obiges Vorgehen die Blocknummern eventuell vorhandener Memofelder unverändert übernommen werden. Die Verwendung falscher Blocknummern kann unter Umständen zur Zerstörung der Memodatei führen. 1:1-Kopien sollten Sie deshalb nur bei Sicherheitskopien einsetzen.

Die Records einer Tabelle können Sie mit den *DBRec...*-Routinen bearbeiten. Der Recordzeiger kann innerhalb der Tabelle mit Hilfe der Positionierfunktionen bewegt werden (*DBRecFirst*, *DBRecLast*, *DBRecGoto*, *DBRecSkip* etc.). Automatisch ist mit einer Positionierung auch das Einlesen eines Records in den aktuellen Record-Zwischen-Puffer und die Anpassung des aktuellen Record-Handles verbunden. Im aktiven Modus *M_WITHDELETED* werden gelöscht markierte Records mit einbezogen. Gibt es zur aktuellen Tabelle einen aktiven (Primär-)Index, folgt der Recordzeiger der Sortier-Reihenfolge in diesem Index.

Kann ein Record beim „Vorwärts-Positionieren" in der Tabelle nicht gefunden werden, dann enthält die globale Fehlervariable *DBERROR* den Wert *E_TBLCOMETOEOF*, der aktuelle Record-Zwischen-Puffer ist leer und das Record-Handle um Eins größer als die Record-Anzahl. Im umgekehrten Fall - dem „Rückwärts-Positionieren" - ändern sich Puffer-Inhalt und Record-Handle nicht, jedoch zeigt *DBERROR* mit dem Wert *E_TBLCOMETOBOF* an, daß versucht wurde, vor den Tabellen-Anfang zu positionieren.

Für das Zurückschreiben des aktuellen Puffer-Inhalts sind die Routinen *DBRecAppend*, *DBRecUpdate* oder *DBRecAdd* zuständig. Mit den ersten zwei Prozeduren entscheiden Sie für die aktuelle Tabelle, ob an das Ende angehängt, bzw. an dieselbe Stelle geschrieben werden soll. *DBRecAppend* fügt bei Angabe des Parameters *BUFBLANK* nicht den Puffer-Inhalt an das aktuelle Tabellen-Ende an, sondern einen leeren Record. Die Funktion *DBRecAdd* hingegen kann Records auch an eine Zieltabelle anfügen; sie verwendet dazu - unabhängig vom Modus *M_FLDREPLACES* - die Routine *DBRecBufCopy*.

Die Record-Funktionen aktualisieren automatisch alle zur Tabelle offenen Indexe, wenn sich die Werte in den jeweiligen Schlüsselfeldern ändern.

Das Anfügen von Records einer Tabelle an eine andere, kann mit der Funktion *DBRecAdd* auf recht einfache Weise erfolgen. Sie müssen dazu nur beide Tabellen öffnen und in der Quell-Tabelle die Records einlesen, die Sie der Ziel-Tabelle zufügen möchten:

```
OK:= DBTblOpen(TblHdle1,'ZIEL'  );
OK:= DBTblOpen(TblHdle2,'QUELLE');

WHILE NOT DBEOF AND (DBERROR=DBSUCCESS) DO BEGIN
 {... mögl. Bearbeitung des aktuellen Records }

 IF DBRecAdd(1) THEN DBRecNext;  { ... und kopieren }
END;
```

Den aktuellen Record markieren Sie mit der Prozedur *DBRecDelete* als gelöscht. Dieselbe Löschmarke entfernen Sie wieder, indem Sie die Prozedur *DBRecRecall* aufrufen. Beide Routinen wirken sowohl auf den Record-Zwischen-Puffer, als auch auf den Record der aktuellen Tabelle.

4.1.5 Die Behandlung der Felder

Um die Felder einer Tabelle bearbeiten zu können, stellt Ihnen *dPAC* eine ganze Reihe verschiedener Feldfunktionen zur Verfügung. Alle beginnen mit *DBFld...*, gefolgt von dem Namen der Feldoperation und beziehen sich jeweils auf den aktuellen Arbeitsbereich bzw. Record-Zwischen-Puffer.

Sie können Daten aus den Feldern mit den *DBFldGet...*-Funktionen in einer Pascal-Variablen speichern oder mit den *DBFldPut...*-Funktionen aus Variablen in ein Feld schreiben. Die Feldfunktionen - mit Ausnahme von *DBFldReplace* - wirken sich jedoch nicht unmittelbar auf die Tabelle aus, sondern nur auf den aktuellen Record-Zwischen-Puffer. Eine Aktualisierung der Tabelle mit veränderten Daten müssen Sie mit einer der Record-Funktionen vornehmen; es genügt nicht, nur den Inhalt des Puffers zu ändern.

Das folgende Beispiel zeigt die Aktualisierung eines Tabellen-Records mit dem Inhalt des Record-Zwischen-Puffers, in dem die Daten aus der Tabelle zuvor geändert wurden:

```
...
{ Record „n" in Puffer lesen }
   DBRecGoto(n);
{ Record-Zwischen-Puffer mit Werten vorbelegen... }
   DBShowErr(DBFldPutStr  (1,'Martin'   ));
   DBShowErr(DBFldPutASCII(2,'19920811'));
   DBShowErr(DBFldPutInt  (3, 32767     ));
{ ... danach Record „n" auf Platte aktualisieren  }
   DBRecUpdate;
...
```

Die Record-Funktionen erkennen eine Veränderung im Record-Zwischen-Puffer und aktualisieren automatisch alle zur Tabelle offenen Indexe. Eine Ausnahme machen sie allerdings bei der bereits erwähnten Routine *DBFldReplace*, die einen Feldinhalt nicht im Record-Zwischen-Puffer, sondern direkt im Record der Tabelle ändert. Verwenden Sie diese Routine nur, wenn Sie völlig ohne Index arbeiten oder ein nachträgliches Reindizieren mit *DBIndRebuild* durchführen.

In manchen Fällen ist es notwendig, den oder die Namen eines oder mehrerer Felder zu ändern. Mit der Routine *DBFldPutName* ist es Ihnen möglich, ein Feld umzubenennen. Die Funktion achtet darauf, daß der Name, den Sie vergeben wollen, den dBASE-Konventionen entspricht und kontrolliert ihn auf doppeltes Vorkommen in der Feldnamenliste.

Beachten Sie jedoch, daß sich die Namensvergabe bei Feldern nicht unmittelbar auf die Tabelle auswirkt. Damit die Änderungen auch nach dem Schließen der Tabelle erhalten bleiben, müssen Sie diese im Modus *M_FLDSDESCUPD* aktualisieren. Ein Beispiel dazu:

```
...
 DBShowErr(DBFldPutName(1,'Gehalt')); { Neuer Name für Feld 1 }
{ gleich in die Tabelle übertragen }
DBSetMode(M_FLDSDESCUPD);
OK:= DBTblUpdate(TblHdle);
...
```

Dieser Listing-Auszug zeigt die Änderung des Feldnamens in Feld 1 und seine sofortige Aktualisierung in der Tabelle. Für eine permanente Änderung des Feldnamens wäre auch das Schließen der Tabelle im gleichen Modus richtig gewesen.

4.1.6 Informative Routinen

In *dPAC* sind zahlreiche informative Funktionen aus mehreren Bereichen mit aufgenommen. Sie geben Ihnen Informationen über die aktuelle Engine-Umgebung, den Programmodus, über Tabellen, Records und Record-Zwischen-Puffer, über Felder, Memodateien und Indexe. Da alle Routinen der Engine in Kapitel 6 ausführlich beschrieben sind, soll an dieser Stelle nur auf die Merkmale einiger Info-Funktionen eingegangen werden. In der Schnell-Referenz - im Anhang E - sind alle Routinen dieser Gruppe zusammengefaßt.

Bevor Sie eine der Engine-Funktionen aufrufen, sollte - wie bereits weiter oben erwähnt - mit *DBInit* eine Initialisierung stattgefunden haben. Mit Hilfe der Funktion *DBAlreadyInit* stellen Sie fest, ob diese Initialisierung erfolgreich war.

Dem Öffnen einer Tabelle können Sie den Aufruf der Funktion *DBTestMode* voranstellen, um damit verschiedene Programmodi abzufragen und diese gegebenenfalls zu aktivieren.

Die Funktion *ActArea* gibt das Handle des aktuellen Arbeitsbereichs zurück, in dem Sie sich gerade befinden.

Wenn Sie sicher sein wollen, ob sich eine Tabelle mit neuen Daten beschreiben läßt, rufen Sie einfach die Funktion *DBTblIsActive* auf. Der Wahrheitswert *TRUE* bestätigt Ihnen, daß die Tabelle neue Daten aufnimmt; bei *FALSE* dürfen Sie nur lesen.

Im vorigen Abschnitt wurde auf die Feldfunktionen und die Funktion *DBFldPutName* eingegangen. Um einer Fehlermeldung aufgrund eines falschen Feldnamens aus dem Weg zu gehen, testen Sie zuvor Ihren neuen Namen mit der Funktion *DBFldTestName*. Sie ist auf dBASE-Konventionen ausgelegt und überprüft, ob ein Feldname gültige Zeichen enthält.

Besitzt die aktuelle Tabelle mindestens ein Memofeld, bestätigt Ihnen dies die Funktion *DBTblWithMmo* mit *TRUE*.

Die maximale Länge, die ein Feld eines bestimmten Typs haben darf, läßt sich mit der Funktion *DBFldMaxLen* bestimmen. Ihr übergeben Sie einfach den Feldtyp und geben an, ob Sie die Länge für dBASE IV oder III/III Plus benötigen.

Ein Feld ist „leer", wenn Sie von der Routine *DBFldBlank* den Wert *TRUE* zurück bekommen. Numerische Felder, die einen Null-Wert besitzen oder Memofelder mit der Blocknummer Null, werden von der

Funktion ebenfalls mit *TRUE* quittiert. So können Sie beispielsweise leicht feststellen, ob ein Memofeld Text enthält oder nicht.

Wenn Sie versucht haben, mit einer der Positionierfunktionen für Records vor den Tabellen-Anfang zu springen, erhalten Sie beim Aufruf der Funktion *DBBOF* den Wert *TRUE*. Das Ergebnis von *DBEOF* wird wahr, wenn der Recordzeiger hinter das Tabellen-Ende bewegt wurde.

Die Anzahl der offenen Indexe im aktuellen Arbeitsbereich ermitteln Sie mit der Funktion *DBIndCount*. Die Länge der Schlüssel in einem Index läßt sich mit *DBIndKeyLen* bestimmen. Erlaubt ein Index Schlüsselausdrücke mit gleichem Wert, gibt Ihnen die Funktion *DBIndUnique* als Ergebnis *TRUE* zurück.

In der Engine-Umgebung ist die Anzahl der maximal offenen Dateien auf den Wert begrenzt, den Ihnen die Funktion *DBMaxFiles* zurück gibt. Die Zahl der Dateien, die vom Betriebssystem aus geöffnet werden können, läßt sich mit Hilfe der Funktion *DBSysFiles* feststellen. Nachdem Sie bereits Tabellen geöffnet haben, ermitteln Sie mit *DBOpenFiles* die Anzahl der offenen Dateien. Bedenken Sie dabei, daß das Ergebnis der Funktion nach dem Öffnen einer Tabelle mit zugehöriger Memodatei um den Wert zwei höher ist; Sie öffnen zwar nur *eine* Tabelle aber *zwei* Dateien.

4.1.7 Die Datumsfunktionen

In der Unit *XDATE* finden Sie eine Reihe von Funktionen, mit denen Sie Datumsangaben in unterschiedliche Formate konvertieren können und die eine Datumsberechnung ermöglichen.

So wandeln z.B. die Funktionen *DBDateDTOL* und *DBDateSTOL* ein Datum, das als *DateTime*-Wert bzw. als *String* übergeben wird, in einen numerischen Wert, der die Anzahl der Tage wiedergibt, die seit dem 01.01.4713 v.Chr. (julianisches Datum) vergangen sind. Mit der Funktion *DBDateLTOS* konvertieren Sie solche numerischen Werte wieder in dBASE-Datumsstrings des Formats 'JJJJMMTT' (s.a. Tabelle 3.3). Als kleinster Wert für ein Datum ist in der Unit *DPACGBL* die Konstante *MinJOffset* definiert, die defaultmäßig auf 1721061 eingestellt ist und den 1. Januar im Jahre Null repräsentiert; als größter Datumswert darf die Zahl 5373484 angegeben sein, die dem 31.12.9999 entspricht. Beide Werte können in der Unit *DPACGBL* den eigenen Bedürfnissen angepaßt werden. Der größere Datumswert wird begrenzt durch die maximale Jahresangabe *MaxYear*, die momentan bei 9999 liegt; der kleinste Wert für das Jahr ist 0 (Konstante *MinYear*).

Durch die Möglichkeit der Konvertierung in beide Richtungen, können auf einfache Weise Datumsberechnungen realisiert werden. Sollen beispielsweise zu einem gegebenen Datum 50 Tage addiert werden, reichen wenige Funktionsaufrufe, um das gesuchte Datum auf dem Bildschirm anzuzeigen:

```
USES DPACGBL,DPAC,XDATE;
VAR L: LongInt;
BEGIN
 L:= DBDateSTOL('19930201'); Inc(L,50);
 WriteLn('50 Tage nach dem 01.02.1993 haben wir den
          DBDateExpand(DBDateLTOS(L)));
END. { OF PROGRAM }
```

Für das Datum würden wir hier den 23.03.1993 erhalten. Beachten Sie auch, daß Schaltjahre bei Datumsberechnungen mit berücksichtigt werden (!) und so immer das korrekte Datum ermittelt werden kann.

Im Beispiel ist auch die Funktion *DBDateExpand* aufgeführt, die den gepackten dBASE-Datumsstring in einen „echten" Datumsstring des Formats 'TT.MM.JJJJ' konvertiert. Das Trennzeichen zwischen den einzelnen Werten ist in der Variablen *Mark* festgelegt (siehe Unit *DPACGBL*).

In umgekehrter Weise „packt" die Funktion *DBDateImpand* einen echten Datumsstring in einen dBASE-Datumsstring.

Einige Engine-Datumsfunktionen sind denen in dBASE ähnlich und besitzen auch dieselbe Namenswerweiterung. Beispielsweise ist das Pendant zur dBASE-Funktion *DOW* die Funktion *DBDateDOW*, die den Wochentag als Zahl zurückgibt. Als weitere Funktionen sind *DBDateCDOW*, *DBDateDMY*, *DBDateMDY*, *DBDateDAY*, *DBDate-MONTH*, *DBDateYEAR*, *DBDateCMONTH*, *DBDateDTOS* und *DBDateSTOD* zu nennen. Die genaue Beschreibung dieser Routinen finden Sie in Kapitel 6.

Um auch das aktuelle Datum und die Systemzeit des Computers auslesen zu können, sind in die Unit *XDATE* die beiden Funktionen *DBDateTODAY* und *DBDateTIME* mit aufgenommen. Sie geben das PC-Datum als String 'TT.MM.JJJJ' bzw. die aktuelle Systemzeit als String 'HH:MM:SS' zurück. Das Trennzeichen beim Datum ist, wie weiter oben schon erwähnt, der ASCII-Wert in der Variablen *Mark* und als Zeit-Trennzeichen wird der Wert benutzt, der in *TimeMark* gespeichert ist (defaultmäßig ein Doppelpunkt). Beide Variablen sind global in der Unit *DPACGBL* vereinbart.

Werden bei den Datumsfunktionen Tages- oder Monatsnamen in Strings zurückgegeben, so können diese in deutscher oder englischer Schreibweise sein. Abhängig ist dies von der Define-Anweisung *ENGLISH*, die beim Kompilieren der Unit *DPACGBL* angegeben sein muß, wenn Sie englische Texte wünschen.

4.1.8 Die Routinen für Memofelder und Memodateien

Die Engine unterstützt auch die Memostrukturen der dBASE-Versionen III, III Plus und IV. Jede Memo-Routine beachtet die Versions-Unterschiede und behandelt die Memotexte demgemäß. Den genauen Aufbau der Memodateien finden Sie in den Kapiteln 3.5 und 3.6.

Sie brauchen eine Memodatei nicht explizit zu öffnen. Dies geschieht im Modus *M_WITHMMOCHCK* automatisch beim Öffnen der Tabelle durch die Funktion *DBTblOpen*. Stellt sie fest, daß eine Tabelle mindestens ein Memofeld besitzt, dann versucht sie die zugehörige Memodatei zu öffnen und erstellt gleichzeitig einen Puffer für das Zwischenspeichern eines Memotextes (siehe auch weiter oben). Öffnen Sie eine Tabelle nicht im Modus *M_WITHMMOCHCK*, dann können spätere Memo-Routinen nicht mehr auf die Memodatei zugreifen!

Neue, „leere" Memodateien erzeugen Sie mit der Funktion *DBMmoCreate*. Sie sollten die Funktion jedoch nur einsetzen, wenn Sie beispielsweise versehentlich eine zur Tabelle gehörende Memodatei gelöscht haben oder diese nicht existiert. In solchen Fällen ist es auch für dBASE wieder möglich, die Datendatei zu öffnen, und *DBTblOpen* meldet - im Modus *M_WITHMMOCHCK* - ebenfalls keinen Fehler mehr.

Wie Sie bei den Tabellen-Operationen schon erfahren konnten, verfügt die Engine über die Routine *DBSetBlockSize*, mit der Sie die Blockgröße von neuen Memodateien einstellen können. Der Prozedur übergeben Sie eine Zahl zwischen 1 und 32; multipliziert mit 512, gibt sie die Größe der Memoblöcke in Bytes an. Die Blöcke können demnach zwischen 512 und 16384 Bytes groß sein.

Beachten Sie aber, daß sich die Größe der Memoblöcke nur bei dBASE IV-Memodateien ändern läßt; bei dBASE III oder dBASE III Plus ist sie immer 512 Bytes.

Neue dBASE IV-Memodateien, gleichgültig von welcher Engine-Routine sie erzeugt werden, weisen die von Ihnen eingestellte Blockgröße auf. Auf bereits vorhandene Memodateien hat die Einstellung mit *DBSetBlockSize* keinen Einfluß.

Das Pendant zu *DBSetBlockSize* ist die Funktion *DBGetBlockSize*. Sie gibt die aktuell eingestellte Blockgröße für neue Memodateien zurück. Mit *DBTblBlockSize* ermitteln Sie die Einstellung für die aktuelle Tabelle.

Wenn Sie mit Memodateien der dBASE-Version IV arbeiten, sollte die Blockgröße den Gegebenheiten angepaßt sein. Verwenden Sie nur kurze Texte, reicht der Wert 1 aus; bei ausgesprochen langen Texten, wie z.B. Programm-Listings, ist es sinnvoll, den Wert 32 zu verwenden. Zu groß gewählte Blöcke würden jedoch die Memodatei unnötig vergrößern.

Bei vorhandenen Memodateien verändern Sie am einfachsten die Blockgröße, indem Sie diese mit *DBSetBlockSize* einstellen und direkt danach die Funktion *DBMmoPack* aufrufen. Die neue Memodatei verwendet dann Memoblöcke in der vorgewählten Größe:

```
...
DBSetBlockSize(4);   { Blockgröße auf 2048 Bytes }
PackSize:= DBMmoPack; { und dann packen          }
...
```

Bevor Sie mit dem Text eines Memofeldes arbeiten können, muß dieser mit der Funktion *DBMmoRead* in den internen Memo-Puffer der aktuellen Tabelle gelesen werden. Da nur ein Text im Puffer Platz findet, überschreibt jeder Aufruf von *DBMmoRead* den alten Text im Puffer. Wollen Sie einen Text aus dem Puffer entfernen, um so wieder Speicherplatz freizugeben, können Sie z.B. mit *DBMmoRead* ein Feld lesen, dessen Blocknummer 0 ist, oder ganz einfach die Prozedur *DBMmoClrBuffer* aufrufen.

Mit *DBMmoWrite* schreiben Sie den Text, der sich im Puffer befindet, wieder in die Memodatei zurück. Diese Funktion benötigen Sie nur in Ausnahmefällen, da ein veränderter Memotext automatisch durch *DBRecUpdate* oder *DBRecAppend* aktualisiert wird (siehe weiter unten). Einer dieser Ausnahmefälle ist z.B. das Kopieren eines Memotextes aus einem Memofeld in ein anderes, wenn beide Felder derselben Tabelle angehören:

```
IF DBMmoRead(7) THEN OK:= DBMmoWrite(8);

IF OK THEN DBRecUpdate; { Wichtig ist DBRecUpdate danach! }
```

Hier wird mit *DBMmoRead(7)* der Text aus Feld 7 in den Memopuffer gelesen und anschließend mit *DBMmoWrite(8)* in das Feld 8 geschrieben; ein vorhandener Text in Feld 8 wird mit dem aus Feld 7 überschrieben. Das anschließende *DBRecUpdate* muß gemacht werden, damit die Blocknummern im Record der Tabelle aktuell bleiben.

Zum Editieren des - im internen Puffer gespeicherten - Memotextes steht Ihnen mit der Funktion *DBMmoEdit* ein Editor zur Verfügung, der mit Wordstar-kompatiblen Befehlen arbeitet. Nachdem Sie einen Memotext geändert haben, signalisieren Sie der Funktion mit der Tastenkombination Strg+K+S, daß der Text gespeichert werden soll. *DBMmoEdit* liefert daraufhin den Boolean-Wert *TRUE* und setzt intern ein Flag, das bei einer Record-Aktualisierung - z.B. durch *DBRecUpdate* oder *DBRecAppend* - ausgewertet wird. Erst nach dem Auswerten des Flags gelangt der Memotext auch tatsächlich in die Memodatei und die Blocknummer im bearbeiteten Memofeld wird aktualisiert.

Die Aktualisierung eines veränderten Records ist nach dem Speichern des Memotextes **unbedingt notwendig**. Wird dies unterlassen, kann es vorkommen, daß im Record noch der Verweis auf den alten Memotext existiert. Dies hat zur Folge, daß Sie auf den neuen veränderten Text nicht mehr zugreifen können. Die genaue Verwendung der Funktion *DBMmoEdit* und eine Befehlsliste ist im Kapitel 6 beschrieben.

Genügt es Ihnen auch, einen Memotext nur anzuschauen, dann verwenden Sie dazu am besten die Routine *DBMmoView*. Sie besitzt, bis auf die Editierfunktionen, dieselben Befehle wie *DBMmoEdit* und zeigt den Text eines Memofeldes auch im Editor-Fenster an.

Sie können den Editor, den *DBMmoEdit* verwendet, auch für das Editieren gewöhnlicher Texte verwenden. Eine Prozedur mit dem Namen *EditText* und Routinen um Text aus einer Datei zu lesen, bzw. in eine Datei zu schreiben, finden Sie in der Unit *TED.PAS*.

In Kapitel 3 wurde schon das „Aufblähen" der Memodateien angesprochen, das durch mehrfaches Editieren von Memotext entstehen kann. Die Memodatei enthält dann Text-Blöcke, auf die in der Tabelle kein Verweis mehr existiert. Diese ungenutzten Blöcke können Sie mit der Funktion *DBMmoPack* entfernen. Diese Routine kopiert nur die genutzten Texte in eine neue Datei und aktualisiert die Verweise in der Tabelle.

Die Größe der „gepackten" Memodatei ist auch abhängig von der Einstellung, die Sie mit *DBSetBlockSize* vornehmen. Memodateien der dBASE-Version IV beispielsweise, können nach dem „Packen" auch größer sein, wenn Sie in der neuen Datei größere Blöcke verwenden.

Um die Menge des genutzten Textes in der Memodatei ermitteln zu können, wurde in die Engine die Funktion *DBMmoInUse* mit aufgenommen. Sie gibt den Prozentteil des genutzten Textes und die Anzahl der tatsächlich mit Text belegten Blöcke zurück. Die Angaben beziehen sich auf die Gesamtblockzahl bzw. die Blockgröße in der aktuellen Tabelle. Dazu ein Beispiel:

```
...
{ Memodatei nur packen, wenn 40% Text ungenutzt ist. }

IF (DBMmoInUse(Blocks)<60) THEN Result:= DBMmoPack;
...
```

In eigenen Programmen können Sie z.B. das „Packen" einer Memodatei automatisieren, indem Sie mit *DBMmoInUse* prüfen, ob der ungenutzte Text einen gewissen Prozentteil erreicht hat und gegebenenfalls die Funktion *DBMmoPack* aufrufen.

4.1.9 Die Index-Operationen

Bevor Sie mit den Index-Funktionen der Engine arbeiten, sollte Ihnen der Begriff des „Indexes" klar sein. Was versteht man überhaupt unter einem Index und wofür kann er eingesetzt werden?

Nun, ganz allgemein kann unter einem Index eine Liste mit zwei Spalten verstanden werden; die eine Spalte enthält die Indexschlüssel und die andere Verweise. Während die Indexschlüssel - oder auch Indexausdrücke - nach einem bestimmten Sortierkriterium geordnet sind (z.B. numerisch), enthält die Verweis-Spalte die Adresse, ab der die gesamten Daten zum Indexschlüssel gespeichert sind.

Am Ende dieses Buches finden Sie einen Index, der in der ersten Spalte alphabetisch geordnete Begriffe enthält und in der zweiten die Seitennummer als Verweis auf die Stelle, wo der Begriff auftaucht.

Bleiben wir bei diesem Beispiel. Angenommen Sie arbeiten zum ersten Mal mit der globalen Variable *ODOMETER* und wollen mehr darüber erfahren. Sie können dann so vorgehen, daß sie das Buch von vorne her durchblättern und schließlich - nach einer längeren Zeit - im Kapitel 5.2 fündig werden. Schneller ist es sicherlich, wenn Sie den Bereich, in dem Sie suchen wollen, vorher einschränken; also gleich ab dem entsprechenden Kapitel anfangen zu suchen. Die schnellste Methode ist - und so hätten Sie es wohl gleich gemacht - den Begriff „ODOMETER" im Index des Buches zu suchen. Werden Sie fündig, verweist er Sie auf die Buchseite, wo Sie mehr über die Variable nachlesen können. Die Suche im Index kann schneller vonstatten gehen, da hier alle Einträge sortiert sind.

Übertragen auf die Engine bedeutet ein Index nichts anderes, als eine Hilfsdatei, welche die Indexschlüssel mit den zugehörigen Verweisen auf die dBASE-Tabelle gespeichert hat.

Diese Methode der Indizierung nennt man „Index-sequentiell". Das bedeutet, der Inhalt der Tabelle - also der Datendatei - bleibt erhalten, es ändert sich nur die logische Reihenfolge der Records. Aus der Tabelle wird dazu aus *allen Records* der Schlüsselausdruck, nach dem die Tabelle logisch geordnet werden soll, mit dem zugehörigen Record-Handle herauskopiert, sortiert und in die Indexdatei übertragen. Die Index-Funktionen der Engine benutzen dazu eine spezielle Struktur, den sogenannten „B-Tree" oder Bayer-Baum (nach seinem Erfinder R. Bayer). An dieser Stelle auch gleich zwei Literaturhinweise:

Wenn Sie mehr zum Thema „Bäume" nachlesen wollen, finden Sie dazu in [1] den Aufbau und die grundlegenden Techniken und in [7] Erläuterungen zur Unit BTREES.PAS, die - leicht modifiziert - auch in der Engine verwendet wurde.

Mit dem Index verbunden, ist ein spezielles Zugriffsverfahren, das mit Hilfe der „binären Suche" zuerst die Indexdatei durchsucht und dann, über die dort gefundene Adresse, den Record in der Tabelle zur Verfügung stellt. Die binäre Suche setzt voraus, daß die Einträge in einer geordneten Reihenfolge plaziert sind und beginnt ab dem mittleren Element an zu suchen. Dieser Schlüssel wird nun mit dem gesuchten Begriff verglichen, wobei eine der so enstandenen Hälften als zutreffend gekennzeichnet wird. Die markierte Hälfte wird nochmals halbiert und dieselbe Suche für den übriggebliebenen Bereich gestartet. Dieser Vorgang wird so lange fortgesetzt, bis eine oder keine Entsprechung des Suchbegriffs gefunden wird. So können Records auch in großen Datenbeständen sehr schnell gefunden werden.

Verwenden Sie also in der Engine Indexe zu den Tabellen, dann ändert sich automatisch die Zugriffsart auf die einzelnen Records. Speziell mit den Record-Funktionen positionieren Sie dann beispielsweise beim ersten Record nicht unbedingt auf den Record mit der Handle „Eins", sondern gelangen vielleicht hier schon beim letzten gespeicherten Record der Tabelle an. Der Grund ist klar: die Einträge der Tabelle werden in ihrer logischen Reihenfolge bearbeitet und nicht in der, wie sie eingegeben wurden.

Das Bild 4.1 soll zur Verdeutlichung der oben angesprochenen Sachverhalte dienen. Es zeigt den Zugriff auf die Tabelle über den Index (der nach Namen sortiert ist), nachdem ein Suchbegriff gefunden wurde.

Bild 4.1: Der Zugriff über den Index

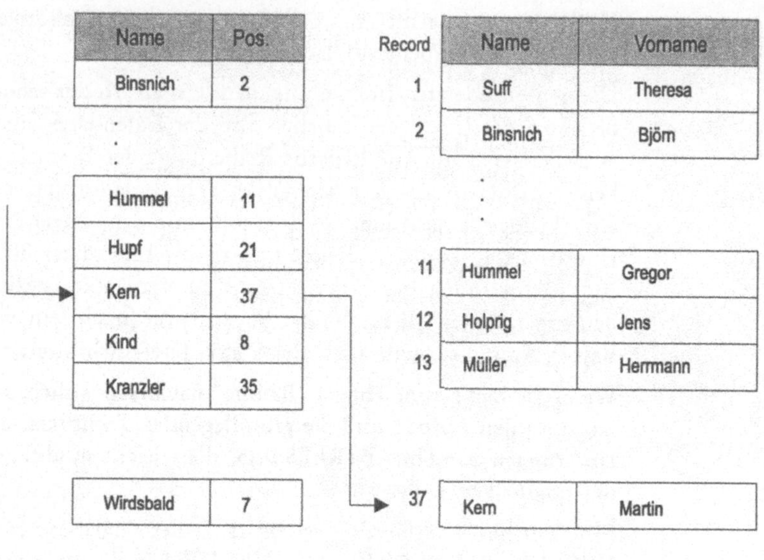

Für die Generierung eines Indexes verwenden Sie die Funktion *DBInd-Create*. Diese Funktion verlangt die Angabe des Namens der Indexdatei und die Adresse einer von Ihnen erstellten Schlüsselfunktion. Für den Index, wie er im Bild zu sehen ist, könnte die Schlüsselfunktion wie folgt aussehen:

```
{$F+}  { Wichtig! als FAR kodiert }
FUNCTION MakeKey: KeyStr;
 VAR S: String;
 BEGIN
  { Erstes Feld ist Schlüsselausdruck }
  DBERROR:= DBFldGetASCII(1,S); MakeKey:= S;
 END;
{$F-}
```

Den Index selbst erzeugen Sie beispielsweise mit der Anweisung:

```
  OK:= DBIndCreate(IndHdle,'TEST',MakeKey);
```

Als Ergebnis einer korrekten Ausführung bekommen Sie hier in *Ind-Hdle* ein Handle zurück, mit dem Sie später auf den Index zugreifen können.

Die Regeln, die Sie bei der Erstellung von Schlüsselfunktionen beachten sollten, finden Sie in Kapitel 6 bei der Routine *DBIndCreate*.

Beachten Sie auch, daß die Engine ein eigenes Index-Format benutzt, welches nicht kompatibel zu dBASE ist. Wenn Sie also mit Tabellen in dBASE weiterarbeiten, die mit der Engine erzeugt oder modifiziert wurden, ist die Neuerstellung der Indexdateien erforderlich (z.B. mit dem Befehl REINDEX).

Im aktiven Programmodus *M_WITHUNIQUES* erzeugen Sie einen Index, der auch gleiche Schlüsselausdrücke zuläßt; sonst nimmt *DBInd-Create* nur das Handle des jeweils ersten Records, in dem der Ausdruck gefunden wurde.

Ein mit *DBIndCreate* erzeugter Index wird zum aktuellen Index bzw. zum Primärindex und bleibt geöffnet. Einen bereits vorhandenen Index öffnen Sie mit der Funktion *DBIndOpen*. Es können mit der Engine maximal *MaxIndex* (Default 7) Indexe pro Tabelle geöffnet sein.

Die Funktion *DBIndOpen* benötigt dieselben Aufrufparameter wie *DBIndCreate*. Die Schlüsselfunktion, die Sie verwenden, muß jedoch dieselbe sein, mit der auch der Index erstellt wurde. Ist nur die Schlüssellänge identisch, dann findet *DBIndOpen* keinen Fehler, erzeugt aber einen falschen Index (!); sonst gibt die Funktion in der globalen Variable *DBERROR* die Fehlerursache bekannt und liefert den Wert *FALSE*.

Verwenden Sie keine falschen Schlüsselfunktionen zu bereits vorhandenen Indexen und keine Tabellen, die nicht zum Index passen bzw. umgekehrt. Das Resultat ist dann eine Zerstörung der Indexdatei. In solchen Fällen ist die Neuerstellung aller zur Tabelle gehörenden Indexe mit *DBIndRebuild* notwendig.

Bei mehreren offenen Indexen wählen Sie den Primärindex mit der Funktion *DBIndSelect* und der Angabe seines Handles aus. Mit *DBInd-Select(0)* hingegen schalten Sie auf die unsortierte Reihenfolge um.

Einen offenen Index schließen Sie mit *DBIndClose* und alle zur aktuellen Tabelle gehörenden Indexe können mit *DBIndCloseAll* geschlossen werden.

Zu den Index-Operationen gibt es auch informative Funktionen, die bereits weiter oben erwähnt wurden. Wie die Suche nach einem Begriff im Index mit der Funktion *DBIndFind* möglich ist, erklärt Ihnen der folgende Abschnitt.

Schauen Sie sich auch das Listing zum Programm ADRESS.PAS an. Es verwendet einen Großteil der Index-Routinen und ist ein gutes Beispiel für die sortierte Ausgabe von Records mit der View-Funktion.

4.1.10 Die Suchfunktionen

Die Engine stellt Ihnen für die Suche zwei verschiedene Verfahren zur Verfügung:

- ❑ die direkte sequentielle Suche in der Tabelle und
- ❑ das binäre Suchen mit Hilfe eines Indexes.

Eine binäre Suche ist in der Regel sehr viel schneller als eine sequentielle Suche. Durch die sortierte Reihenfolge der Schlüssel im Index sind weniger Vergleiche notwendig, bis der gesuchte Begriff gefunden ist.

Die folgenden Suchfunktionen beachten die Groß- und Kleinschreibung und belegen die globale Variable *found* mit dem Wert *TRUE*, wenn in der Tabelle eine Entsprechung gefunden wurde. In diesem Fall wird der Record, in dem der gesuchte Begriff steht, in den aktuellen Record-Zwischen-Puffer der Tabelle gelesen.

Für die erste Methode, die „sequentielle" Suche, verwenden Sie die Funktion *DBFldSearch*. Dazu müssen Sie im aktuellen Record-Zwischen-Puffer den Suchbegriff in das Feld schreiben (mit einer der *DBFldPut...*-Funktionen), in dem Sie suchen wollen. Anhand eines Parameters, den Sie der Suchfunktion übergeben, entscheiden Sie dann, ob vom Beginn der Tabelle an gesucht werden soll (*FIRST*) oder ab dem nächsten Record (*NEXT*).

Im Modus *M_SEARCHEXACT* wird der gesuchte Feldwert „exakt" in der Tabelle im selben Feld gesucht; sonst werden nachfolgende Leerzeichen im Feld abgeschnitten und die Suche bezieht sich nur auf diesen Teilbegriff. Damit gelöscht markierte Records bei der Suche auch berücksichtigt werden, müssen Sie die Suche im Modus *M_WITHDELETED* starten.

Beachten Sie, daß *DBFldSearch* einen Zwischen-Puffer einrichtet, der mindestens so groß wie ein Record der Tabelle und maximal so groß wie die Konstante *SBufSize* (Default 65535) sein kann. Durch die Zwischenspeicherung der Daten, sind weniger zeitaufwendige Lesezugriffe auf den externen Speicher nötig. Die Tabelle kann so zum größten Teil im Hauptspeicher - sehr schnell - durchsucht werden.

Eine „binäre“ Suche können Sie nur bei indizierten Tabellen vornehmen. Der Tabelle muß deshalb ein Primärindex zugeordnet sein (z.B. mit *DBIndOpen*).

Die Funktion *DBIndFind* durchsucht diesen Primärindex nach der Zeichenkette, die Sie als Parameter übergeben.

Bei aktivem Modus *M_SEARCHEXACT* wird eine eindeutige Entsprechung im Index gesucht; sonst ist der neue aktuelle Record der, in dem ein Begriff steht, welcher dem gesuchten am nächsten kommt (der nächstgrößere Wert). Gelöscht markierte Records können Sie im aktiven Modus *M_WITHDELETED* mit einbeziehen.

Die globale Variable *found* erhält durch *DBIndFind* nur dann den Wert *TRUE*, wenn eine exakte Entsprechung des Suchbegriffs gefunden wurde.

Für eine erfolgreiche Suche mit *DBIndFind* ist es zweckmäßig, einen Suchstring zu verwenden, der dem Aufbau und der Länge des Index-Schlüssels entspricht. Anhand der Index-Schlüsselfunktion, kann das Format des Strings leicht bestimmt werden.

4.1.11 Den Programmodus einstellen

Da das Moduswort *DBMODE* für den Anwender - und somit für Sie - von großer Bedeutung ist, wurde der Beschreibung dieser Variablen das nun folgende Kapitel gewidmet.

4.2 Das Moduswort DBMODE

Damit Sie *dPAC* flexibel einsetzen und unterschiedlich initialisieren können, ist es möglich, den Programmodus der Engine einzustellen. Dazu wurde in der Unit *DPACGBL* folgende Vereinbarung getroffen:

```
CONST { globale Betriebsdaten }
DBMODE     : Word    = M_DEFAULTMODE;  { Modus der Unit  }
```

Auf die Bedeutung des eingestellten (Default-) Wertes wird weiter unten noch näher eingegangen.

Der Ablauf vieler Engine-Routinen (Prefix *DB*) ist abhängig von den einzelnen Bits (oder Schaltern) in dieser Word-Variablen. Sie können direkten Einfluß auf Programmlauf und Initialisierung nehmen, indem Sie diese Bits setzen (Wert 1) oder löschen (Wert 0).

Um in *DBMODE* ein Bit setzen, löschen oder überprüfen zu können, bedarf es Bit-Operationen, die man allgemein so beschreiben kann:

- ❑ Ein Bit überprüfen:

  IF (*DBMODE* AND BitWert = BitWert) THEN ...
- ❑ Ein Bit setzen:

  DBMODE:= *DBMODE* OR BitWert;
- ❑ Ein Bit löschen:

  DBMODE:= *DBMODE* AND NOT BitWert;

„BitWert" stellt dabei die Wertigkeit des Bits dar, das bearbeitet werden soll. Der Nachteil bei diesen Operationen ist zum einen die Schreibarbeit und zum anderen stellen sie eine weitere mögliche Fehlerquelle für das Programm dar. Operationen beim Setzen eines Bits, wie z.B. „DBMODE:= BitWert" können gemacht werden. Diese liefern dann sicher nicht das Resultat, daß man gerne hätte. Um dieses Manko zu beseitigen, gibt es in *dPAC* drei Routinen zur Bearbeitung des Programmmodus:

- ❑ Ein Bit überprüfen:

  IF *DBTestMode*(BitWert) THEN ...
- ❑ Ein Bit setzen:

  DBSetMode(BitWert);
- ❑ Ein Bit löschen:

  DBClrMode(BitWert);

Will man gleich mehrere Bits prüfen, setzen bzw. löschen, so sind die einzelnen Werte der Bits einfach zu addieren (z.B.):

DBSetMode(BitWert1+BitWert2+...);

Für die möglichen „Modus-Bits" wurden in der Unit *DPACGBL** Konstanten definiert, die den Wert des jeweiligen Bits einnehmen. Im Bild 4.2 ist die Zuordnung der einzelnen Konstanten zu den Bits in *DBMODE* zu sehen. *MSB* ist das Bit mit der höchsten Wertigkeit (**M**ost **S**ignificant **B**it) und *LSB* das mit der geringsten (**L**east **S**ignificant **B**it).

Im Bild 4.2 sind die einzelnen Modi, deren Wert und der eingestellte „Default"-Wert aufgeführt. Die Defaultwerte geben an, ob der Modus aktiv (Wert 1) oder nicht aktiv (Wert 0) ist. Bevor das Moduswort

---

* Die Konstanten werden im folgenden auch als Modus bezeichnet: z.B. „im Modus M_HALTONERROR ..."

DBMODE zum erstenmal verändert wird, entspricht der Wert der Einstellung, die im Bild zu sehen ist.

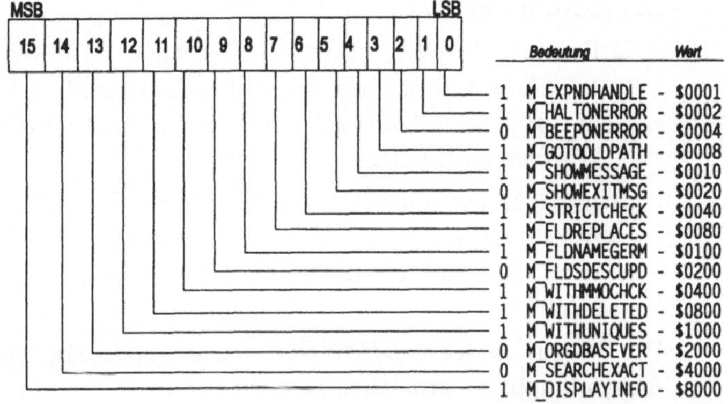

Bild 4.2: Die Bedeutung der Bits im Moduswort *DBMODE*

Die Auswirkungen einer Bit-Manipulation in *DBMODE* hängen im wesentlichen von deren Einsatzort und vom verwendeten Schalter (Wert des Bits) ab. Man unterscheidet zwei „Einsatzorte“:

- Vor der Initialisierung mit *DBInit.*
- Während der Arbeit in der Engine-Umgebung (nach *DBInit*).

In der jetzigen Version der Engine muß nur beim Modus *M_EXPNDHANDLE* darauf geachtet werden, daß dieser vor der Initialisierung der Engine-Umgebung eingestellt wird. Im folgenden werden die einzelnen Modi näher erläutert.

Modus M_EXPNDHANDLE

Dieses Bit legt fest, ob die DOS-Datei-Tabelle (kurz DDT) von der Engine erweitert werden soll (Bit gesetzt) oder nicht (Bit gelöscht). Die Erweiterung der DDT kann nur durch den Aufruf der Prozedur *DBInit* erfolgen. Das Bit *M_EXPNDHANDLE* muß also vorher gesetzt oder gelöscht sein. Das Betriebssystem DOS legt die DDT in das PSP (Program Segment Prefix), auch „Dateivorspann“ genannt. Dort kann diese Tabelle aber nur maximal 20 Einträge speichern, so daß für einen Prozeß maximal 20 offene Dateien möglich sind. Da auch Adresse und Größe der DDT im PSP gespeichert sind, kann von *dPAC* aus eine neue Datei-Tabelle angelegt werden, deren Adresse im PSP gespeichert wird. Eine solche Tabelle kann dann mehr Einträge haben (*dPAC* erweitert die Tabelle defaultmäßig auf *MaxFiles=64* Elemente). Die Größe der DDT entscheidet aber nicht allein, wieviel offene Dateien tatsächlich möglich sind:

- Das Betriebssystem öffnet zunächst für jeden Prozeß 5 Standard-Ein-/Ausgabe-Einheiten, womit für das eigentliche Programm bei der originalen DDT nur noch maximal 15 Dateien zusätzlich geöffnet werden können.
- In der Datei CONFIG.SYS gibt die Anweisung „FILES=XXX" die Anzahl der maximal offenen Dateien an. Eine sinnvolle Angabe von „XXX", falls die DDT erweitert wird, ist eine Zahl im Bereich 21..255.

Der Modus *M_EXPNDHANDLE* wurde eingeführt, um es eigenen Anwendungen zu ermöglichen, mehr als 15 Dateien zu öffnen. Entscheidet man sich für eine Erweiterung der DDT, benötigt *dPAC* in der Default-Einstellung 64 Bytes zusätzlichen Speicherplatz.

Modus M_HALTONERROR

Modus-Konstante;M_HALTONERRORIst dieses Bit gesetzt, wird der Programmlauf bei Auftreten eines Hardwarefehlerssiehe für mögliche Hardwarefehler im Programmkode der Datei DPACERR.INC bei Prozedur DPACHWHandler. automatisch gestoppt. Durch den Aufruf der Prozeduren *DBErrMsg*, *DBShowErr* kann das Programm im Fehlerfall explizit angehalten werden. Wollen Sie die Fehlerauswertung übernehmen, sollte dieses Bit gelöscht sein.

Modus M_BEEPONERROR

Ist dieses Bit gesetzt, wird bei der Ausgabe einer Fehlermeldung, mit den Routinen *DBErrMsg* und *DBShowErr*, ein Ton auf dem PC-Lautsprecher ausgegeben.

Modus M_GOTOOLDPATH

In diesem Modus wird beim Verlassen der Engine mit *DBExit* zu dem Verzeichnis gewechselt, das bei der Initialisierung mit *DBInit* ermittelt wurde. Folgendes ist zu beachten: Das Ursprungsverzeichnis wird nicht eingelesen, wenn die Engine beim Aufruf von *DBInit* bereits initialisiert ist. Nützlich ist dieser Modus, wenn in der Umgebung der Engine ein Verzeichniswechsel stattfindet, nach dem Programmlauf jedoch das alte Verzeichnis wieder benötigt wird.

Modus M_SHOWMESSAGE

Wenn dieses Bit gesetzt ist, werden die Ausgabe-Prozeduren aufgerufen, um Bildschirmmeldungen auszugeben. Die Prozedur *DBErrMsg* z.B. gibt eine Fehlermeldung aus. Durch gezieltes Löschen und Setzen dieses Bits kann erreicht werden, daß nur an bestimmten Stellen des Programms Meldungen von der Engine erscheinen.

Modus M_SHOWEXITMSG

Dieser Modus ist in erster Linie für Programmierer gedacht. Ist dieses Bit gesetzt, dann erfolgt eine Meldung beim Erreichen der eingebauten Exit-Prozedur mit Angabe der aktuellen Programmversion. So kann festgestellt werden, ob der „Exit" ausgeführt wird und welche Version der Engine implementiert ist.

Modus M_STRICTCHECK

Ist dieses Bit gesetzt, werden bei den *DBTblCreate...*-Funktionen und bei *DBTblOpen* die Feldbeschreibungen einer Tabelle auf ihre Richtigkeit kontrolliert. Dabei darf kein Feldname doppelt vorkommen, ein Feldname muß gültige Zeichen besitzen, die Feldtypen müssen je nach dBASE-Version im Bereich der verfügbaren Datentypen liegen und die maximale Feldlänge darf nicht überschritten sein. Durch Löschen dieses Bits ist es z.B. möglich, ungültige Felddaten beim Öffnen einer Tabelle einzulesen, diese zu manipulieren und korrekt abzuspeichern. Voraussetzung für ein solches Vorgehen ist natürlich die Kenntnis über den Originalzustand der Felddaten.

Die **zweite Funktion** dieses Modus: Beim Schreiben von Feldinhalten (mit den *DBFldPut...*-Funktionen) wird kontrolliert, ob das Feld den neuen Feldinhalt aufnehmen kann. Ist das Bit gesetzt, wird bei zu großen Feldinhalten der Fehler *E_ISOUTOFRANGE* gesetzt, sonst wird der neue Feldinhalt einfach auf die Länge des Feldes begrenzt.

Die **dritte Funktion** dieses Modus: Beim Kopieren eines Record-Puffers mit der Funktion *DBRecBufCopy* und dem Anhängen eines Records mit *DBRecAdd* müssen in diesem Modus Quell- und Ziel-Record-Puffer zuweisungskompatibel sein. Ist also dieses Bit gesetzt, müssen beide Record-Puffer gleiche Record- und Feldlängen sowie kompatible Datentypen aufweisen können, sonst erhält die globale Fehlervariable *DBERROR* den Fehlerkode *E_NOEQUSTRUCTS*. Ist dieses Bit gelöscht, erfolgt keine Kontrolle und der Quell-Puffer wird, ohne Berücksichtigung der Datentypen, in den Ziel-Puffer kopiert.

Modus M_FLDREPLACES

Ist dieses Bit gesetzt, dann löschen beim Schreiben von Feldinhalten die *DBFldPut...*-Funktionen den alten Inhalt des Feldes. Ist dieser Modus nicht aktiv, wird der alte Feldinhalt ohne vorheriges Löschen - linksbündig - mit dem neuen Inhalt überschrieben (überlappt).

Die **zweite Funktion** dieses Modus: beim Kopieren eines Record-Puffers mit der Funktion *DBRecBufCopy*, werden die Texte der Memofelder nur kopiert, wenn dieser Modus und *M_WITHMMOCHCK* aktiv ist. Ist *M_WITHMMOCHCK* nicht eingeblendet, aber *M_FLDREPLACES* aktiv, werden die Blocknummern der Memofelder auf 0 gesetzt, und es erfolgt kein Kopieren der Memotexte. Bei inaktivem Modus *M_FLDREPLACES* kopiert die Funktion *DBRecBufCopy* den Quell-Puffer 1:1 in den Ziel-Puffer (siehe auch Kapitel 6 zu dieser Funktion).

Modus M_FLDNAMEGERM

Ist dieses Bit gesetzt, dürfen Feldnamen auch deutsche Umlaute enthalten. Dieser Modus kann dazu verwendet werden, um zu bestimmen, ob beim Öffnen und Schreiben von Tabellen deutsche Feldnamen erlaubt sind. Englische dBASE-Versionen erlauben keine Umlaute in den Feldbezeichnern. Diese Bedingung kann eingehalten werden, wenn das Bit *M_FLDNAMEGERM* gelöscht ist.

Modus M_FLDSDESCUPD

Die Feldbeschreibungen werden in diesem Modus bei einer Aktualisierung der Tabelle mitaktualisiert. Beachten Sie, daß mit *DBFldPutName* geänderte Feldnamen nur in die Tabelle gelangen, wenn dieses Bit gesetzt ist.

Modus M_WITHMMOCHCK

Stellt die Funktion *DBTblOpen* beim Öffnen einer Tabelle fest, daß mindestens ein Memofeld vorhanden ist, wird in diesem Modus versucht, die zugehörige Memodatei zu öffnen. Ist dieses Bit gelöscht, können auch Tabellen ohne zugehörige Memodatei geöffnet werden; ist es gesetzt, bekommt die globale Fehlervariable *DBERROR* beim Fehlen der Memodatei den Fehlerkode *E_MMOFNOTEXIST* zugewiesen.

Die **zweite** Funktion dieses Modus: beim Kopieren eines Record-Puffers mit der Funktion *DBRecBufCopy* und dem Anhängen eines Records mit *DBRecAdd* werden nur Memotexte mitkopiert, wenn dieser Modus aktiv ist.

Die **dritte** Funktion dieses Modus: die Funktion *DBTblDelete* löscht bei aktivem Modus *M_WITHMMOCHCK* außer der Tabelle auch die zugehörige Memodatei.

Modus M_WITHDELETED

Ist dieses Bit gesetzt, werden bei Record-Operationen durch die *DBRec...*-Funktionen auch gelöscht markierte Records berücksichtigt, sonst nicht. Die Routine *DBRecNext* z.B. positioniert auf den nächsten Record in der vorgegebenen Reihenfolge, falls dieser Modus aktiv ist und überspringt alle gelöscht markierten Records, wenn *M_WITHDELETED* ausgeblendet ist.

Modus M_WITHUNIQUES

Wenn Sie einen neuen Index mit *DBIndCreate* zu einer Tabelle erstellen, können Sie mit diesem Modus bestimmen, ob Schlüsselausdrücke gleichen Wertes zulässig sind (Modus aktiv) oder nicht.

Modus M_ORGDBASEVER

Beim Einlesen einer Tabelle stellt die Funktion *DBTblOpen* fest, mit welcher dBASE-Version diese bearbeitet wurde. Das originale Versions-byte (erstes Byte in der Datendatei) wird, zusammen mit den anderen Daten der Tabelle, von der Engine verwaltet. Gleichzeitig speichert *DBTblOpen* ein sogenanntes internes „Erkennungsbyte“, mit dem die Version genauer bestimmbar ist. Ist das Bit *M_ORGDBASEVER* gesetzt, gibt die Funktion *DBTblVersion* das originale Versionsbyte, sonst das interne Erkennungsbyte (siehe auch Kapitel 5.2) zurück.

Modus M_SEARCHEXACT

Die Funktionen *DBFldSearch* und *DBIndFind* suchen in diesem Modus exakt den Wert in der Tabelle, der im entsprechenden Feld des Record-Zwischen-Puffers steht bzw. als Suchausdruck übergeben wurde. Wenn dieses Bit gelöscht ist, schneidet die Funktion *DBFldSearch* dem Suchbegriff nachfolgende Leerzeichen ab und sucht nach diesem Wert. Dadurch ist es auch möglich, Teilbegriffe in einem Feld zu suchen. Ist *M_SEARCHEXACT* nicht aktiv und findet *DBIndFind* die gesuchte Zeichenkette nicht, positioniert sie auf den Record, in dem ein Begriff gefunden wurde, der dem gesuchten am nächsten kommt (der nächstgrößere Wert).

Modus M_DISPLAYINFO

Ist dieser Modus aktiv, blenden die Routinen *DBMmoEdit*, *DBMmoView* und *DBTblView* im unteren Fensterrand eine Statuszeile ein. Die Information, die diese Zeile enthält, ist abhängig von der Funktion von der sie angezeigt wird. In Kapitel 6 erfahren Sie mehr dazu in der Referenz zur jeweiligen Funktion.

4.3 Beispielanwendungen

Bei den hier vorgestellten Beispielprogrammen handelt es sich um recht einfache Anwendungen, die Ihnen die praktische Verwendung einiger Engine-Routinen zeigen sollen. Beide Programme sind auf der beiliegenden Diskette gespeichert, so daß auf ein Abdrucken des kompletten Listings verzichtet wurde. Es werden jedoch vereinzelt Programmstücke zur Erklärung der Funktionsweise benutzt.

Weitere Beispiele finden Sie in den Verzeichnissen *\EXTRA* und *\DEMO* der Programmdiskette.

4.3.1 Eine Adressenliste

Das erste Programm stellt Ihnen mit Hilfe der Engine eine simple Adressenliste zur Verfügung, mit der Sie Adressen im dBASE-Format ablegen können. Es beinhaltet folgende Grundfunktionen:

- Eingabe neuer Adressen.
- Bearbeiten und Löschen vorhandener Adressen.
- Sortierte Ausgabe von Adressen auf Bildschirm oder Drucker.
- Die Suche nach Adressen.

Außerdem sind im Programm noch verschiedene Hilfsfunktionen enthalten, wie z.B. das Packen der Tabelle und der Memodatei, die Reindizierung der Indexdateien, die Ausgabe der Programm-Struktur, etc.

Zur Funktionsweise

Die Adressenliste wird vom DOS-Prompt einfach mit

ADRESS

aufgerufen. Starten Sie das Programm direkt nach der Engine-Installation (siehe auch Kapitel 2) bzw. existieren keine Indexdateien, werden zunächst die Indexe NAME.IND, PLZ.IND und VORNAME.IND erzeugt. Sie dienen, der Reihe, nach zur Sortierung der Adressen nach Namen, Postleitzahlen und Vornamen. In der Tabelle ADRESSEN.DBF - und zugehöriger Memodatei ADRESSEN.DBT - werden die Adressen gespeichert. Ist zum Zeitpunkt des Aufrufs keine Adressen-Tabelle zu finden, generiert ADRESS mit Hilfe der Strukturdatei ADRESSEN.STR eine leere Tabelle. Diese Datei hat folgendes Aussehen:

```
$FILE /DB4
ADRESSEN.DBF
$FIELDS
Feldname Feldtyp Feldlänge Nachkommastellen
-------------------------------------------
:NAME     .C       .L025      .D00
:VORNAME  .C       .L015      .D00
:PLZ      .N       .L005      .D00
:ORT      .C       .L030      .D00
:STRASSE  .C       .L030      .D00
:TELEFON  .C       .L015      .D00
:NOTIZ    .M       .L010      .D00
$END
```

Der Inhalt der Strukturdatei zeigt Ihnen zugleich den Aufbau der Tabelle, die hier - durch den Zusatz */DB4* - im dBASE IV-Format erzeugt wird.

Nachdem das Programm alle erforderlichen Dateien mit Erfolg öffnen konnte, zeigt es in der Bildschirmmitte eine Programm-Info, die nach einem Tastendruck wieder verschwindet. Drücken Sie keine Taste, verabschiedet sich die Info nach ca. 4 Sekunden; diese Technik ist auch in den Fehlermeldungen mit eingebaut.

Das folgende Bild zeigt das Hauptmenü der Adressenliste mit Erklärung der verschiedenen Anzeigen.

Bild 4.3: Das Hauptmenü des Programms ADRESS.EXE

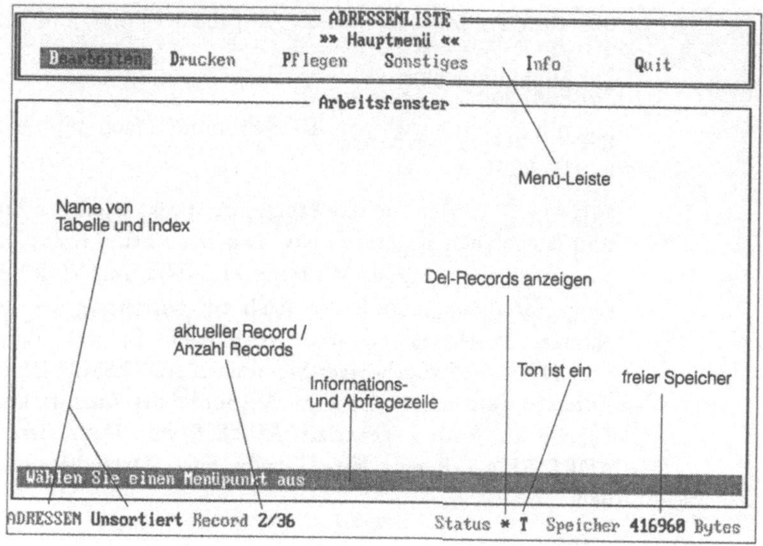

Die Menüauswahl treffen Sie, indem Sie den Auswahlbalken zum entsprechenden Menüpunkt bewegen und diesen mit der ↵-Taste bestätigen oder nur den Anfangsbuchstaben eines Menüpunktes eingeben. Ist eine Maus vorhanden, kann mit ihr die Cursor-Steuerung simuliert werden; die linke Maustaste entspricht der Taste ↵, die rechte übernimmt die Funktion von Esc. Es stehen im Hauptmenü die Punkte zur Verfügung, die im Bild 4.3 in der Menüleiste zu sehen sind.

Im Druckmenü haben Sie die Wahl zwischen dem Ausdruck der gesamten Adressenliste oder dem eines einzelnen Records. Wenn Sie die erste Möglichkeit wählen, werden die Records in der Reihenfolge ausgedruckt, die der aktuelle Index vorgibt; außer bei der unsortierten

Reihenfolge. Sollte der Drucker für den Ausdruck nicht bereit sein, bekommen Sie eine entsprechende Fehlermeldung. Die folgende Liste zeigt einen Ausdruck, bei dem der Namen-Index aktiv war:

```
Adressenliste aus ADRESSEN [29.08.1993]              Seite  1
-------------------------------------------------------------
     ■ Binsnich, Björn                                  2
       Kuhweg 6
       5529 Irrhausen
       Tel. 06550/6381

     ■ Blitz, Renate                                    15 *
       Hagelhang 100
       8729 Donnersdorf
       Tel. 09528/552
       ....
```

In der Kopfzeile werden der Name der Tabelle, das Datum und die Seitenzahl mit ausgedruckt. Rechts neben den Adressen stehen die Record-Nummern aus der Tabelle. Gelöscht markierte Records sind mit einem „*" versehen und können nur ausgedruckt werden, wenn der Modus *M_WITHDELETED* eingeschaltet ist; diese Einstellung erreichen Sie über das Menü „Sonstiges" (siehe weiter unten).

Über das Menü „Pflegen" erreichen Sie neben der Pack-Funktion, die alle gelöscht markierten Records aus der Tabelle entfernt, weitere Menüpunkte, wie das separate Packen der Memodatei und das Reindizieren aller Indexdateien.

Die Daten der Indexdateien müssen immer zu denen der Tabelle passen. Durch die Engine wird diese Datenkonsistenz automatisch gewahrt, d.h. sie hält die Indexdateien immer auf dem aktuellsten Stand. Sollte dies einmal nicht der Fall sein - beispielsweise durch die Verwendung falscher Indexdateien - erhalten Sie eine Fehlermeldung und/oder können keine richtige Positionierung mehr vornehmen. Sie haben dann die Möglichkeit, über den Menüpunkt „Reindizieren" alle Indexe der Tabelle neu erstellen zu lassen. Das Löschen der Indexdateien und ein erneuter Aufruf der Adressenliste bewirken dasselbe.

Durch das Menü „Sonstiges" stehen Ihnen sieben weitere Funktionen der Adressenliste zur Verfügung. Sie wählen hier die Art der Sortierung vor, indem Sie einen Index zum Primärindex machen oder aber auf die unsortierte Reihenfolge umschalten. Die Engine-Flags *M_WITHDELETED* (gelöscht markierte Records anzeigen) und *M_BEEPONERROR* (Fehlerton ein) lassen sich über „Sonstiges" setzen bzw. rücksetzen. Der eingeschaltete Zustand ist im Bild 4.3 in der Anzeige „Status" zu sehen. Der Menüpunkt „Tabellen-Info" zeigt die Strukturdaten der Tabelle an, gibt Auskunft über die Menge des ungenutzten Memotextes und welcher Index gerade aktiv ist (siehe Bild 4.4).

Bild 4.4: Die Daten der aktuellen Adressenliste

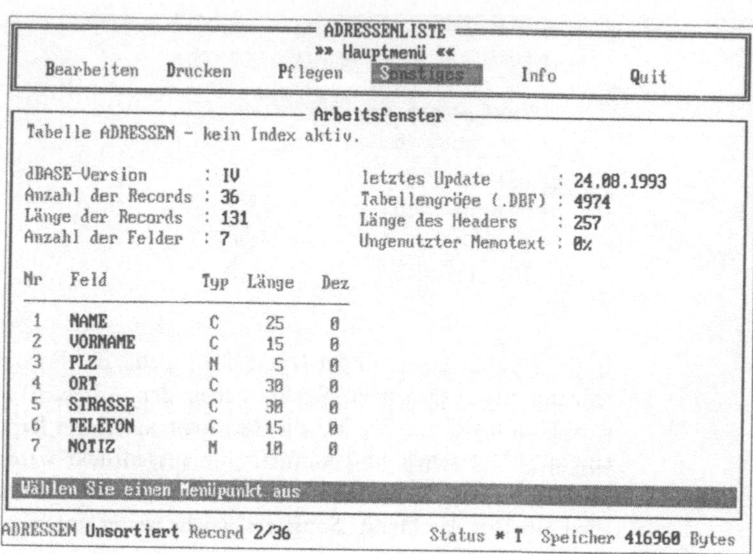

Wählen Sie den Menüpunkt „Info", wird nur die Programm-Info eingeblendet, die auch schon beim Start des Programms erscheint.

Mit „Quit" verlassen Sie das Programm, wenn Sie die dort gestellte Frage „ADRESS verlassen (J/N/ESC) ?" mit [J] bestätigen.

Den zweiten Teil der Adressenliste erreichen Sie vom Hauptmenü aus über den Menüpunkt „Bearbeiten". Die Funktionen, die dort zur Verfügung stehen, sind in der Menüleiste im Bild 4.5 zu sehen.

Bild 4.5: Editieren von Adressen mit Hilfe der Eingabemaske

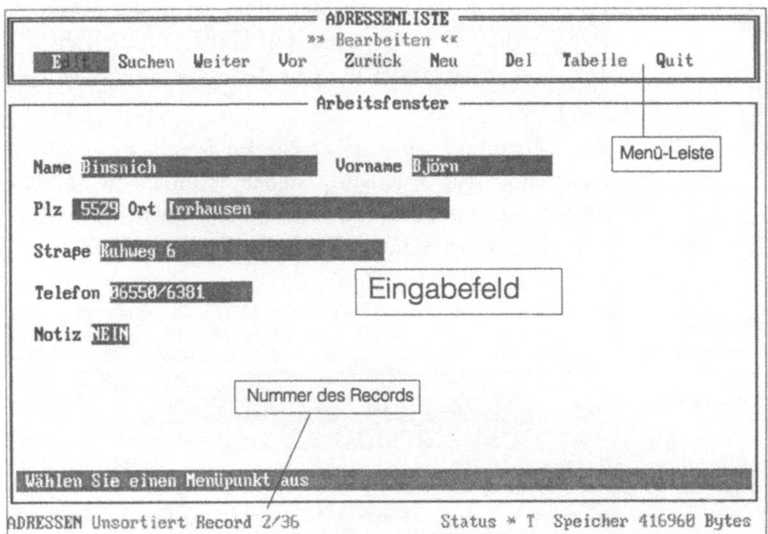

Das Bild zeigt die Maske, in der Sie neue Adressen mit „Neu" eingeben können oder vorhandene mit „Edit" ändern. Eine Ausnahme bildet die Situation, in der sich der Recordzeiger bereits hinter dem Tabellen-Ende befindet. In diesem Fall können Sie auch mit „Edit" einen neuen Record eingeben. Bei der Eingabe neuer Records erscheint zusätzlich hinter der Record-Anzeige die Angabe „NEU".

In der Maske stehen folgende Editiermöglichkeiten zur Verfügung:

[Strg]+[S],[←]	ein Zeichen nach links
[Strg]+[D],[→]	ein Zeichen nach rechts
[Strg]+[A],[Strg]+[←]	Cursor an den Feldanfang
[Strg]+[F],[Strg]+[→]	Cursor an das Feldende
[Strg]+[E],[↑]	vorhergehendes Feld
[Strg]+[X],[↓]	nächstes Feld
[Strg]+[H],[⇦]	Zeichen links vom Cursor löschen
[Strg]+[G],[Entf]	Zeichen unter dem Cursor löschen
[Strg]+[Y]	Ganze Zeile löschen
[Esc]	Eingabe an beliebiger Stelle verlassen.
[Strg]+[M],[↵]	im letzten Feld als Eingabebestätigung, sonst zum nächsten Feld.

Enthält der Record auch Memotext, ist in der Maske das Feld NOTIZ mit einem „JA“ belegt, sonst mit „NEIN“. Editieren können Sie diesen Text, indem Sie in der Eingabe die Frage „Memo editieren?“ mit [J] bestätigen.

Den Memotext selbst geben Sie im Memoeditor ein. Die Befehle, die Ihnen dort zur Verfügung stehen, können Sie im Kapitel 6 der Beschreibung zur Funktion *DBMmoEdit* entnehmen. Das folgende Bild zeigt das Editieren eines Textes für den Record 19.

Bild 4.6: Das Editieren von Memotexten

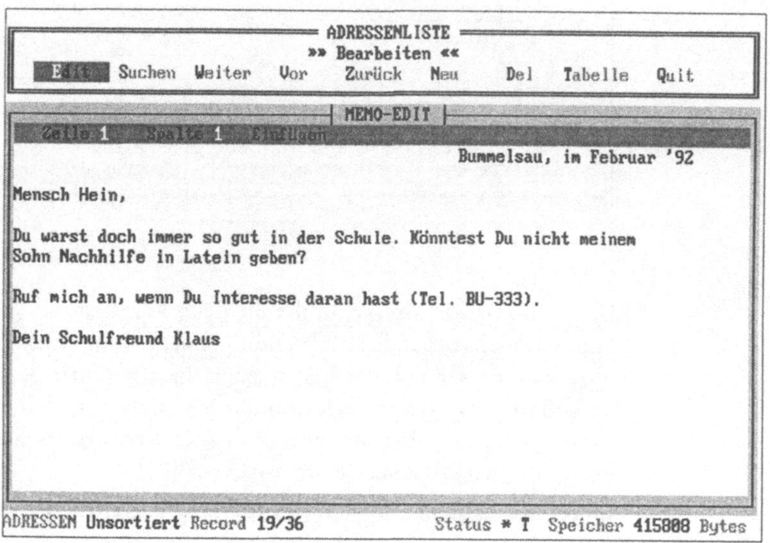

Nachdem Sie alle Daten eingegeben haben, erscheint in der Abfragezeile „Datensatz aufnehmen (J/N/ESC) ?“. Mit [J] bestätigen Sie die Aufnahme des Records, mit [N] gelangen Sie in die Eingabemaske zurück und [Esc] storniert die komplette Eingabe.

Über den Punkt „Suchen“ tut sich ein weiteres Menüfenster auf. Hier kann nach einem Record-Handle oder nach Begriffen gesucht werden. Während Sie für die Suche nach dem Handle nur eine Nummer eingeben müssen, steht Ihnen bei der „Begriff-Suche“ eine komplette Eingabemaske zur Verfügung, in der lediglich das NOTIZ-Feld fehlt. In dieser Maske müssen Sie mindestens einen Begriff eingeben, können aber auch mehrere Felder belegen. Die Tabelle wird dann, beginnend beim ersten Record, nach einer Entsprechung durchsucht und diese, falls gefunden, in der Adressen-Maske angezeigt.

Geben Sie beispielsweise im Namen-Feld nur den Buchstaben „K" ein und bei den Postleitzahlen eine «8», sucht ADRESS nach der ersten Adresse - in Index-Reihenfolge -, die der Maske entspricht. In der Beispiel-Adressenliste findet das Programm den Eintrag von Egon Kranzler, der in 8000 München 40* wohnt.

Um die nächste Adresse zu erhalten, die der Suchmaske entspricht, drücken Sie die Taste [W] oder wählen den Menüpunkt „Weiter" an. Hier beginnt die Suche ab dem Record, der auf den aktuellen folgt. Kann keine weitere Adresse gefunden werden, erhalten Sie eine entsprechende Meldung.

Im Beispielprogramm soll beim Suchen nicht die Geschwindigkeit im Vordergrund stehen, sondern vielmehr die Vielseitigkeit. ADRESS verwendet deshalb für die Suche keinen Index - der legt hier nur die Reihenfolge fest -, sondern sucht die Tabelle sequentiell ab. Durch die Eingabe-Maske haben Sie die Möglichkeit jedes Feld (außer NOTIZ) mit einem Suchkriterium zu belegen.

Denkbar wäre auch die Implementierung einer phonetischen Suche. Dazu erstellen Sie beispielsweise einen Index, indem die Namen nur durch einen Kode identifiziert sind (generiert mit der *Soundex*-Funktion aus der Unit *DPACUTIL*). Um Einträge wieder zu finden, verwenden Sie dann die Funktion *DBIndFind* und übergeben ihr einen Suchstring, der ebenfalls dem Soundex-Kode** entspricht.

Um Ihnen das Blättern durch die Tabelle zu ermöglichen, wurden in das Menü „Bearbeiten" noch die Punkte „Vor", „Zurück" und „Tabelle" mit aufgenommen.

Durch „Vor" wird der nächste Record aus der Tabelle gelesen und in der Eingabemaske angezeigt; bei „Zurück" der vorige. Das Vor- und Zurückblättern ist auch durch die Cursortasten [↓] und [↑] möglich. Positionieren Sie beim Vorblättern hinter das Tabellen-Ende, erhalten Sie die Fehlermeldung „Error 6: Tabellen-Ende (EOF) erreicht". Zudem wird die Maske geleert und in der Record-Anzeige erscheint die Angabe „NEU"; das Programm ist dann bereit für die Eingabe eines neuen Records. Beim Zurückblättern bekommen Sie entsprechend die Meldung „Error 5: Tabellen-Anfang (BOF) erreicht", wenn Sie versucht haben, vor den ersten Record zu positionieren.

---

* In der Beispiel-Adressenliste sind noch alte Postleitzahlen eingetragen, das Programm ADRESS.EXE ist aber für die 5-stelligen bereits vorbereitet.

** Näheres über den Soundex-Kode erfahren Sie übrigens im Glossar

Außer der Anzeige des Fehlers geschieht hier allerdings nichts mehr, und der aktuelle Record bleibt erhalten.

Mit „Tabelle" wird die Adressenliste - wie der Name schon andeutet - in einer Tabellen-Form dargestellt. Die Records sind dabei die Zeilen, und die Felder bilden die Spalten der Tabelle. Mit Hilfe dieses Menüpunkts, haben Sie die Möglichkeit, sich schnell in der Tabelle zu bewegen. Beim Verlassen der Anzeige mit [Esc] gelangt der zuletzt selektierte Record in die Eingabemaske. Realisiert ist diese Programmfunktion durch einen einzigen Aufruf der Prozedur *DBTblView* (eine Befehlsübersicht finden Sie im Kapitel 6).

Das folgende Bild zeigt die Adressenliste nach dem Aufruf von „Tabelle" und erklärt die verschiedenen Anzeigen.

Bild 4.7: Anzeige von ADRESSEN.DBF in Tabellen-Form

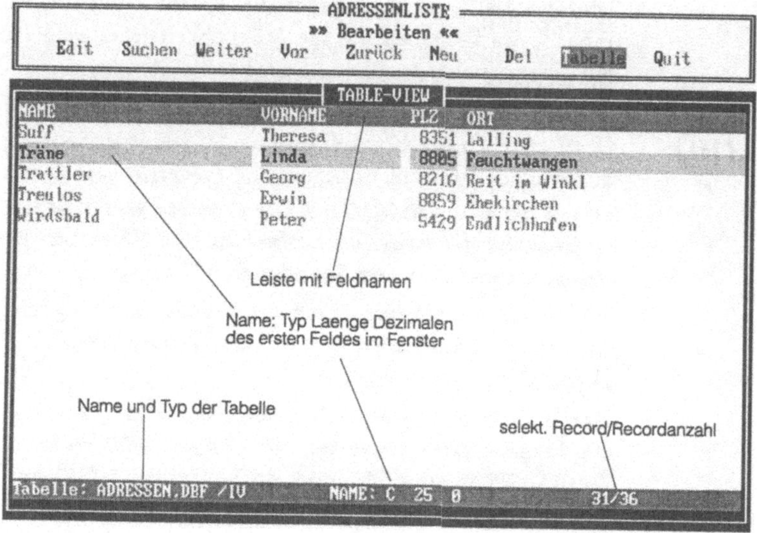

Wie Sie aus Kapitel 3 bereits erfahren konnten, besteht in dBASE-Tabellen die Möglichkeit, einen Record mit einer Löschmarke zu versehen. Mit ADRESS können Sie auch einzelne Records als gelöscht markieren oder diese wieder „entlöschen". Das Menü „Bearbeiten" zeigt dazu den Punkt „Del" an, wenn Sie einen Record in der Anzeige haben, der nicht markiert ist und „Undel", sollte der angezeigte Record bereits markiert sein.

Wie bereits weiter oben erwähnt, können gelöschte Records nur im Modus *M_WITHDELETED* angezeigt werden, den Sie im Hauptmenü über den Punkt „Sonstiges" aktivieren. In der Status-Anzeige erscheint bei aktivem Deleted-Modus ein „*" Gelöscht markierte Records können nur angezeigt, aber nicht editiert werden und sind mit dem Zusatz „Del" in der Record-Anzeige gekennzeichnet. Das Bild 4.8 zeigt einen markierten Record, der mit „Undel" wieder entlöscht werden kann.

Bild 4.8: Anzeige eines Records mit Löschmarke

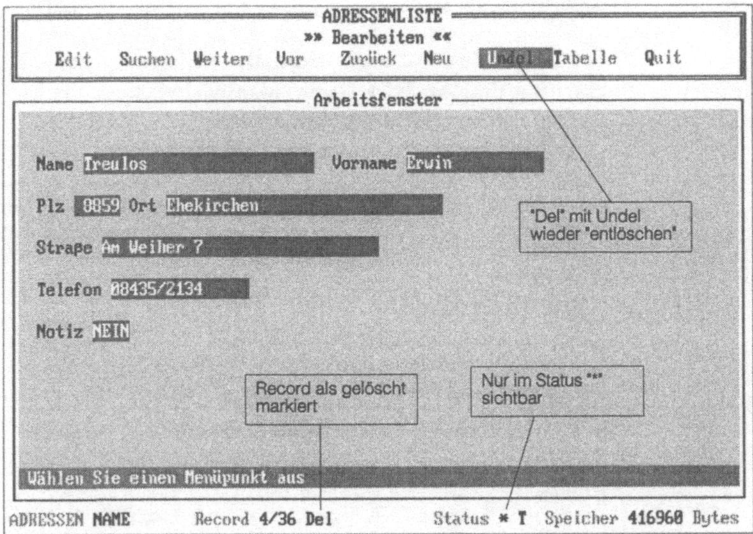

Das physikalische Entfernen *aller markierten* Records ermöglicht Ihnen der Unterpunkt „packen", den Sie im Hauptmenü unter „Pflegen" finden.

Zum Programm

Zu Beginn des Programms ist mit der *USES*-Anweisung festgelegt, welche Units mit eingebunden werden. ADRESS.PAS benötigt neben den Engine- und Pascal-Units noch andere Module, die aus [7] und [10] entnommen sind. Sie dienen hier nur als Mittel zum Zweck und werden für die Bildschirmgestaltung und die „maskierte" Eingabe verwendet. Die Bedeutung globaler Definitionen, Funktionen oder Prozeduren aus den Units, die nicht der Engine angehören, entnehmen Sie bitte den Kommentaren im jeweiligen Modul.

Selbstverständlich können Sie auch eigene Window- oder Eingabe-Units verwenden, müssen dann aber die jeweiligen Stellen im Programm anpassen.

```
USES DPACGBL,DPAC,XVIEW,XMEMO,DPACUTIL,          { Engine-dBASE-Units     }
     Printer,Crt,Dos,                            { TP-Units               }
     MRead,                                      { CHIP SPECIAL Heft 13   }
     Menue,Maske,Windows,ReadChr,ReadExt,Cursor; { sonstige Hilfs-Units   }
                                                 { aus CHIP EXTRA         }
```

Für die Feld-Handles sind Konstanten festgelegt, die anstatt der Nummern im Programm verwendet werden.

```
CONST
NAMEFLD          = 1;          { Feldnummer für Name   }
VORNAMEFLD       = 2;          { Feldnummer für Vorn.  }
PLZFLD           = 3;          { Feldnummer für Plz    }
ORTFLD           = 4;          { Feldnummer für Ort    }
STRASSEFLD       = 5;          { Feldnummer für Straße }
TELEFONFLD       = 6;          { Feldnummer für Tel.   }
NOTIZFLD         = 7;          { Feldnummer für Notiz  }
```

Die nächste Gruppe globaler Vereinbarungen enthält die Handles und die Namen für Tabelle und Indexe, die Anzahl der Felder und die Einstellung des linken Randes beim Drucken:

```
CONST
TblHdle    : Byte   = 0;               { Handle der Tabelle          }
IndHdle1   : Byte   = 0;               { Handle des 1. Index         }
IndHdle2   : Byte   = 0;               { Handle des 2. Index         }
IndHdle3   : Byte   = 0;               { Handle des 3. Index         }
TblName             = 'ADRESSEN';      { Name der Adress-Datei       }
IndName1            = 'NAME.IND';      { Name der 1. Indexdatei      }
IndName2            = 'VORNAME.IND';   { Name der 2. Indexdatei      }
IndName3            = 'PLZ.IND';       { Name der 3. Indexdatei      }
_lmargin            = 5;               { Linker Rand beim Drucken    }
NFields             = 7;               { Anzahl der Felder           }
```

Im Programm erfolgt die Ein- bzw. Ausgabe der Adressen über eine Maske, die mit der folgenden Definition auf ihre Grundwerte gesetzt wird:

```
CONST
DataMask: ARRAY[1..NFields] OF MaskEintr =   { Eingabe-Maske    x/y Typ }
((x:03; y:03 ; m:'Name '    ; L:25; sl:25; Art:1),  { Feld Name    3/3  C }
 (x:35; y:03 ; m:'Vorname ' ; L:15; sl:15; Art:1),  { Feld Vorn. 35/3  C }
 (x:03; y:05 ; m:'Plz '     ; L:03; sl:05; Art:9),  { Feld Plz     3/5  N }
 (x:13; y:05 ; m:'Ort '     ; L:30; sl:30; Art:1),  { Feld Ort    13/5  C }
 (x:03; y:07 ; m:'Straße '  ; L:30; sl:30; Art:1),  { Feld Straße  3/7  C }
 (x:03; y:09 ; m:'Telefon ' ; L:15; sl:15; Art:1),  { Feld Tel.    3/9  C }
 (x:03; y:11 ; m:'Notiz '   ; L:00; sl:04; Art:5)); { Feld Notiz   3/11 M }
```

Der Typ *MaskEintr* ist eine *RECORD*-Komponente, die in der Unit *MASKE.PAS* deklariert ist und dort auch näher erläutert wird.

Das Feld NOTIZ ist als „JA/NEIN"-Feld ausgelegt, welches zwei Funktionen erfüllt: zum einen gibt es bei der Anzeige eines Records an, ob das Memofeld Text enthält und zum anderen kann in der Eingabe durch [J] das Editieren des Memotextes bestätigt werden.

Für die Anzahl der Optionen in den einzelnen Menüs sind folgende Konstanten festgelegt:

```
CONST  { Menüfelder }
MainC     = 6;                   { Menü "Hauptmenü"  6 Optionen }
Sub1C     = 7;                   { Menü "Sonstiges"  7 Optionen }
Sub2C     = 9;                   { Menü "Bearbeiten" 9 Optionen }
Sub3C     = 2;                   { Menü "Suchen"     2 Optionen }
Sub4C     = 2;                   { Menü "Drucken"    2 Optionen }
Sub5C     = 3;                   { Menü "Pflegen"    3 Optionen }
```

Die Menütexte selbst befinden sich in String-Array's und sind wie folgt deklariert:

```
CONST
MainMenu   : ARRAY[1..MainC] OF Str20 =           { Menüpunkte Hauptmenü  }
('Bearbeiten','Drucken','Pflegen','Sonstiges','Info','Quit');

SubDiv     : ARRAY[1..Sub1C] OF Str20 =           { Menüpunkte Sonstiges  }
('Tabellen-Info','Unsortiert',IndName3,IndName2,IndName1,
 'DELETED AUS','TON AUS');

SubUpd     : ARRAY[1..Sub2C] OF Str20 =           { Menüpunkte Bearbeiten }
('Edit','Suchen','Weiter','Vor','Zurück','Neu', 'Del','Tabelle','Quit');

SubSrch    : ARRAY[1..Sub3C] OF Str20 =           { Menüpunkte Suchen     }
('Nummer','Suchbegriff');

SubPrn     : ARRAY[1..Sub4C] OF Str20 =           { Menüpunkte Drucken    }
('Aktuell','Liste');

SubOrg     : ARRAY[1..Sub5C] OF Str20 =           { Menüpunkte Pflegen    }
('Tabelle packen','Memodatei packen','Reindizieren');
```

Damit die Daten eines Tabellen-Records in einer Struktur zusammengefaßt sind, werden sie in Variablen vom Typ *Data* abgelegt (siehe weiter unten).

```
TYPE { Definition des User-Records }
Data = RECORD
 Name     : String[25];           { Name  26 Bytes   C    }
 Vorname  : String[15];           { Vorn. 16 Bytes   C    }
 Plz      : LongInt;              { Plz    4 Bytes   N    }
 Ort      : String[30];           { Ort   31 Bytes   C    }
 Strasse  : String[30];           { Straße 31 Bytes  C    }
 Telefon  : String[15];           { Tel.  16 Bytes   C    }
 Notiz    : Boolean;              { Notiz  1 Bytes   M    }
END;
```

Neben den Variablen für die Fenster- und Menüverwaltung benötigt das Programm noch verschiedene Hilfsvariablen und zwei Variablen vom Typ *Data*: die Ablage der Suchmaske in *SearchRec* und *NewOne* für die Übernahme des aktuellen Tabellen-Records in die Bildschirmmaske.

```
VAR { Allgemeine Variablen }
Wind               : WindowType;        { Art der Fenster              }
choice,sub1,sub2,                       { Auswahlpunkte bei den Menüs }
sub3,sub4,sub5     : Word;
savemode           : Word;              { Engine-Modus sichern         }
CH                 : Char;              { Taste für Abfrage (J/N/ESC) }
rec,gotorec        : LongInt;           { Hilfsvariablen für Records  }
NewRec,storno      : Boolean;           { Neuer Record/ Ausf. storn.  }
S,S1               : KeyStr;            { Allg. String für Index      }
Plz                : Integer;           { Allg. Integer für Index     }
ActIndName         : Str10;             { Aktuelle Name der Indexdatei}
SearchRec,                              { User-Record für Suche       }
NewOne             : Data;              { User-Record aktuell/Neueing.}
RecBufHdle         : Byte;              { Handle für zweiten Rec-Puff.}
```

Die Hauptschleife des Programms beginnt mit der Einstellung des Modusworts *DBMODE*. Ein einziger Aufruf von *DBClrMode* bewirkt dabei der Reihe nach folgendes: kein Programmstop bei Fehlern, keine Erweiterung der DDT*, die Funktion *DBTblVersion* soll das intern vergebene Versionsbyte zurückgeben und gelöscht markierte Records werden ignoriert. Der darauffolgende Aufruf von *DBSetMode* veranlaßt die Engine bei einer Fehlermeldung, einen Ton über den PC-Lautsprecher auszugeben.

Die Initialisierung der Engine-Umgebung erfolgt mit dem Aufruf der Prozedur *DBInit*. Dabei werden alle Vorkehrungen getroffen, um die Routinen der Engine einsetzen zu können. *DBInit* sollte nur einmal aufgerufen werden, außer die Engine wurde vorher mit *DBExit* verlassen.

* Dos-Datei-Tabelle (siehe auch im Glossar)

```
BEGIN
 DBClrMode(M_HALTONERROR+M_EXPNDHANDLE+M_ORGDBASEVER+M_WITHDELETED);
 DBSetMode(M_BEEPONERROR);

 DBInit; { ganz wichtig ! }

 CheckTable;

 DBInstErrMsg(ShowErrMsg);       { Eigene Fehlerausgaberoutine installieren }
 DBInstNormMsg(ShowNormMsg);     { Eigene Text-Ausgaberoutine installieren  }

 VIEX1POS:= 1; VIEY1POS:= 5; VIEX2POS:= 80; VIEY2POS:= 25; { View-Fenster }
 MMOX1POS:= 1; MMOY1POS:= 5; MMOX2POS:= 80; MMOY2POS:= 24; { Memo-Fenster }
 ...
 REPEAT
  ShowStat; { Informationszeile ausfüllen }
  WriteFooting('Wählen Sie einen Menüpunkt aus');
  WriteHeading('»» Hauptmenü ««');
  Auswahl(3,2,12,MainC,SizeOf(MainMenu[1]),MainMenu,MainC,
         choice,_NO);
  ClrScr3; SelWindow(2);
  CASE choice OF
      1 : Update;
      2 : DataPrint;
      3 : Organize;
      4 : Other;
      5 : Info;
  MainC : BEGIN
            CursorOn; Ask('ADRESS verlassen');
            CursorOff; IF (CH<>'J') THEN choice:= 0;
          END;
  END; { CASE }
 UNTIL (choice=MainC);

 TextAttr:= 7; CursorOn;
 DBExit;{ Engine verlassen }
END.
```

Die Prozedur *CheckTable* überprüft die Existenz der Adressen-Tabelle und der Indexdateien (siehe weiter unten).

Als nächstes werden für das Programm mit *DBInstErrMsg* und *DBInstNormMsg* eigene Ausgabe-Prozeduren installiert. Die Meldungen der Engine können so gezielt in die dafür vorgesehenen Fenster umgelenkt werden.

In den folgenden beiden Zeilen werden die globalen Variablen von View- und Memo-Fenster dazu benutzt, die Größe der Fensterrahmen auf die gewünschten Abmaße festzulegen.

Nach weiteren Initialisierungen, die hier nicht aufgeführt sind und hauptsächlich mit der Bildschirm- und Menüverwaltung zu tun haben, wird in einer REPEAT-UNTIL-Schleife das Hauptmenü durchlaufen.

Anhand der hier getroffenen Auswahl wird in die einzelnen Untermenüs verzweigt bzw. die entsprechende Prozedur aufgerufen.

Erreicht die Variable *choice* den Wert *MainC*, wird die REPEAT-UNTIL-Schleife verlassen. Das ist dann der Fall, wenn im Hauptmenü „Quit" angewählt und die Sicherheitsabfrage mit [J] beantwortet wurde.

Am Schluß des Programms wird die Engine-Umgebung mit *DBExit* verlassen. Der Aufruf dieser Prozedur kann auch entfallen, wenn die Umgebung erst am Ende des Programms - wie in dieser Anwendung - verlassen wird; die Exit-Prozedur der Engine schließt die Umgebung automatisch. Das explizite Schließen der Tabellen und Indexdateien ist auch nicht notwendig, dies erledigt *DBExit* bzw. die Exit-Prozedur.

So weit zur Initialisierung, der Aufgaben-Verteilung und dem Beenden des Programms. Als nächstes soll die Prozedur *CheckTable* ein wenig genauer betrachtet werden, deren Code wie folgt aussieht:

```
PROCEDURE CheckTable;
 VAR OK,OK1,OK2,OK3 : Boolean;
 BEGIN
  { OK ist TRUE, wenn Datei existiert   }
  OK:= DBTblExist(TblName);
  OK1:= DBTblExist(IndName1);
  OK2:= DBTblExist(IndName2);
  OK3:= DBTblExist(IndName3);

  IF NOT OK THEN OK:= (DBTblCreateFromSTR(TblName)=DBSUCCESS);
  OK:= DBTblOpen(TblHdle,TblName);

  IF OK3 THEN OK3:= DBIndOpen(IndHdle3,IndName3,MakePlz)
   ELSE OK3:= DBIndCreate(IndHdle3,IndName3,MakePlz);

  IF OK2 THEN OK2:= DBIndOpen(IndHdle2,IndName2,MakeName)
   ELSE OK2:= DBIndCreate(IndHdle2,IndName2,MakeName);

  IF OK1 THEN OK1:= DBIndOpen(IndHdle1,IndName1,MakeSurName)
    ELSE OK1:= DBIndCreate(IndHdle1,IndName1,MakeSurName);

  IF NOT (OK AND OK1 AND OK2 AND OK3) THEN Halt;{ Nicht OK?-Programm-Stop }

 END;
```

CheckTable prüft zunächst mit Hilfe der Engine-Funktion *DBTblExist* die Existenz der am Programm beteiligten Dateien. Dazu gibt es vier „OK-Variablen" vom Typ *Boolean*, die jeweils den Wert *TRUE* einnehmen, falls die überprüfte Datei existiert.

Ist die Adressen-Tabelle nicht vorhanden, wird sie mit der Funktion *DBTblCreateFromSTR* erstellt und anschließend durch *DBTblOpen* geöffnet; sonst wird die Tabelle nur geöffnet. *DBTblCreateFromSTR* benötigt die Strukturdatei ADRESSEN.STR, deren Inhalt weiter oben schon beschrieben wurde.

Bei den Indexdateien wird analog vorgegangen. Hier öffnet ein Aufruf von *DBIndOpen* die jeweilige Indexdatei bzw. erstellt *DBIndCreate* den Index neu und öffnet ihn anschließend. Beide Funktionen benötigen außer dem Handle und Namen des Indexes noch die Adresse der Schlüsselfunktion. Im folgenden ist als Beispiel die Schlüsselfunktion *MakeSurName* aufgeführt, die zur Erstellung und Verwaltung des Namen-Indexes von den Index-Funktionen aufgerufen wird:

```
{$F+} FUNCTION MakeSurName: KeyStr; {$F-}
 { Bildet den Schlüssel für den Namen-Index wie folgt:
   NAME+VORNAME+PLZ }
 BEGIN
  DBERROR:= DBFldGetASCII(NAMEFLD   ,S);
  DBERROR:= DBFldGetASCII(VORNAMEFLD,S1); S:= S+S1;
  DBERROR:= DBFldGetASCII(PLZFLD    ,S2); S:= S+S2;
  MakeSurName:= S;
 END;
```

Die Funktion *MakeSurName* ist *FAR {$F}* kodiert und gibt ihren Schlüssel als String zurück, so wie es die Index-Funktionen der Engine verlangen. Den Schlüssel selbst bilden die ersten drei Felder der Adressen-Tabelle, deren Inhalt mit den *DBFldGet...*-Funktionen aus dem jeweils aktuellen Record-Zwischen-Puffer geholt wird. Die zurückgegebene Länge der Schlüssel bleibt über alle Records konstant.

MakeName und *MakePlz*, die beiden anderen Schlüsselfunktionen, benutzen zur Schlüsselbildung ebenfalls die ersten drei Felder, stellen jedoch das Hauptkriterium vorne an, also den Vornamen bzw. die Postleitzahl.

Wie schon weiter oben erwähnt, besitzt ADRESS eigene Routinen, die bei Bildschirmausgaben durch die Engine-Funktionen aufgerufen werden. *ShowErrMsg* gibt beispielsweise eine blinkende Fehlermeldung in der Fußzeile aus. Die Meldung kann mit einem Tastendruck ausgeblendet werden. Wird keine Taste gedrückt, so erlischt die Meldung nach 1,7 Sekunden (abhängig von der Genauigkeit der Systemuhr).

```
{$F+} PROCEDURE ShowErrMsg(x,y: Byte; S: String; m: Byte); {$F-}
VAR OldWin    : Byte;
    msec      : Word;
    outoftime : Boolean;
BEGIN
 OldWin:=ScreenPtr; CursorOff;
 SelWindow(3); GotoXY(1,18); TextAttr:= 112+$80; ClrEoL;
 Write(' '+S); TextAttr:= 7;  msec:= 0;
 REPEAT Delay(1); Inc(msec); outoftime:= (msec=1700);
 UNTIL (outoftime OR KeyPressed);
 ClrKbdBuffer; SelWindow(OldWin);
END;
```

Die nächste Prozedur *CopyFromFlds* holt aus dem Record-Zwischen-Puffer mit dem Handle *buf* die Felddaten und speichert sie im Masken-Record *NewOne.* Sie wird immer dann aufgerufen, wenn die Bildschirmmaske mit den aktuellen Daten gefüllt werden muß.

```
PROCEDURE CopyFromFlds(buf: Byte);
 BEGIN
  DBRecBufSelect(buf);
  DBERROR:= DBFldGetStr(NAMEFLD    ,NewOne.Name    );
  DBERROR:= DBFldGetStr(VORNAMEFLD,NewOne.Vorname);
  DBERROR:= DBFldGetLong(PLZFLD     ,NewOne.Plz      );
  DBERROR:= DBFldGetStr(ORTFLD     ,NewOne.Ort      );
  DBERROR:= DBFldGetStr(STRASSEFLD,NewOne.Strasse);
  DBERROR:= DBFldGetStr(TELEFONFLD,NewOne.Telefon);
  { NewOne.Notiz ist TRUE, wenn Memo vorhanden }
  NewOne.Notiz:= NOT DBFldBlank(NOTIZFLD);
 END;
```

Ob das Memofeld NOTIZ Text enthält, stellt *DBFldBlank* fest. Diese Funktion gibt den Wert *TRUE* zurück, wenn das Feld nicht leer und die Blocknummer von Null verschieden ist.

Das Pendant zu *CopyFromFlds* ist die Prozedur *CopyToFlds.* Sie wird von der Routine *InputData* (siehe weiter unten) aufgerufen und speichert die Daten, die sich im Masken-Record *NewOne* befinden, im aktuellen Record-Zwischen-Puffer ab. Dieser wurde von *InputData* für das temporäre Speichern der Daten angelegt.

Danach hängt *DBRecAppend* den Pufferinhalt als neuen Record an die Tabelle an (*App=TRUE*) oder übernimmt die Daten im aktuellen Record mit *DBRecUpdate.* War das Anhängen oder Updaten erfolgreich, kopiert *DBRecBufCopy* den Inhalt des temporären Puffers in den originalen Record-Zwischen-Puffer.

Die Recordfunktionen aktualisieren auch automatisch die offenen Indexe und speichern einen veränderten Memotext mit ab. Ungültige Masken-Eingaben haben eine Fehlermeldung zur Folge.

```
PROCEDURE CopyToFlds(App: Boolean);
BEGIN
 WITH NewOne DO BEGIN
  IF (Name='') THEN BEGIN
   DBERROR:= -10;
   ShowErrMsg(1,1,'Eingabefehler: Ungültiger Name',0)
  END ELSE IF (Vorname='') THEN BEGIN
     DBERROR:= -10;
     ShowErrMsg(1,1,'Eingabefehler: Ungültiger Vorname',0)
    END ELSE IF (Plz<=0) THEN BEGIN
      DBERROR:= -10;
      ShowErrMsg(1,1,'Eingabefehler: Ungültige Postleitzahl',0)
     END;
  DBERROR:= DBFldPutStr(NAMEFLD    ,Name    );
  DBERROR:= DBFldPutStr(VORNAMEFLD,Vorname);
  DBERROR:= DBFldPutLong(PLZFLD   ,Plz     );
  DBERROR:= DBFldPutStr(ORTFLD     ,Ort     );
  DBERROR:= DBFldPutStr(STRASSEFLD,Strasse);
  DBERROR:= DBFldPutStr(TELEFONFLD,Telefon);
  IF (DBERROR=DBSUCCESS) THEN BEGIN
   IF App THEN DBRecAppend(BUFHDLE) ELSE DBRecUpdate;
   savemode:= DBMODE;
   DBClrMode(M_FLDREPLACES);           { Puffer 1:1 kopieren! }
   DBRecBufSelect(1); IF DBRecBufCopy(1,RecBufHdle) THEN;
   DBMODE:= savemode;                  { Alter Engine-Modus    }
   DBRecBufSelect(RecBufHdle);
  END; { IF }
 END; { WITH }
END;
```

Die Prozedur *InputData*, die vom Menü aus aufgerufen wird, ist für die Eingabe neuer und die Änderung vorhandener Daten zuständig. Was zu tun ist, bestimmt der Parameter *App*, der mit dem Wert *TRUE* die Eingabe eines neuen Records zuläßt. Gelöscht markierte Records werden durch die Kontrolle mit *DBRecIsDel* erkannt und nicht zum Editieren freigegeben.

Für die Eingabe wird mit *DBRecBufCopy* eine temporäre Kopie des aktuellen Record-Zwischen-Puffers angelegt und nur mit dieser gearbeitet. Vor dem Eintritt in die Eingabe-Schleife (*REPEAT..UNTIL*) gelangt durch den Aufruf von *DBMmoRead* ein eventuell vorhandener Memotext in den Text-Puffer.

Geben Sie in der Maske bei „Memo editieren?" ein [J] ein, dann steht der Memotext durch *DBMmoEdit* zum Editieren bereit. Mit dieser Eingabe bestätigen Sie auch bei der Frage „Datensatz aufnehmen (J/N/ESC) ?" die Aufnahme der Daten in die Tabelle; die oben beschriebene Prozedur *CopyToFlds* erledigt dies. Am Ende der Eingabe-Prozedur entfernt *DBRecBufClose* den zweiten Record-Zwischen-Puffer und *DBMmoClrBuffer* den Memotext im Puffer.

```
PROCEDURE InputData(App: Boolean);
 BEGIN
  IF NOT App THEN IF DBRecIsDel THEN BEGIN
   WriteFooting('Datensatz kann nicht editiert werden, '+
    'da als gelöscht markiert '); Sound_(2); Exit;
  END;
  IF DBRecBufOpen(RecBufHdle) THEN BEGIN
   ClrScr3; NewRec:= _YES;
   FillChar(NewOne,SizeOf(NewOne),_NULL); { Neue Daten                  }
   IF NOT App THEN BEGIN
    IF (DBActRec<=DBRecCount) THEN BEGIN
     NewRec:= _NO; CopyFromFlds(1);       { Alte Daten holen            }
     DBRecBufSelect(RecBufHdle);          { Neuen Puffer auswählen      }
     savemode:= DBMODE; DBClrMode(M_FLDREPLACES);
     IF DBRecBufCopy(1,1) THEN;           { Alten Puffer 1:1 in neuen kop. }
     DBMODE:= savemode;                   { Alter Engine-Modus zurück   }
     IF NOT NewOne.Notiz THEN             { war kein Memofeld vorhanden ? }
       DBERROR:= DBFldPutASCII(NOTIZFLD,''); { kein Memofeld markieren  }
    END ELSE App:= _YES;
   END;
   SchreibRecord(NewOne,DataMask,NFields);
   WriteFooting('Memotext lesen.... ');
   IF DBMmoRead(NOTIZFLD) THEN NewOne.Notiz:= _NO; { Memotext nicht edit. }
   ShowStat; NewRec:= _NO;
   MouseMove(Disable,Enable);                 { Maus nur vertikal erlauben }

   IF (DBERROR=DBSUCCESS) THEN REPEAT

    WriteFooting('Geben Sie Ihre Daten ein ');
    CursorOn;
    TextAttr:= 7; DataMask[NFields].m:= 'Memo editieren? ';
    LiesRecord(NewOne, DataMask,NFields, 80);    { Daten vom User holen    }
    DataMask[NFields].m:= 'Notiz ';
    DBClrMode(M_DISPLAYINFO);                { Keine Feldinfo bei DBMmoEdit }
    IF NewOne.Notiz THEN BEGIN
     IF DBMmoEdit(NOTIZFLD) THEN; ShowStat; CursorOn;
    END;
    DBSetMode(M_DISPLAYINFO); Ask('Datensatz aufnehmen'); GotoXY(3,14);
    IF (CH='J') THEN BEGIN
     CopyToFlds(App);
     IF (DBERROR=DBSUCCESS) THEN WriteFooting('Daten sind erfaßt ')
      ELSE IF (DBERROR=-10) THEN BEGIN DBERROR:= DBSUCCESS; CH:= #0; END;
    END;

   UNTIL (DBERROR<>DBSUCCESS) OR (CH IN ['J',#27]);

   DBErrMsg; MouseMove(Enable,Enable);      { Maus horizontal u. vertikal }
   WITH DataMask[NFields] DO BEGIN GotoXY(x,y); ClrEoL; END; { Maske lösch.}
   IF DBRecBufClose(RecBufHdle) THEN;
   DBMmoClrBuffer;                     { Puffer leeren, falls Text vorhanden }
  END;
 END;
```

Zum Schluß soll noch die Prozedur *DoSearch* beschrieben werden, welche die Suche nach den Kriterien der „Such-Maske" durchführt.

In der Maske selbst können mehrere Eingabefelder belegt und die Daten ungeachtet der Groß- und Kleinschreibung angegeben sein - dafür sorgt die Funktion *Upper*. Die Suchkriterien selbst sind im Masken-Record *SearchRec* untergebracht.

Abhängig vom Parameter *Mode* beginnt die Suche beim ersten Record, wenn dieser *FIRST* ist, sonst bei dem Record, der auf den aktuellen folgt. *DoSearch* hält, bedingt durch die Verwendung der Funktion *DBRecNext*, die vorgegebene Indexreihenfolge ein und sucht Record für Record die Tabelle nach den gesuchten Begriffen ab.

Im Modus *M_WITHDELETED*, aktivierbar im Menü „Sonstiges", werden auch gelöscht markierte Records in die Suche mit einbezogen.

Ob ein Record der Tabelle den Suchkriterien entspricht, wird durch eine einfache *AND*-Verknüpfung ermittelt, in der alle Bedingungen aus den Feld-Vergleichen abgeleitet sind. Bei einer Entsprechung kopiert der Aufruf von *DBRecBufCopy* die Daten aus dem Such-Puffer in den aktuellen Record-Zwischen-Puffer. *DBRecBufClose* schließt nach der Ausführung den Record-Zwischen-Puffer, der zu Beginn mit der Funktion *DBRecBufOpen* angelegt wurde.

```
PROCEDURE DoSearch(Mode: SearchT);
  VAR { ... }
 BEGIN
  rec:= DBActRec; srec:= 0;
  IF (Mode=FIRST) THEN DBRecFirst ELSE DBRecNext;    { Modus beachten! }
  IF DBRecBufOpen(RecBufHdle) THEN WITH SearchRec DO BEGIN
     FLen:= DBFldLen(PLZFLD); WriteFooting('Moment ich suche ...');
     f1:= 1; f2:= 1; f3:= 1; f4:= 1; f5:= 1; f6:= 1;
     DBRecGoto(DBActRec); TextAttr:= 10; Window(1,1,80,25);
   WHILE (srec=0) AND NOT DBEOF DO BEGIN
    CopyFromFlds(DBActBuf);  { Aktuelle Daten aus der Tabelle in NewOne }
    Plz1:= BTrim(IntToStr(Plz,FLen,0),#32);
    Plz2:= BTrim(IntToStr(NewOne.Plz,FLen,0),#32);
    IF (Name    <>'') THEN f1:= Pos(Upper(Name    ),Upper(NewOne.Name    ));
    IF (Vorname<>'') THEN f2:= Pos(Upper(Vorname),Upper(NewOne.Vorname));
    IF (Plz     <>0 ) THEN f3:= Pos(Upper(Plz1    ),Upper(Plz2           ));
    IF (Ort     <>'') THEN f4:= Pos(Upper(Ort     ),Upper(NewOne.Ort     ));
    IF (Strasse<>'') THEN f5:= Pos(Upper(Strasse),Upper(NewOne.Strasse));
    IF (Telefon<>'') THEN f5:= Pos(Upper(Telefon),Upper(NewOne.Telefon));
    IF (f1=1) AND (f2=1) AND (f3=1) AND (f4=1) AND (f5=1) AND (f6=1)
      THEN BEGIN
        srec:= DBActRec; DBRecGoto(srec);
        IF NOT DBTestMode(M_WITHDELETED) THEN
           IF DBRecIsDel THEN srec:= 0;
      END;
    IF (srec=0) THEN BEGIN
     DBRecNext; GotoXY(28,25); Write(DBActRec,'/',DBRecCount)
    END;
   END; { WHILE }
```

```
      DBRecBufSelect(1);
      IF (srec=0) THEN BEGIN
       ShowErrMsg(1,1,'Datensuche: Keine Entsprechung gefunden',0);
       DBRecGoto(rec);
      END ELSE BEGIN
        savemode:= DBMODE; DBClrMode(M_FLDREPLACES); { Puffer 1:1 kopieren }
        IF DBRecBufCopy(1,RecBufHdle) THEN;
        DBMODE:= savemode;                          { alter Engine-Modus  }
       END;
      IF DBRecBufClose(RecBufHdle) THEN;
     END; { WITH }
    TextAttr:= 7;
   END;
```

In *ADRESS.PAS* sind neben den oben aufgeführten Routinen noch einige andere zu finden. Diese werden aber nicht abgedruckt, da sie recht kurz und somit leicht verständlich sind und zum Teil Engine-Routinen verwenden, die hier bereits beschrieben sind. Sie sollten sich vielleicht den Gefallen tun und einen Ausdruck des Listings anfertigen. So können Sie das ganze Programm, das ca. 800 Zeilen lang ist, besser überblicken.

4.3.2 Verzeichniswechsel mit MCD

Das Programm MCD (Martin's Change Directory) verwendet die Engine für die Ablage und das Auffinden aller Verzeichnisse der angeschlossenen Festplatten in einer dBASE-Tabelle. Im Gegensatz zur Adressenliste aus dem vorigen Kapitel, wird MCD nur von der Kommandozeile aus gesteuert.

Zur Funktionsweise

Mit MCD können Sie einen schnellen und einfachen Verzeichniswechsel erreichen, indem Sie beim Aufruf das gewünschte Verzeichnis - oder Teile davon - angeben. Dazu muß daß Programm in einem Verzeichnis abgelegt sein, das über die System-Variable „PATH“ erreichbar ist. Die Aufruf-Syntax für MCD ist folgende:

MCD <path | /R> | <path /R>

Der Parameter *path* legt das Verzeichnis fest, in das gewechselt werden soll und darf keine Jokerzeichen, wie „*“ oder «?» enthalten. Zusätzlich können Sie mit dem Parameter */R* eine Neuanlage der Verzeichnisdatei erzwingen. Beim ersten Aufruf des Programms wird diese Datei jedoch automatisch angelegt, so daß */R* nur nötig wird, wenn sich die Verzeichnisstruktur geändert hat.

MCD liest alle Verzeichnisse auf sämtlichen Festplatten ein, auf die gewechselt werden kann, ignoriert aber die Laufwerke „A“ und „B“, die üblicherweise als Diskettenlaufwerke ausgelegt sind. Paßwort-geschützte Festplatten müssen Sie für das Lesen vorher freigeben und Netzwerk-Laufwerke werden nicht mitgelesen. Die Verzeichnisse werden in der Tabelle C:\MCD.DBF abgelegt und dürfen die Länge von 50 Zeichen nicht überschreiten (das kann aber angepaßt werden).

Sind mehrere Verzeichnisse vorhanden, auf die der Parameter *path* zutrifft, wechselt MCD bei erneutem Aufruf - mit gleichem Parameter - auf das jeweils nächste Verzeichnis. Befinden Sie sich schon in einem Verzeichnis, das nur einmal in der Verzeichnisdatei existiert und auf das Sie erneut wechseln wollen, erscheint die Meldung „Kein weiteres Verzeichnis gefunden“.

Bild 4.9 zeigt Ihnen verschiedene Aufrufbeispiele des Programms.

Bild 4.9: Aufrufbeispiel für MCD.EXE

```
Die  Aug 24, 1993 ▪ 11:25:48p ▪ C:\DISKV>mcd tool
Martin's Change Directory Version 1.6 (C) 06/92 by mk.


Verzeichniswechsel nach D:\TOOLS

Die  Aug 24, 1993 ▪ 11:25:56p ▪ D:\TOOLS>mcd tool
Martin's Change Directory Version 1.6 (C) 06/92 by mk.


Verzeichniswechsel nach D:\MYTOOL

Die  Aug 24, 1993 ▪ 11:25:58p ▪ D:\MYTOOL>
```

Zum Programm

In der *USES*-Zeile nimmt das Programm die nötigen Units auf, unter denen auch die Bibliothek *DPACUTIL* zu finden ist. Aus ihr werden verschiedene String-Routinen benötigt, die dort teilweise in Assembler implementiert und dadurch sehr schnell sind.

```
USES DPACGBL,DPAC,                   { dBASE-Engine Units      }
     DPACUTIL,                       { Utilities der Engine    }
     Dos,Crt;                        { Turbo-Pascal Units      }
```

Im Vergleich zum Beispielprogramm aus Kapitel 4.3.1 kommt MCD.PAS mit wenigen Variablen aus und belegt das Datensegment mit etwas mehr als 800 Bytes.

```
CONST
TblName                = 'C:\MCD'; { Ins ROOT-Directory schreiben  }
TblHdle      : Byte    = 0;        { Nummer der Tabelle             }
how_much     : Word    = 0;        { Aufgenommene Records           }
foundrec     : LongInt = -1;       { Record mit akt. Verzeichnis    }
ActDrive     : Str2    = 'C:';     { Aktuelles Laufwerk             }
CountDrives  : Byte    = 0;        { Anzahl durchsuchte Laufwerke   }
newtbl       : Integer = 0;        { Allgemeine Indexe              }
i            : Integer = 0;
```

Der Name der Verzeichnisdatei ist durch die Konstante *TblName* fest mit 'C:\MCD' vorgegeben, dem beim Öffnen noch der Zusatz *DBFExt* (Default '.DBF') angehängt wird.

Eine der wichtigsten Variablen ist *foundrec*. Am Programmende wird anhand ihres Wertes entschieden, welche Meldung auszugeben ist und ob ein Verzeichniswechsel stattfindet. Die Voreinstellung von *foundrec* mit dem Wert -1 bedeutet beispielsweise, daß eine neue Verzeichnisdatei erstellt wurde.

Neues, aktuelles und gesuchtes Verzeichnis werden jeweils in einer Zeigervariablen gespeichert, der zur Programmlaufzeit Speicher zugeteilt wird:

```
VAR
NewDir,                               { Neues Verzeichnis       }
ActDir,                               { gesetztes Verzeichnis   }
ScanDir    : ^PathStr;                { Gesuchtes Verzeichnis   }
```

Nach der Ausgabe von Programmname und Version, erfolgt in der Hauptschleife von MCD.PAS die Einstellung des Engine-Modus. Dazu werden hier die zwei Prozeduren *DBSetMode* und *DBClrMode* verwendet.

Die Bedeutung der verschiedenen Modus-Konstanten ist im nebenstehenden Kommentar vermerkt. Eine genauere Beschreibung können Sie dem Kapitel 4.2 entnehmen.

```
BEGIN
 TextAttr:=15;
 WriteLn('Martin''s Change Directory Version 1.6 (C) 08/93 by mk.'#10#13);
 TextAttr:=7;
 DBSetMode(M_BEEPONERROR);         { Bei Fehlermeldung - Signalton          }
 DBClrMode(M_GOTOOLDPATH+          { Nicht auf Ursprungsverzeichnis zurück  }
           M_EXPNDHANDLE+          { DOS-Datei-Tabelle nicht erweitern      }
           M_WITHMMOCHCK+          { Keine Memodatei checken!               }
           M_STRICTCHECK);         { Keine strikte Überprüfung bei Tabellen-}
                                   { oder Feldfunktionen                    }
 { ---> } DBInit;                  { <--- Engine installieren. WICHTIG! ----}

 IF (DBERROR=DBSUCCESS) THEN BEGIN
  New(NewDir); New(ActDir); New(ScanDir);{ Speicher für Pfad-Strings       }
  SwitchParameters;                 { Einlesen der Parameter u. Disk-Daten }
  ClrEoL;
  CASE foundrec OF
  -2 : WrError(6);                  { Nur aktuelles Verzeichnis gefunden   }
  -1 : BEGIN                        { Verzeichnisse wurden nur eingelesen  }
       GotoXY(1,WhereY);
       WriteLn('Aus ',CountDrives,' Laufwerk(en) ',
               how_much,' Verzeichnis(se) eingelesen.');
      END;
   0 : WrError(4);                  { Ungültiges Verzeichnis gefunden      }
     ELSE BEGIN                     { Verzeichniswechsel zum gef. Pfad     }
      ChDir(NewDir^);
      IF (IOResult<>0) THEN WrError(5);          { Fehler beim Wechseln ?  }
      WriteLn('Verzeichniswechsel nach ',NewDir^);
     END;
   END;
 END;
END. { »»» Ende MCD.PAS ««« 
```

Beachten Sie bei der Modus-Einstellung die Deaktivierung des Modus *M_GOTOOLDPATH*. Würde dieses Bit gesetzt bleiben, hätte ein Verzeichniswechsel durch das Programm keine Wirkung, da sonst die Prozedur *DBExit* bzw. die Exit-Prozedur wieder auf das Ursprungsverzeichnis zurückwechselt.

Der Aufruf von *DBInit* installiert die Engine und ist wichtig für alle nachfolgenden Aufrufe der Engine-Routinen.

Ist die Installation gelungen, enthält die globale Fehlervariable *DBERROR* den Wert *DBSUCCESS* und das Programm wird fortgesetzt. Im Fehlerfall wird MCD beendet und die Exit-Prozedur gibt eine Fehlermeldung aus.

Im Programm folgen drei *New*-Anweisungen, die für die Pfad-Variablen den nötigen Speicherplatz reservieren.

Über die Prozedur *SwitchParameters* erfolgt dann, anhand der übergebenen Parameter, die Verteilung der Aufgaben. Schließlich entscheidet der Wert von *foundrec* in einer *CASE*-Abfrage, ob ein Verzeichniswechsel stattfindet oder nur eine Bildschirmausgabe nötig ist.

MCD.PAS besitzt neben der Prozedur *SwitchParameters* noch fünf weitere, von denen hier aber nur die wichtigsten drei näher betrachtet werden sollen.

Zum einen gibt es da die Routine *CheckTable*. Sie wird von *SwitchParameters* aufgerufen, um zu überprüfen, ob bereits eine Verzeichnisdatei existiert. Ist dies nicht der Fall, erstellt die Funktion *DBTblCreate* eine neue Tabelle. Diese besteht nur aus einem 50 Byte langen Zeichenfeld und entspricht der Struktur in dBASE III Plus.

Schließlich öffnet *DBTblOpen* die alte oder die neu erstellte Verzeichnisdatei.

```
PROCEDURE CheckTable;
(*******************)
VAR Fieldname : FldNStr; { Name von Feld 1      }
    Fieldtype : FldTStr; { Typ C / 50 Zeichen   }
BEGIN
 IF NOT(DBTblExist(TblName)) THEN BEGIN
  WriteLn(#10#13'Neuanlage der Verzeichnisdatei ',TblName,#10);
  Fieldname:= 'DIRECTORY'; Fieldtype:= 'C50';
  IF DBTblCreate(TblName,1,@Fieldname,@Fieldtype,DB3PTYP) THEN
   ELSE WrError(1);
  Inc(newtbl);
 END;
 IF NOT(DBTblOpen(TblHdle,TblName)) THEN WrError(1);
END; { CheckTable }
```

Die zweite Routine ist *GetAllDirs*, die alle Pfade eines Laufwerks rekursiv durchforstet und in der Verzeichnisdatei ablegt. Ihr erster Aufruf erfolgt durch die Prozedur *SearchAllDrives* (hier nicht abgedruckt) und dem Parameter *ActDrive*, der z.B. den Wert 'C:' besitzt. *GetAllDirs* ruft sich dann wiederholt selbst auf, bis kein Verzeichnis mehr zu finden ist.

Jeder gefundene Pfad gelangt über die Routine *DBFldPutStr* in den aktuellen Record-Zwischen-Puffer, der dann durch die Prozedur *DBRecAppend* - mit dem Parameter *BUFHDLE* - an die Verzeichnisdatei angehängt wird. So entsteht eine Tabelle, die alle Verzeichnisse der angeschlossenen Festplatten enthält.

```
PROCEDURE GetAllDirs(path : PathStr);
(**********************************)
VAR entry : SearchRec;
BEGIN
 FindFirst(path+'\*.*',Directory, entry);
 IF (DosError=0) THEN  BEGIN
  IF (DBFldPutStr(1,path+'\')=DBSUCCESS) THEN DBRecAppend(BUFHDLE);
  Inc(how_much); GotoXY(13,WhereY); Write(how_much:-8);
 END;
 IF (DBERROR<>DBSUCCESS) THEN DBErrMsg;
 WHILE (DosError=0) DO BEGIN
  IF (entry.Attr AND Directory <> 0) THEN
   IF (entry.Name[1]<>'.') THEN
     GetAllDirs(path+'\'+entry.Name); { ! Rekursion }
  FindNext(entry);
 END;
END; { GetAllDirs }
```

Der Einsatz der Prozedur *ScanTable* wird nur verlangt, wenn die Verzeichnisdatei nach dem übergebenen Programm-Parameter durchsucht werden soll:

```
PROCEDURE ScanTable(path: PathStr);
(**********************************)
BEGIN
 { RTrim ist nötig für Root-Directories z.B. C:\ }
 DBERROR:= DBFldPutStr(1,RTrim(ActDir^,'\')+'\');  { Aktuelles Verz.    }
 DBERROR:= DBFldSearch(1,1,FIRST);                 { ab 1.Record suchen }
 DBERROR:= DBFldPutStr(1,path);                    { Suchbegriff        }
 IF found THEN DBERROR:= DBFldSearch(1,1,NEXT)     { ab nächstem Record }
   ELSE DBERROR:= DBFldSearch(1,1,FIRST);          { ab erstem Record   }
 IF NOT found THEN                                 { noch nicht gef.    }
   DBERROR:= DBFldSearch(1,1,FIRST);               { ab erstem Record   }
 DBERROR:= DBFldGetStr(1,NewDir^);
 IF found THEN foundrec:= DBActRec
   ELSE foundrec:= 0;
 IF (Length(NewDir^)>3) THEN NewDir^:= RTrim(NewDir^,'\');
 IF (StrCmpI(ActDir^,NewDir^,1)=0) THEN foundrec:= -2;
 GotoXY(1,WhereY);
END; { ScanTable }
```

ScanTable benutzt zunächst *DBFldPutStr*, um im Record-Zwischen-Puffer das aktuelle Verzeichnis abzulegen. Die Funktion *DBFldSearch* sucht daraufhin nach einer Entsprechung in der Tabelle und beginnt beim ersten Record. Bei erfolgreicher Suche bekommt *found* den Wert *TRUE* zugeschrieben.

Als nächstes gelangt der Suchbegriff, also der Suchpfad, in den Record-Zwischen-Puffer. War der Wert von *found TRUE* - ist also der aktuelle Pfad in der Verzeichnisdatei abgelegt - wird nun die Suche beim nächsten Record fortgesetzt. Im anderen Fall beginnt die Pfad-Suche wieder beim ersten Record.

Das neue Verzeichnis wird schließlich mit *DBFldGetStr* aus dem Record-Zwischen-Puffer in die Variable *NewDir* geholt. Konnte der Suchbegriff gefunden werden, enthält *NewDir* somit den kompletten Pfad aus der Verzeichnisdatei.

In der vorletzten Zeile erhält *foundrec* den Wert -2, wenn die IF-Bedingung mit dem Ergebnis von *StrCmpI* durch 0 erfüllt ist; aktuelles und neues Verzeichnis sind dann identisch.

Übrigens hat die ausführbare Programmdatei (.EXE) von *MCD* ca. 65 KByte Codegröße. Sie können jedoch durch das Kompilieren der Engine ohne Fehlertexte (mit der Define-Anweisung *NOERRORMSG*) knappe 6,5 KByte einsparen. Dadurch verringert sich, wenn auch nur minimal, die Programm-Aufrufzeit, die man bestrebt ist, so niedrig wie möglich zu halten. Das wichtigste Kriterium für eine schnelle Ausführung von MCD ist jedoch in erster Linie eine „schnelle" Festplatte; von Vorteil sind auch Prozessor- oder Platten-Cache.

5 Aufbau der Toolbox

In diesem Kapitel werden wichtige Teile der Toolbox diskutiert. Angefangen bei den verwendeten Namenskonventionen, über den Aufbau des Programms und die darin verwendeten Datenstrukturen, bis hin zu den Überlegungen bei einer möglichen Erweiterung der Toolbox, gibt es Einblick in mehrere Themenbereiche. Das Kapitel ist so aufgebaut, daß Sie es in Verbindung mit dem Programm-Listing und gegebenenfalls dem Referenzteil (Kapitel 6) verwenden sollten.

5.1 Verwendete Namenskonventionen

Um den Zusammenhang zwischen Modul und Bedeutung des Moduls, bzw. Routine und Bedeutung der Routine, sichtbar zu machen, wurden bei deren Benennung folgende Konventionen beachtet:

- Pascal-Units, die von der Unit *DPAC.PAS* aufgenommen werden, beginnen mit dem Prefix *DPAC* und enden mit der Extension *„.PAS"*.
- Pascal-Units, die dem Anwender neben den Units *DPAC* und *DPACGBL* zusätzliche Engine-Routinen (*DB*-Routinen) zur Verfügung stellen, besitzen das Prefix *X* und enden mit der Extension „.PAS".
- Pascal-Include-Dateien, die von der Unit *DPAC.PAS* aufgenommen werden, haben das Prefix *DPAC* und enden mit der Extension „.INC".
- Assembler-Module besitzen kein Prefix und enden mit der Extension „.ASM".
- Die eigentlichen Engine-Routinen, die durch die Units exportiert werden und dem Anwender zur Verfügung stehen, beginnen alle mit dem Prefix *DB*, danach folgt der Name der Operation oder ihre Abkürzung. Es gibt im wesentlichen die folgenden sieben Gruppen:

DBDate...	Datumsberechnung u. -konvertierung
DBFld...	Behandlung von Feldern
DBInd...	Index-Routinen
DBMmo...	Funktionen, für Memodateien und -felder
DBRec...	Record-Handling
DBRecBuf...	Record-Zwischenpuffer-Handling
DBTbl...	Tabellen-Operationen

- Fehler-Konstanten beginnen mit dem Prefix „*E_*" und besitzen alle dieselbe Länge (14 Zeichen).
- Moduswort-Konstanten beginnen mit dem Prefix „*M_*" und besitzen alle dieselbe Länge (13 Zeichen).

Durch diese Konventionen und die Vergabe von sprechenden Bezeichnern kann schnell festgestellt werden, welche Funktion hinter dem Namen einer Routine oder eines Moduls verborgen ist. Einige Beispiele belegen dies:

DPACGBL.PAS	Unit mit globalen Vereinbarungen
DBTblOpen	Funktion für das Öffnen einer dBASE-Tabelle
DBIndClose	Schließt den aktuellen Index
DBDateDAY	Gibt den Monatstag eines Datums zurück
DBFldGetStr	Liest aus einem Feld einen String
DBRecSkip	Überspringt einen oder meherer Records
M_HALTONERROR	Moduswort-Konstante „Halt bei Fehlern"
E_NOTINSTALLED	Fehler-Konstante „Engine nicht installiert"

5.2 Globale und lokale Definitionen

Die Engine-Module benutzen hauptsächlich zwei Units, in denen die Datenstrukturen zusammengefaßt sind:

- Die Unit *DPACGBL* enthält globale Vereinbarungen. Sie wird von allen Units (außer *DPACGBL* selbst) der Engine in deren *Interface*-Teil aufgenommen und muß auch vom Anwender-Programm mit eingebunden werden.
- Die Unit *DPACLOC* enthält lokale Vereinbarungen und Routinen der Engine. Sie wird von allen Units (außer *DPACLOC*

selbst und *DPACGBL*) der Engine in deren *Implementation*-Teil aufgenommen.

5.2.1 Globale Definitionen

Wie schon erwähnt, muß das Anwender-Programm, also Ihr Programm, die Unit *DPACGBL* mit der *USES*-Klausel aufnehmen. Die Unit stellt dann dem Programm Datenstrukturen, Konstanten, Variablen und Typen zur Verfügung, die von *dPAC* ebenfalls benutzt werden. Im folgenden Abschnitt wird die Bedeutung dieser globalen Definitionen beschrieben.

Für die verschiedenen dBASE-Datentypen wurden Konstanten für deren Länge und Typ deklariert:

```
CONST { Maximale Längen der Datentypen (fix) }
_LLBL           = 10;          { Länge eines Feldnamen     }
_LBOOL          = 1;           { Länge Logisches Feld      }
_LDATE          = 8;           { Länge Datum-Feld          }
_LMMO           = 10;          { Länge Memo-Feld           }
_LNUM           = 19;          { Länge Numerisches Feld    }
_LFLOAT         = 20;          { Länge Fließkomma Feld     }
_LCHAR          = 254;         { Länge Zeichen-Feld        }
_LDIM           = 7;           { Größe einer Feldtyp-      }
                               { beschreibung              }
CONST
MMOTYP          = 'M';         { Kürzel für Memofeld       }
CHRTYP          = 'C';         { Kürzel für Zeichenfeld    }
NUMTYP          = 'N';         { Kürzel für Numerikfeld    }
DATTYP          = 'D';         { Kürzel für Datumsfeld     }
LOGTYP          = 'L';         { Kürzel für Logikfeld      }
FLPTYP          = 'F';         { Kürzel für Fließkommafeld}
UNDEFT          = 'U';         { Kürzel für 'Undefiniert'  }
```

Die Maximal-Daten einer Tabelle sind in den folgenden Konstanten festgelegt:

```
CONST {Dimensionen für Tabellen/Memofelder/Indexe/Zwischenpuffer}
MaxDecV3        = 15;       { Max. Anz. Dezimalst. III }
MaxDecV4        = 18;       { Max. Anz. Dezimalst. IV  }
MaxFldV3        = 128;      { Max. Anz. Felder V. III  }
MaxFldV4        = 255;      { Max. Anz. Felder V. IV   }
MaxRecSize      = 4000;     { Max. Recordgröße         }
MaxRecCount     = 1E9;      { Max. 1 Milliarde Records }
BlockMult       = 256;      { Multiplikator f. Größe   }
MinMmoSize      = 512;      { Minimale Blockgröße Memo }
MaxMmoSize      = 16384;    { Maximale Blockgröße Memo }
```

Die Konstanten*MaxDecV3* und *MaxDecV4* legen die maximale Anzahl der Dezimalstellen bei Tabellen der dBASE-Version III, III Plus bzw.

dBASE IV fest. Ebenso geben *MaxFldV3* und *MaxFldV4* die maximale Felderanzahl der jeweiligen Versionen an. Der Record einer Tabelle darf maximal *MaxRecSize* Bytes groß sein. Die maximale Anzahl der Records pro Tabelle *MaxRecCount* wird von der Engine momentan nicht kontrolliert. Sie kann für eigene Prüfzwecke verwendet werden.

BlockMult multipliziert mit dem Wert aus Byte 21 einer dBASE IV-Memodatei gibt die Größe der Memo-Blöcke an (siehe auch Kapitel 3.6). *MinMmoSize* enthält die minimale Größe eines Memo-Blocks bei dBASE IV; die maximale Größe liegt dort bei *MaxMmoSize*. In den dBASE-Versionen III bzw. III Plus ist *MinMmoSize* die Standardgröße für Memoblöcke.

In der Engine-Indexverwaltung dürfen die Schlüsselbegriffe eines Indexes maximal *MaxKeyLen* Zeichen besitzen. Diese Konstante besitzt jetzt den Wert 100, sollte aber nicht größer als 255 gewählt werden, da zur Speicherung eines Schlüsselwertes der Datentyp String verwendet wird. Die Seitengröße in einer Engine-Indexdatei ist durch die Konstante *IndPageSize* festgelegt. Die vom Betriebssystem unterstützte Größen sind „kleine" Vielfache von 256.

Änderungen an diesen beiden Konstanten wirken sich direkt auf die Indexverwaltung aus und sollten deshalb wohl überlegt sein.

```
MaxKeyLen          = 100;          { Max.Schlüssellänge <=255!}
IndPageSize        = 1024;         { Seitengröße /Index        }
                                   { kleine Vielfache von 256  }
```

Für Suchvorgänge, z.B. mit der Funktion *DBFldSearch*, oder die Zwischenspeicherung von Tabellendaten, richten die jeweiligen Funktionen einen Puffer ein, der maximal die Größe (Bytes)

```
SBufSize           = 65535;        { Suchpuffergröße für I/O  }
```

haben kann.

Beim Einlesen von Memotexten werden Tabulator-Zeichen durch

```
TabSize            = 8;            { Tab = TabSize Leerzeich. }
```

Leerzeichen ersetzt.

Für den Betrieb von *dPAC* sind die folgenden Konstanten wichtig. Sie geben die maximale Anzahl zu öffnender Record-Zwischen-Puffer (*MaxBufs*) und Tabellen (*MaxHdle*) vor. Pro Tabelle können *MaxIndex* Indexe angelegt werden. Bei der Einstellung des Engine-Modus auf *M_EXPNDHANDLE*, wird von der Funktion *DBInit* die DOS-Datei-Tabelle (DDT) auf *MaxFiles* Einträge erweitert.

Da momentan ein Handle nur ein Byte groß ist, dürfen die genannten Konstanten nicht größer als 255 sein. Beachten Sie auch: je größer diese Werte sind, desto mehr Speicherplatz muß für die interne Verwaltung der Tabellen bereitgestellt werden.

```
CONST { globale Betriebsdaten }
MaxBufs          = 4;              { - Max.Anz.Puffer/Tabelle }
MaxIndex         = 7;              { - Max.Anz.Indexe/Tabelle }
MaxHdle          = 16;             { - Max. Anz. off.Tabellen }
MaxFiles         = 64;             { - Max. Anz. off.Dateien  }
                                   {   Bereich: 0 < x < 256!! }
```

Die nächste Konstante gibt die Mindestgröße des Speichers in Bytes an, die für eine erfolgreiche Initialisierung mit der Funktion *DBInit* vorausgesetzt werden. Für einen reibungslosen Ablauf sollte die Konstante nicht mit einer Zahl unter 25000 belegt werden.

```
MINMEMSize       = 25000;          { Mindesthauptspeichergr.  }
                                   {   mind.: x >= 25000 !!   }
```

Für die Datumsbehandlung stehen die folgenden Definitionen zur Verfügung. Sie geben u.a. die Min-/Maxwerte für den Tag, den Monat und das Jahr an. Die Datumsfunktionen *DBDate...* und die Feldfunktion *DBFldPutDate* benutzen sie für eine Bereichsüberprüfung. Das Trennzeichen für Zeitangaben ist der ASCII-Wert, der in *TimeMark* gespeichert ist; im Datum wird durch die Variable *Mark* eine Trennung der Zahlen vorgenommen.

Beispielsweise verwendet die Funktion *DBTblView* das Zeichen in *Mark* beim Anzeigen von Datumsfeldern.

```
CONST { Datum/Zeit: Bereiche und Trennzeichen (variabel) }
MinDay              =   01;           { Kleinster  Tag          }
MaxDay              =   31;           { Größter    Tag          }
MaxDOW              =   07;           { Anzahl Tage i.d. Woche  }
MinMonth            =   01;           { Kleinster Monat         }
MaxMonth            =   12;           { Größter   Monat         }
MinYear             = 0000;           { kleinstes Jahr im Datum }
MaxYear             = 9999;           { größtes Jahr im Datum   }
DaysOfYear          =  365;           { Anz. Tage/Jahr          }
RDaysOfYear         = 365.2425;       { Tage/Jahr für JOffset   }
MinJOffset          = 1721061;        { kleinste Zahl f.DB..LTOS }
                                      { => entspr. 01.01.0000   }
JOffset             = 1721425;        { Offset für jul. Datum   }
                                      { entspr. 1.1.4713 vor Chr.}
DefltDate           = '01.01.1980';   { Default-Datum           }
TimeMark    : Char  =  ':';           { Trennzeichen beim Zeit  }
Mark        : Char  =  '.';           { Trennzeichen beim Datum }
```

In der folgenden Variablen ist festgelegt, in welchem Intervall eine Aktualisierung der Anzeige bei Funktionen erfolgt, die einen Record- bzw.

Prozent-Zähler benutzen. Der Bereich, in dem sich *ODOMETER* befinden darf, ist 1..200. Er wird durch die jeweilige Routine überprüft und gegebenenfalls begrenzt.

Für Funktionen, die einen Prozentzähler verwenden (z.B. *DBIndCreate*), eignen sich eher kleinere Werte bis maximal 20.

```
CONST { Anzeige-Intervall im Bereich 1..200 }
ODOMETER  : Byte  = 20;                   { Bei Bildschirmausgaben   }
                                          { alle 20 Records bzw. %   }
```

Die „Erkennungs-Bytes" der verschiedenen dBASE-Versionen sind durch die folgenden Konstanten definiert. Man unterscheidet hierbei die „Original-Bytes" (Prefix *DBV*) und die intern vergebenen Bytes (Prefix *DBLV*). Mit den internen Bytes läßt sich der Typ einer dBASE-Tabelle genauer bestimmen. Wenn Sie z.B. die Funktion *DBTblVersion* im Modus *M_ORGDBASEVER* aufrufen, gibt diese das originale Versions-Byte zurück, ansonsten das intern vergebene.

```
CONST { Versions-Bytes }
DBV3          = $03;                      { III/IIIPlus ohne Memo    }
DBV3M         = $83;                      { III/IIIPlus mit Memo     }
DBV4M         = $8B;                      { Version IV mit Memo      }
DBV4SQL       = $63;                      { Version IV SQL-Datei     }
DBVFAIL       = $00;                      { Falsche dBASE-Version    }


CONST { Interne (lokale) dBASE-Versionen }
DBLV3         = $20;                      { III ohne Memo            }
DBLV3M        = $21;                      { III mit Memo             }
DBLV3P        = $30;                      { III Plus ohne Memo       }
DBLV3PM       = $31;                      { III Plus mit Memo        }
DBLV4         = $40;                      { IV  ohne Memo            }
DBLV4M        = $41;                      { IV  mit  Memo            }
```

Durch die Einführung des Datentyps „F" ab der Version dBASE IV, war es notwendig, zwei Bereiche für gültige Datentypen einzurichten: *FldtypesV3* für Tabellen der Version dBASE III/III Plus und *FldtypesV4* für dBASE IV-Tabellen.

```
{ gültige Feldtypen für dBASE III, IIIPlus }
FldtypesV3    = [CHRTYP,NUMTYP,DATTYP,MMOTYP,LOGTYP];

{ gültige Feldtypen für dBASE IV }
FldtypesV4    = [CHRTYP,NUMTYP,FLPTYP,DATTYP,MMOTYP,LOGTYP];
```

Zu den allgemeinen Konstanten gehört die nächste Konstanten-Gruppe. Sie wurde aufgenommen, damit das Programm-Listing an manchen

Stellen besser lesbar wird; z.B. sagt der Ausdruck *_EOB* mehr aus, als die bloße Angabe des Wertes $1A.

```
CONST { Allgemein }
_YES          = TRUE;         { Wahr    (JA)              }
_NO           = FALSE;        { Falsch  (NEIN)            }
_NULL         = $00;          { Null-Wert                 }
_SPACE        = $20;          { ASCII-Wert für Space      }
_TAB          = $09;          { ASCII-Wert für Horiz.Tab  }
_LF           = $0A;          { ASCII-Wert für Line Feed  }
_CR           = $0D;          { ASCII-Wert Wagenrücklauf  }
_SR           = $8D;          { Soft-Return bei dBIV (i)  }
_EOH          = $0D;          { Header Ende               }
_EOB          = $1A;          { dBASE-Memo-Block-Ende     }
_EOF          = $1A;          { dBASE-Datei-Ende-Marke    }
_DELREC       = $2A;          { Löschmarke für Records    }
_IVBLOCK      = $FFFF;        { Kennung Mmo-Block dBIV    }
_NOTFOUND     = $FFFF;        { Suchen: nicht gefunden    }
```

Für die Bereichsgrenzen von Arrays (Endung: *Rge*) und Parameter-Typen (Endung: *T*) sind verschiedene Typen vereinbart. Der Typ *LptT* gibt bei der internen Funktion *PrintStatus* an, welche Druckerschnittstelle dem Test unterzogen wird. *VersT* gibt die Art der Tabelle an, die z.B. mit *DBTblCreate* erzeugt werden kann. *RecOutputT* findet Verwendung bei der Prozedur *DBRecAppend*, um festzulegen, ob der Inhalt des aktuellen Record-Zwischen-Puffers (*BUFHDLE*) oder ein leerer Record (*BUFBLANK*) an die Tabelle angehängt werden soll.

Für die Suche mit *DBFldSearch* ist der Typ *SearchT* gedacht. Durch einen Aufrufparameter dieses Typs teilen Sie der Funktion mit, von welcher Position aus gesucht werden soll: mit *FIRST* ab dem ersten Record und mit *NEXT* ab dem Record, der auf den aktuellen folgt. Bei einer Dateibehandlung durch die Routinen *DoFile* und *DoText* aus der Unit *DPACFILE*, müssen Sie mit Hilfe eines Parameters vom Typ *FileIOT* festlegen, welche Aktion mit der Datei durchgeführt werden soll. Die Funktion *DBTblView* benutzt intern die Scroll-Funktion *ScrollWindow* aus der Unit *DPACUTIL*, deren erster Parameter vom Typ *ScrollT* ist. Mit *ScrollWindow* kann der Bildschirm nach oben (*SCRUP*) bzw. unten (*SCRDOWN*) gescrollt werden. Beim letzten Typ *SwitchT* handelt es sich um einen „Schalter-Typ", der nur intern, z.B. bei der Erzeugung einer Tabelle, durch die Funktion *DBTblCreateFromDBF* eingesetzt wird.

```
TYPE { Bereiche }
FldRge       = 1..MaxFldV4;              { Bereich für Felder          }
RecRge       = 1..MaxRecSize;            { Bereich für Recordgröße     }
RecBufRge    = 1..MaxBufs;               { Bereich für Anz. Puffer     }
IndexRge     = 1..MaxIndex;              { Bereich für offene Indexe}
TbleRge      = 1..MaxHdle;               { Bereich für offene Tab.     }
FileRge      = 1..MaxFiles;              { Bereich für offene Files    }
MmoBufRge    = 1..MaxMmoSize;            { Bereich für max.Mmo-Puff.}
SBufRge      = 1..SBufSize;              { Suchpufferbereich           }
LptT         = (LPT1,                    { Drucker-Schnittstelle 1     }
                LPT2,                    { Drucker-Schnittstelle 2     }
                LPT3);                   { Drucker-Schnittstelle 3     }
VersT        = (DB3TYP,                  { FileTyp Version III         }
                DB3PTYP,                 { FileTyp Version IIIPlus     }
                DB4TYP);                 { FileTyp Version IV          }
RecOutputT   = (BUFBLANK,                { Leerer Record               }
                BUFHDLE);                { Aktueller Record            }
SearchT      = (FIRST,                   { Suche ab dem ersten Rec.    }
                NEXT);                   { Suche ab dem nächst. Rec.}
FileIOT      = (FOPENRD,               { File Öffnen Read              }
                FOPENWR,               { File Öffnen Write             }
                FOPENRW,               { File Öffnen Read u. Write     }
                FAPPEND,               { nur bei Textdatei Append      }
                FCLOSE);               { File schließen                }
ScrollT      = (SCRUP,                 { Fenster nach oben scrollen}
                SCRDOWN);              { Fenster nach unten scr.       }
SwitchT      = (ON,                    { Allg. Schalter-Modus "EIN"}
                OFF);                  { Allg. Schalter-Modus "AUS"}
```

Die Unit *DPACGBL* stellt Ihnen weiterhin verschiedene String-Typen zur Verfügung. Neben den „allgemeinen" Strings, die alle mit dem Prefix *Str* beginnen, gefolgt von der Zahl, welche die Stringlänge angibt, sind auch Strings für die Konvertierung von Datentypen mit aufgenommen. Sie beginnen ebenfalls mit *Str*, schließen aber mit dem Kürzel des jeweiligen Datentyps ab (z.B. *StrBool* für Boolean-Typen). Zur Aufnahme eines kompletten Tabellen- oder Dateinamens dient der Typ *TblStr*. Um die maximale Länge eines Index-Schlüssels nicht zu überschreiten, verwenden Sie am besten den Typ *KeyStr*. *FldNStr* und *FldTStr* finden ihren Einsatz dort, wo zur Aufnahme von Feldbeschreibungen eigene Arrays deklariert sind (siehe auch nächster Punkt „Arrays"). Sie geben der Reihe nach die Länge eines Feldnamens und eine kompletten Dimensionsbeschreibung des Feldes an.

```
TYPE { verschiedene Stringlängen }
Str1         = String[001];            { Länge 1                  }
Str2         = String[002];            { Länge 2                  }
Str4         = String[004];            { Länge 4                  }
Str8         = String[008];            { Länge 8                  }
Str10        = String[010];            { Länge 10                 }
Str20        = String[020];            { Länge 20                 }
Str22        = String[022];            { Länge 22                 }
Str80        = String[080];            { Länge 80                 }
```

```
TYPE { Strings für Datentypen }
StrBool      = String[_LBOOL ];        { Länge für BOOL-Typen      }
StrDate      = String[_LDATE ];        { Länge für DATUM-Typen     }
StrMmo       = String[_LMMO  ];        { Länge für MEMO-Typen      }
StrNum       = String[_LNUM  ];        { Länge für NUM-Typen       }
StrFloat     = String[_LFLOAT];        { Länge für FLOAT-Typen     }
StrChar      = String[_LCHAR ];        { Länge Fehlermeldung       }

TYPE { Sonstige Strings }
TblStr       = String[079];            { Länge kompl. Dateiname    }
KeyStr       = String[MaxKeyLen];      { Länge eines Schlüssels    }
FldNStr      = String[_LLBL];          { Länge eines Feldnamens    }
FldTStr      = String[_LDIM];          { Länge eines Feldtyps      }
```

Die Array-Strukturen sind in der folgenden Typen-Gruppe aufgeführt. Mit Hilfe des Typs *SetChT* können auf einfache Art Variablen deklariert werden, die eine bestimmte Zeichenmenge (Set) aufnehmen. In der Engine wurde dieser Typ zur Aufnahme der möglichen Feldtypen einer Tabelle benutzt. Im Array *FldIdentifier* können die Zeichen eines Feldnamens einzeln gespeichert werden. Das Array dient zur Konvertierung der Feldnamen beim Einlesen einer Tabelle, da diese in C-Schreibweise gespeichert sind: maximal 10 Zeichen plus Null-Terminator (#0).

Der Funktion *DBTblCreate* müssen beim Aufruf die Feldnamen, die Feldtypen und Dimensionen der Felder als Zeiger auf Arrays mitgegeben werden. Alle Feld-Arrays besitzen *FldRge* Elemente (Default 255). Die Anzahl der Feldbeschreibungen, die in ihnen Platz findet, entspricht der Zahl der Felder, die dBASE IV maximal zur Verfügung stellt.

Variablen vom Typ *SearchBuf* dienen der Engine als Zwischenspeicher bei Suchvorgängen oder beim Kopieren von Records. *DBBuf* definiert die maximale Größe eines Record-Zwischen-Puffers und *MTBuf* die des Memopuffers einer Tabelle. Im Modus *M_EXPNDHANDLE* benutzt die Engine eine Variable vom Typ *DOSHdleArrT* und kann so die DOS-Datei-Tabelle auf maximal *FileRge* (Default 64) Einträge erweitern.

Die Array-Typen für die Datumsfunktionen heißen *DayArr*, *NDayArr* und *NMonArr*. Die Variablen, die diese Arrays benutzen sind im folgenden Abschnitt erklärt.

```
TYPE { Arrays }
SetChT         = SET OF Char;                  { Typ für SET's OF CHAR       }
FldIdentifier  = ARRAY[1..11]     OF Char;     { Feldname als Array          }
FldNDescriptor = ARRAY[FldRge]    OF FldNStr;  { MaxFld Feldnamenbeschr.     }
FldTDescriptor = ARRAY[FldRge]    OF FldTStr;  { MaxFld Feldtypenbeschr.     }
SearchBuf      = ARRAY[SBufRge]   OF Byte;     { Suchpuffer f. DISK I/O      }
DBBuf          = ARRAY[RecRge]    OF Byte;     { Größe Rec-Zwisch.-Puffer    }
MTBuf          = ARRAY[MmoBufRge] OF Char;     { Max. Größe e. Mmo-Puffers}
DOSHdleArrT    = ARRAY[FileRge]   OF Byte;     { Für das Anlegen der neuen}
```

```
                                        { DOS-Datei-Tabelle (DDT)  }
DayArr        = ARRAY[1..MaxMonth] OF Byte;   { Anzahl der Tage/Monat     }
NDayArr       = ARRAY[0..MaxDOW  ] OF Str10;  { Namen der Wochentage      }
NMonArr       = ARRAY[0..MaxMonth] OF Str10;  { Namen der Monate          }
```

Einige Datumsfunktionen benötigen das Array *Days*, das die Anzahl der Tage für jeden Monat im Jahr speichert. Schaltjahre werden von den jeweiligen Funktionen gesondert behandelt.

```
CONST  { Anzahl der Tage/ Monat }
Days:DayArr    = (MaxDay  ,MaxDay-3,MaxDay  ,MaxDay-1,MaxDay,
                  MaxDay-1,MaxDay,MaxDay  ,MaxDay-1,MaxDay  ,
                  MaxDay-1,MaxDay  );
```

In den folgenden Arrays *DNames* und *MNames* sind die Namen der Tage und der Monate gespeichert. Je nach Art der Kompilierung (s.a. Kap. 2.3) werden entweder die deutschen oder die eglischen Namen mit aufgenommen:

```
{$IFNDEF ENGLISH}
  DNames:NDayArr = ('Kein Datum','Sonntag'   ,'Montag','Dienstag',
                    'Mittwoch','Donnerstag','Freitag','Samstag');
  MNames:NMonArr = ('Kein Datum','Januar','Februar','M„rz','April',
                    'Mai','Juni','Juli','August','September','Oktober',
                    'November','Dezember');
{$ELSE}
   DNames:NDayArr = ('No Date','Sunday'   ,'Monday','Tuesday',
                     'Wednesday','Thursday','Friday','Saturday');
   MNames:NMonArr = ('No Date','January','February','March','April',
                     'May','June','July','August','September','October',
                     'November','December');
{$ENDIF}
```

Variablen vom Typ *RecPtr* sind Zeiger-Typen, die für die Speicher-Allokierung eines Record-Zwischen-Puffers benutzt werden. Ebenso dient der Typ *StrPtr*, der einen Zeiger auf den Typ String definiert, zur Deklaration dynamischer String-Variablen. Die nächsten beiden Zeiger wurden weiter oben schon erwähnt und sind bei der Erstellung von neuen dBASE-Tabellen wichtig: *FldNamePtr*, um den Zeiger auf ein Array von Feldnamen zu deklarieren und *FldTypePtr* für den Zeiger auf ein Array von Feldtypen und Dimensionsangaben.

```
TYPE { Zeiger }
RecPtr        = Pointer;                  { Zwischen-Puffer-Zeiger   }
StrPtr        = ^String;                  { Zeiger auf String        }
FldNamePtr    = ^FldNDescriptor;          { Zeiger auf Feldnamen     }
FldTypePtr    = ^FldTDescriptor;          { Zeiger auf Feldtypen     }
```

Memotexte einer Tabelle werden von der Engine in einer doppelt verketteten Text-Liste vom Typ *MmoList* gespeichert. Der String einer Zeile gelangt, nach der Reservierung von Speicher, in die RECORD-Variable *Line*; das Listen-Element selbst wird mit dem Vorgänger über *back* und dem Nachfolger über *forth* verzeigert.

```
TYPE { doppelt verkettete Text-Liste für Memo-Texte, entspricht der Text-  }
     { Liste in TED.PAS (siehe diese Unit)                                 }
MmoList  = ^MmoLine;
MmoLine  = RECORD                                   { Eine Zeile im Text        }
  Line        : StrPtr;                             { Zeiger auf String         }
  forth,Back  : MmoList;                            { Vorwärts/Rückwärts        }
END;
```

Die Schlüsselfunktionen bei Indexen müssen dem Typ *FuncKeyType* entsprechen, da Parameter dieses Typs den Funktionen *DBIndCreate* und *DBIndOpen* übergeben werden. Sollten Sie also eine Schlüsselfunktion erstellen, muß der Funktions-Kopf dem des Typs *FuncKeyType* entsprechen.

Der nächste „prozedurale" Typ ist für die Routinen *DBInstNormMsg* und *DBInstErrMsg* gedacht. Bei diesen Prozeduren hat der Parameter den Typ *ProcMsgType*. Wollen Sie eigene Ausgabe-Prozeduren für „normale" oder Fehlermeldungen anstelle „interner" benutzen, so müssen die Köpfe Ihrer Prozeduren auch dem Typ *ProcMsgType* entsprechen.

Selbst erstellte Prozeduren **müssen** als FAR deklariert sein (Compiler-Schalter {$F+}), sonst liefert der Turbo-Pascal-Compiler die Fehlermeldung „Error 143: Invalid procedure or function reference". Beispiele zu den genannten Typen sind in der Beschreibung zu den entsprechenden Funktionen im Kapitel 6 zu finden.

```
TYPE  { Funktions-Typ für Schlüsselbildung Index }
FuncKeyType     = FUNCTION: KeyStr;

TYPE  { Prozedur-Typ für die Ausgabe von Meldungen }
ProcMsgType     = PROCEDURE(x,y: Byte; S:String; msgmode: Byte);
```

Einer selbst erstellten (und installierten) Ausgabe-Routine wird beim Aufruf die aktuelle x- bzw. y-Bildschirmposition, der Ausgabestring und der Modus der Anzeige (*msgmode: Byte*) mitgegeben. Der Parameter *msgmode* ist ein Byte, in dem einzelne Bits eine ganz bestimmte Bedeutung haben. Wollen Sie dieses Byte selbst auswerten, so können Sie die folgenden dafür vorgesehenen Konstanten dazu verwenden (zum allgemeine Vorgehen bei Bit-Manipulationen siehe Kapitel 4.2.

```
CONST { für msgmode }
MSGCLEARSCR    = $01;                { Bildschirm vor Meldung löschen }
MSGCLRTOEOL    = $02;                { bis zum Ende der Zeile löschen }
MSGLINEFEED    = $04;                { Zeilenvorschub nach Meldung    }
```

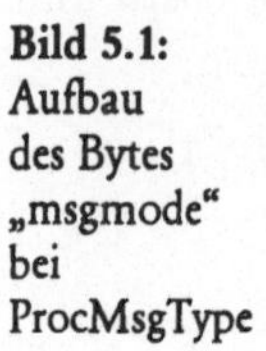

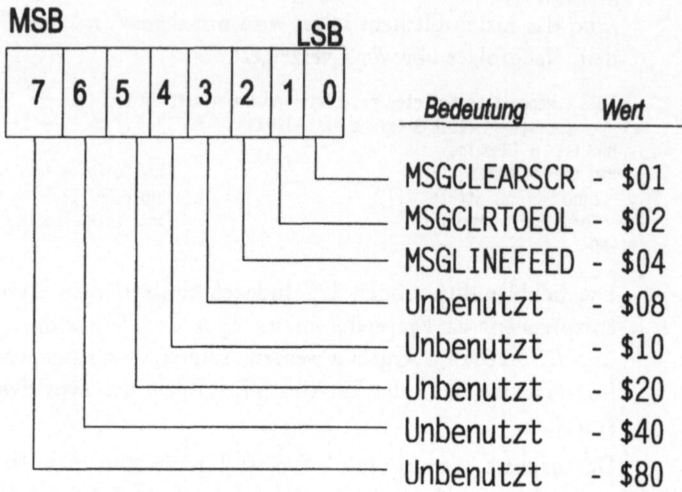

Bild 5.1: Aufbau des Bytes „msgmode" bei ProcMsgType

Für die Zerlegung einer Zeiger-Adresse in Offset- und Segment-Anteil, wird der folgende Datentyp benötigt:

```
TYPE { Record für Zerlegung eines Zeigers }
PtrRec   = RECORD
   Ofs_      : Word;                          { Offset-Adresse          }
   Seg_      : Word;                          { Segment-Adresse         }
END;
```

Die Funktion *DBTblView* benutzt für die Tastatur-Steuerung die Routine *ReadCode* aus der lokalen Unit *MREAD*. *ReadCode* gibt den „Scan-Code" der gedrückten Taste bzw. Tasten-Kombination als Word-Wert zurück. Um die Lesbarkeit des Listings zu erhöhen, wurden für die verwendeten Tasten die folgenden Konstanten definiert:

```
CONST { Taste-Kodes für ReadCode (Unit MRead) }
LEFT_  = $4B00;  CLEFT_  = $7300;     { C steht für die Control-Taste  }
RIGHT_ = $4D00;  CRIGHT_ = $7400;
UP_    = $4800;
DOWN_  = $5000;
HOME_  = $4700;  CHOME_  = $7700;
END_   = $4F00;  CEND_   = $7500;
PGUP_  = $4900;  CPGUP_  = $8400;
PGDN_  = $5100;  CPGDN_  = $7600;
ESC_   = $001B;
INS_   = $5200;
RET_   = $000D;
```

Wollen Sie die Funktion *ReadCode* auch für eigene Zwecke einsetzen und weitere Konstanten für die Tasten-Kodes definieren? Am besten, Sie schreiben sich dazu ein kleines „Test-Programm", bei dem Sie die Unit *DPACUTIL* und *MREAD* mit *USES* aufnehmen, definieren die Variable *kode* vom Typ Word und schreiben die Zeilen

```
kode:= ReadCode;
WriteLn('Kode ist $',ToHex(kode,2));
```

in die Hauptschleife des Programms. Sie erhalten so beim Aufruf des Programms und dem Drücken einer Taste den Scan-Kode in Pascal-Syntax auf dem Bildschirm.

Eine der wohl wichtigsten globalen Variablen ist die Fehlervariable *DBERROR*. In ihr wird der Fehlerkode gespeichert und sie ist vorbelegt mit dem Wert *DBSUCCESS* (kein Fehler). Mögliche Werte, die *DBERROR* einnehmen kann, sind ebenfalls in der Unit *DPACGBL* als Konstanten deklariert. Die Werte der Fehlerkonstanten und deren Bezeichner sind im Anhang „Liste der Fehlermeldungen" aufgeführt. Ihre Deklaration ist im folgenden an einigen Beispielen zu sehen:

```
CONST { Fehlerkonstanten E_$$$$$$$$$$$$ }
DBUNKNOWN          = -01;              { Unbekannter Fehler       }
DBSUCCESS          = 000;              { Kein Fehler aufgetreten  }
E_DBEOFTOOSOON     = 001;              { EOF zu früh erreicht dB  }
E_DBHDRCRASHED     = 002;              { Falscher Header dB       }
...
...
E_TOOCRITERROR     = 255;              { Zu kritischer Fehler     }

CONST { globale Betriebsdaten }
DBERROR    : Integer = DBSUCCESS;      { Fehler-Nummer            }
```

Zur Speicherung des aktuellen Programmodus dient die Word-Variable *DBMODE*. In ihr bestimmen die einzelnen Bits das Verhalten des Programmlaufs. Die Werte der Bits sind in den folgenden Konstanten gespeichert und können zur Auswertung herangezogen werden. Da das Wort *DBMODE* für den Anwender, also für Sie, von großer Bedeutung ist, wurde der Beschreibung dieser Variablen das Kapitel 4.2 gewidmet (siehe auch dort).

```
CONST { Engine-Modus-Bits M_$$$$$$$$$$$ }
M_EXPNDHANDLE      = $0001;            { DOS-Datei-Tabelle erw.   }
M_HALTONERROR      = $0002;            { Halt() bei Fehlern       }
M_BEEPONERROR      = $0004;            { bei Fehler Ton ausgeben  }
M_GOTOOLDPATH      = $0008;            { Auf alten Pfad wechseln  }
M_SHOWMESSAGE      = $0010;            { Meldungen anzeigen !?    }
M_SHOWEXITMSG      = $0020;            { Exit von DPAC anzeigen   }
M_STRICTCHECK      = $0040;            { Strikte Kontrolle        }
```

```
M_FLDREPLACES      = $0080;          { Feldinhalte überlappen    }
M_FLDNAMEGERM      = $0100;          { Umlaute in Feldnamen erl.}
M_FLDSDESCUPD      = $0200;          { Feldbeschr. aktualisieren}
M_WITHMMOCHCK      = $0400;          { Memo-Felder/-Datei prüfen}
M_WITHDELETED      = $0800;          { Mit gelöschten Records   }
M_WITHUNIQUES      = $1000;          { Gleiche Schlüssel erlaubt}
M_ORGDBASEVER      = $2000;          { Originales Vers.-Byte    }
M_SEARCHEXACT      = $4000;          { Exakte Suche nach Wert   }
M_DISPLAYINFO      = $8000;          { Statuszeile anzeigen     }

M_DEFAULTMODE      = $9DDB;          { Default-Modus für DBMODE }

CONST { globale Betriebsdaten }
DBMODE     : Word    = M_DEFAULTMODE;  { Modus der Unit          }
```

In den nächsten vier Konstanten sind Programm-Name, aktuelle Version, das Jahr der Erstellung und die Kürzel des Programm-Autors der Engine gespeichert:

```
CONST { dBASE-Engine }
PROGNAME        = 'dPAC';        { Programm-Name              }
PROGVERSION     = '3.0';         { Programm-Version           }
PROGYEAR        = '1993';        { Programm-Erstellungsjahr   }
PROGAUTOR       =  'mk';         { Programm-Autor             }
```

Für Höhe, Breite und Farben des Fensters beim Memo-Editor sind die folgenden Variablen zuständig. *MMOX1POS* und *MMOY1POS* gibt die Position der linken oberen Ecke an, *MMOX2POS* und *MMOY2POS* die der rechten untere Ecke.

Die Defaultwerte sind so eingestellt, daß das Fenster den kompletten Bildschirm belegt. In *MMOBOXCOLOR* ist die aktuelle Farbe des Fensterrahmens und in *MMOINFCOLOR* die Farbe der Statuszeile gespeichert.

```
CONST { Fenster-Definitionen des Memo-Editors }
MMOX1POS     : ShortInt =  01;     { linke obere Ecke   X-Wert }
MMOX2POS     : ShortInt =  80;     { rechte unter Ecke  X-Wert }
MMOY1POS     : ShortInt =  01;     { linke obere Ecke   Y-Wert }
MMOY2POS     : ShortInt =  25;     { rechte untere Ecke Y-Wert }
MMOBOXCOLOR  : Byte     =  31;     { Rahmenfarbe               }
MMOINFCOLOR  : Byte     = 112;     { Farbe der Statuszeile     }
```

Um auch die Funktion *DBTblView* von außen ein wenig konfigurierbar zu machen, wurden auch für sie globale Variablen deklariert. Höhe und Breite des View-Fensters können, wie auch beim Memo-Fenster, durch vier Positions-Variablen festgelegt werden: *VIEX1POS* und *VIEY1POS* für die linke obere Ecke, *VIEX2POS* und *VIEY2POS* für die rechte untere Ecke. Ungültige Positionsangaben werden übrigens durch die Funktion mit einer Fehlermeldung beanstandet. *VIESTARTFLD* speichert das Handle des ersten Feldes der Anzeige.

In *VIEBOXCOLOR* ist die aktuelle Farbe des Fensterrahmens und in *VIEHDRCOLOR* die Farbe von Kopf- und Statuszeile gespeichert. *VIETXTCOLOR* gibt die Farbe der nicht selektierten und *VIESELCOLOR* die Farbe der selektierten Records an. Bei monochromen Bildschirmen erfolgt automatisch die Farb-Einstellung, unabhängig von den Werten in den vorher beschriebenen Variablen.

Zusätzlich zur Taste Esc können in den Variablen *VIEKEYTOESC* und *VIEKEYTOEND* weitere Tastenkodes für den Abbruch bzw. das Beenden der Anzeige definiert werden. Der Tastenkode für das Betrachten eines Memotextes ist in der Variablen *VIEKEYTOMMO* gespeichert.

```
CONST { Definitionen des View-Fensters }
VIEX1POS     : ShortInt =  01;     { linke obere Ecke   X-Wert             }
VIEY1POS     : ShortInt =  01;     { linke obere Ecke   Y-Wert             }
VIEX2POS     : ShortInt =  80;     { rechte untere Ecke X-Wert             }
VIEY2POS     : ShortInt =  23;     { rechte untere Ecke Y-Wert             }
VIESTARTFLD  : Byte     =  01;     { Startfeld der View-Anzeige            }
VIEBOXCOLOR  : Byte     =  30;     { Farbe des Rahmens                     }
VIEHDRCOLOR  : Byte     = 112;     { Farbe der Kopfzeile                   }
VIETXTCOLOR  : Byte     =   7;     { Farbe der nicht selektierten Records }
VIESELCOLOR  : Byte     =  95;     { Farbe des selektierten Records        }
VIEKEYTOESC  : Word     = ESC_;    { Taste Beendigung der View-Anzeige     }
VIEKEYTOEND  : Word     = ESC_;    { Taste Beendigung der View-Anzeige     }
VIEKEYTOMMO  : Word     = INS_;    { Taste für die Memo-View               }
```

Bei Schreib- und Leseoperationen, die die Engine intern auf Dateien ausführt, benutzt sie folgende Variablen: *BytesRead* wird immer mit der Funktion *FRead* auf den Wert der tatsächlich gelesenen Bytes gesetzt; *BytesWrite* mit der Funktion *FWrite* auf die Anzahl der tatsächlich geschriebenen Bytes gesetzt.

```
CONST { für Schreib-/Leseoperationen }
BytesRead    : Word =  0;                  { Gelesene Bytes bei FRead  }
BytesWrite   : Word =  0;                  { Geschr.  Bytes bei FWrite }
```

Verläuft eine Suche mit den Funktionen *DBFldSearch* und *DBIndFind* erfolgreich, setzen diese die globale Variable *found* auf den Wert *TRUE*, sonst auf *FALSE*. Näheres zu den einzelnen Funktionen erfahren Sie im Referenzteil dieses Buchs im Kapitel 6.

```
CONST { für Suchfunktionen }
found        : Boolean = _NO;              { Suchbegriff gefunden      }
```

Die nötigen Extensions für Dateinamen (Endung *Ext*) sind in den folgenden Variablen gespeichert:

```
CONST { Extensions }
DBFExt     : Str4    = '.DBF';               { Dateiextension          }
CONST
MMOExt     : Str4    = '.DBT';               { Memo-Dateiextension     }
CONST
INDExt     : Str4    = '.IND';               { Index-Dateiextension    }
CONST
TMPExt     : Str4    = '.TMP';               { Ext. f. temporäre Files }
CONST
STRExt     : Str4    = '.STR';               { Ext. für Strukturdatei  }
CONST
FBDExt     : Str4    = '.FBD';               { Ext. f. temporäre Files }
CONST                                        { von Datendateien (.DBF) }
TBDExt     : Str4    = '.TBD';               { Ext. f. temporäre Files }
                                             { von Memodateien (.DBF)  }
```

5.2.2 Lokale Definitionen

Die Unit *DPACLOC* ist, wie der Name schon andeutet, nur für den internen (lokalen) Gebrauch der Engine gedacht. Ist es jedoch für Sie notwendig, die Datenstrukturen der dBASE-Dateien offenzulegen, Einblick in die Verwaltung von *dPAC* zu bekommen oder sind Kontrollausgaben während dem Debuggen einer Anwendung nötig, dann kann *DPACLOC* auch in Ihrem eigenen Programm mit eingebunden werden. Damit Sie die Bedeutung der lokalen Definitionen besser kennenlernen, werden sie im folgenden näher erläutert.

Für die Verwaltung eines Record-Zwischen-Puffers sind nachfolgende Vereinbarungen getroffen:

Das Element *BufAddr* enthält die Adresse des Puffers nach dem Anlegen; die Größe des Puffers ist dann in *BufSize* eingetragen und bei verändertem Puffer wird *BufChge* auf *TRUE* gesetzt. Mehrere Puffer (genau *MaxBufs*) können durch das Array *RecBufArr* verwaltet werden, auf das der Zeiger *RecBufArrPtr* gesetzt ist. Die Variable *DBRecBuf* im *THB* (siehe weiter unten) ist vom Typ *RecBufArrPtr* und verwaltet alle Record-Zwischen-Puffer, die für einen Arbeitsbereich bzw. für eine Tabelle geöffnet werden.

```
TYPE { Definition eines Record-Puffers }
BufRec   = RECORD
 BufAddr : RecPtr;                          { Pufferadresse im RAM     }
 BufSize : Word;                            { Belegte Bytes im Heap    }
 BufChge : Boolean;                         { Puffer verändert (J/N)   }
END;

RecBufArrPtr = ^RecBufArr;                  { Zeiger auf Puffer/Tab.   }
RecBufArr    = ARRAY[RecBufRge] OF BufRec;  { Array für Puffer/Tabelle }
```

Die Memotexte einer Tabelle werden von der Engine in einer doppelt verketteten Text-Liste vom Typ *MmoList* gespeichert (siehe globale Definitionen). Eine Tabelle besitzt genau einen Memopuffer vom Typ *MmoBuf*, in den immer nur der aktuell angeforderte Memotext eingelesen wird, unabhängig von welchem Memofeld. Auf die Pufferstruktur wird der Zeiger *MmoBufPtr* gelegt. Für eine Variable dieses Typs (Bei *THB* die Variable *BlockBuf*) reserviert die Engine erst zur Laufzeit und beim Öffnen einer Memodatei Speicherplatz.

Durch die Funktion *ReadText* in der Unit *DPACMEMO* gelangt der Memotext in den Puffer der Tabelle. Dabei ist der Text, wie oben schon erwähnt, in einer doppelt verketteten Liste gespeichert (*T*).

Beim Einlesen wird vermerkt, ab welchem Block gelesen wurde (*BlockNo*), wieviele Memo-Blöcke eingelesen sind (*BlocksUsed*) und wieviele Bytes der Text besitzt (*BlockBytes*). In diesem Fall ist der Puffer als „nicht leer" gekennzeichnet (*BufEmpty* ist *FALSE*). Zusätzlich erhält das Element *MmoFldHdle* das Handle des Memofeldes, aus dem der Text stammt. Ist der gelesene Text aus einer dBASE IV-Memodatei, erhält das Puffer-Element *BlockIV* den Wert *TRUE*, und in *BlockDesc* wird der Block-Deskriptor aus dem ersten gelesenen Block eingetragen. *BlockDesc* selbst ist vom Typ *BlockDescriptor* (siehe unten).

```
TYPE { Definition eines Memo-Blockdeskriptors bei dBASE IV }
BlockDescriptor = RECORD                        { Blockdeskriptor bei IV    }
   ident      : Word;                           { Identifikation $FFFF      }
   dsize      : Word;                           { Größe des Deskriptors     }
   msize      : LongInt;                        { Größe des Memo-Textes     }
END;

MmoBuf   = RECORD                               { der eigentliche Puffer    }
   T          : MmoList;                        { Text-Liste für Memotext   }
   MmoFldHdle : Byte;                           { Handle des Memofeldes     }
   BlockNo    : LongInt;                        { Blocknummer in DBT        }
   BlockBytes : LongInt;                        { Bel.Bytes i.d. Blöcken    }
   BlocksUsed : Word;                           { Belegte Blöcke in DBT     }
   BlocksNew  : Word;                           { Neue Anzahl der Blöcke    }
   BlockDesc  : BlockDescriptor;                { für dBASE IV Blockdeskr.  }
   BlockIV    : Boolean;                        { Gespeichert in dBASE IV   }
   BufEmpty   : Boolean;                        { Puffer ist leer           }
END;
MmoBufPtr = ^MmoBuf;                            { Zeiger auf den Puffer     }
```

Gelöschte dBASE IV-Blöcke erhalten in den ersten sechs Bytes Angaben über den nächsten freien Block (*NextBlock*) und die Anzahl frei gewordener Blöcke (*BlocksAvl*). Variablen vom Typ *DelBlock* dienen dazu, diese Informationen in einem Lesevorgang zu erfassen.

```
TYPE { Defintion eines gelöschten Memo-Blocks bei dBASE IV }
DelBlock = RECORD
  NextBlock  : LongInt;                    { Nächster freier Block    }
  BlocksAvl  : Word;                       { Anzahl freier Blöcke     }
END;
```

Für die Indexverwaltung wurden die folgenden Definitionen aus der Unit *BTREES* unverändert übernommen (aus dem Buch [7]). Die Unit selbst wurde in *BTREES1* umbenannt und ein wenig modifiziert. Wenn Sie genaueres über die Index-Verwaltung bzw. die *BTREES*-Unit wissen wollen, sollten Sie im oben erwähnten Buch nachlesen oder - und das gibt oft auch Aufschluß - im Listing der Unit *BTREES1*.

Das Format der erzeugten Indexe ist nicht identisch mit dem der dBASE-Indexdateien, sie können deshalb nicht unter dBASE verwendet werden.

Die maximale Baumhöhe ist mit *MaxHeight* auf 20 eingestellt und läßt eine hohe Zahl an Einträgen zu. Beispiel: Bei der Default-Seitengröße (*IndPageSize*) von einem Kilobyte, einer Baumhöhe von 6 (das ist schon sehr hoch) und der Schlüsselgröße von ca. 100 Bytes, beträgt die Kapazität des Baumes bereits mehr als 30000 Einträge!

```
CONST { Index (übernommen aus BTREES.PAS/uk) }
MaxHeight = 20;                            { Maximale Baumhöhe        }
```

Ein einzelner Eintrag wird in der Struktur *Item* gespeichert, und besteht nur aus dem Seitenverweis *p* und dem Eintrags-Wert *Key*. Von *Key* wird natürlich immer nur die benötigte Bytezahl an Speicher belegt.

```
TYPE { Index (übernommen aus BTREES.PAS/uk) }
Item     = RECORD                          { Ein Eintrag              }
   p          : Word;
   Key        : ARRAY[0..MaxInt] OF Byte;
END; { Item }
```

Die Definition einer Seite ist mit *Page* festgelegt. In ihr stellt *p0* den Links-Verweis auf eine Seite dar, *m* die Anzahl der belegten Einträge auf dieser Seite, und in *e* wird das eigentliche Feld von Einträgen gespeichert. Auf *Page* wird der Zeiger *PagePtr* gelegt, damit später individuell (je nach Seitengröße) Speicher für eine Seite belegt werden kann.

```
Page     = RECORD                          { Def. einer Seite         }
   p0,m       : Word;
   e          : ARRAY[0..4091] OF Byte
END; { Page }
PagePtr  = ^Page;
```

In der Struktur *BTree* wird der Binärbaum verwaltet. Die wichtigsten Elemente darin sind die ersten sieben Word-Variablen: *PageSize* gibt die Größe einer Seite an, *KeySize* die Größe von *Key* in der *Item*-Struktur, *ItemSize* die komplette Eintragsgröße, in *Height* ist die aktuelle Höhe des Baumes abgelegt, *Pages* speichert die Anzahl der bisher belegten Seiten, *n* ist die Ordnung des Baumes und in *n2* (2 mal *n*) wird die maximale Anzahl der Einträge pro Seite abgelegt. Diese Variablen werden auch (zusammen mit der booleschen Variablen *Unique* aus *IndRec*, siehe weiter unten) mit in die Indexdatei aufgenommen.

Relation ist der Zeiger auf eine Vergleichsroutine, die je nach Sortierung intern auf eine der Funktionen *IsLess* oder *IssLessEqu* der Includedatei *DPACDIV.INC* gelegt wird. *IndDirty* besitzt dann den Wert *TRUE*, wenn durch eine Veränderung die Indexdatei neu aktualisiert werden muß.

```
BTree    = RECORD                               { extern angelegter Bayer-Baum }
  PageSize,KeySize,
  ItemSize,Height,
  Pages,n,n2 : Word;
  f          : FILE;
  u,v,w      : ^Item;
  Relation   : Pointer;
  Path       : ARRAY[0..MaxHeight] OF
               RECORD
                Way       : Word;
                MPtr      : PagePtr;
                UnChanged : Boolean;
               END;
  IndDirty   : Boolean;                         { Neu: Bei TRUE Aktualisierung }
END; { BTree }                                  { d.Index von "PagSize" bis "n"}
```

Der Schlüssel *Key* und der Verweis auf den Record *RecPos*, aus dem dieser Schlüssel stammt, werden in der Struktur *Index* abgelegt. Elemente dieses Typs (*k* und *t* in *IndRec*) werden zur Index-Erstellung bzw. für Änderungen am Index verwendet. Die RECORD-Struktur *IndRec* stellt den Index-Puffer dar, der für die Verwaltung eines Indexes der Tabelle nötig ist. Darin werden folgende Daten vermerkt: sind gleiche Schlüsseleinträge erlaubt, erhält *Unique* den Wert *TRUE*, *IName* bekommt den vollständigen Namen der Indexdatei zugewiesen, *k* und *t* beinhalten den aktuellen bzw. den alten Indexeintrag (wichtig bei Record-Manipulationen), *B* ist die oben schon erwähnte Baum-Verwaltung, *LessFunc* ein Zeiger auf die Vergleichsfunktion, abhängig vom *Unique*-Status und *KeyPtr* der Zeiger auf die vom Anwender definierte Schlüsselfunktion.

```
TYPE { Index (neue Vereinbarungen für dBASE-Unit) }
Index   = RECORD                              { Ein Index-Eintrag }
  RecPos     : LongInt;                       { Record-Position   }
  Key        : KeyStr;                        { Schlüssel        }
END; { Index }

IndRec  = RECORD                              { Ein Index-Puffer              }
  Unique     : Boolean;                       { TRUE : Key1<=Key2 erlaubt }
  IName      : TblStr;                        { Name der Indexdatei       }
  k,t        : Index;                         { Index-Einträge: Pos+Key   }
  B          : BTree;                         { BTree-Record (s.o.)       }
  LessFunc   : Pointer;                       { Zeiger Vergleichsfunktion }
  KeyPtr     : FuncKeyType;                   { Schlüsselfunktion vom User}
END;{ IndRec }
```

Damit wiederum nur das nötigste an Speicherplatz - und nur zur Laufzeit - verbraucht wird, fordert die Engine diesen für jeden Index dynamisch an. Dazu wurde der Typ *IndPtr* definiert, ein Zeiger auf den Index-Puffer. Und da für eine Tabelle mehrere Indexe geöffnet werden sollen, wird mit dem Typ *IndArr* ein ganzes Feld (momentan *IndexRge=1..7*) von diesen Puffer-Zeigern deklariert. Seinen Einsatz findet dieser Typ mit der Variablen *Indexes* im *THB* (siehe weiter unten).

```
TYPE
IndPtr  = ^IndRec;                            { Zeiger auf Index-Puffer }
IndArr  =  ARRAY[IndexRge] OF IndPtr;
```

Beim Öffnen der Tabelle mit *DBTblOpen* liest die dort aufgerufene Prozedur *GetHdrDescription* den Definitionsbereich des Headers zunächst in eine Variable des Typs *Header* ein. Für die Verwaltung einer Tabelle ist aber nur ein Teil dieser Struktur erforderlich, die sogenannte „Statistik der Tabelle". In ihr sind alle notwendigen Daten enthalten und aus diesem Grund wird auch nur für sie - genau einmal pro Tabelle - Speicherplatz reserviert. Die Statistik wird im *THB* in die Variable *hdri*, die vom Typ *TblStat* ist, gespeichert. Die Elemente der RECORD-Strukturen erklären sich von selbst, Sie können sie aber auch mit den Datenstrukturen aus Kapitel 3 vergleichen.

```
TYPE { Tabelle - Statistik }
TblStat = RECORD
  version    : Byte;                          { Version $03,$83 oder $8B }
  date       : ARRAY[1..3] OF Byte;           { Datum JJ MM TT           }
  records    : LongInt;                       { Records in Datenbank     }
  headerlen  : Word;                          { Headerlänge in Bytes     }
  reclen     : Word;                          { Recordlänge in Bytes     }
END;  { TblStat }
```

```
TYPE { Header komplett }
Header   = RECORD
   hdr        : TblStat;                        { Tabellen-Statistik       }
   hreserve1  : ARRAY[1..2] OF Byte;            { Reserviert               }
   TransFlag  : Byte;                           { Transaktions-Flag (IV)   }
   KeyFlag    : Byte;                           { Verschlüsselungs-Flag    }
   multiuser  : ARRAY[1..12] OF Byte;           { Reserviert f. Netzwerk   }
   hreserve2  : ARRAY[1..4] OF Byte;            { Reserviert               }
END; { header }
```

Zur Aufnahme einer kompletten Feldbeschreibung (momentan 32 Bytes) wurde in der Unit *DPACLOC* der Typ *Field* deklariert. Für die Beschreibung wird jedoch dasselbe Verfahren wie beim Header angewandt. Auch hier ist nur ein Teil, genannt „Feld-Statistik", für die Bearbeitung von dBASE-Tabellen notwendig. Der entsprechende Typ ist mit *FldStat* deklariert und dient zur Aufnahme einer Feld-Statistik. Allerdings muß für jedes Feld eine eigene Statistik angelegt werden. Die im *THB* deklarierte Variable *fldi*, die vom Typ *FldArrPtr* ist, kann *FldRge=1..255* Feld-Statistiken aufnehmen. Sie werden sich vielleicht wundern, wo die Feldnamen in der Statistik geblieben sind. Sie gehören eigentlich auch dazu, sind aber im Header mit dem Wert #0 abgeschlossen (C-Schreibweise) und werden deshalb, zu Pascal-Strings konvertiert, in einem extra Array aufgenommen und verwaltet (in *THB*, Variable *FldNames*). Wie schon in Kapitel 3.2 erwähnt, ist die Felddaten-Adresse im Header ohne Bedeutung für eine Auswertung. Statt dessen wird hier die Adresse des Feldes im Record-Zwischen-Puffer *addrLo* und die MDX-Feldkennung *MDX* für dBASE IV-Felder gespeichert:

```
TYPE { Felder -Statistik }
FldStat  = RECORD
   FldType   : Char;                            { Feldtyp: C D F L M N     }
   addrLo    : Word;                            { Datenadresse Feld Low-B. }
   MDX       : Byte;                            { MDX-Feld?  1= JA (V. IV) }
   Reserve   : Byte;                            { Reserve-Byte             }
   FldLen    : Byte;                            { Feldlänge in Bytes       }
   FldDec    : Byte;                            { Zahl der Nachkommast.    }
END; { FldStat }

TYPE { Feld komplett }
Field    = RECORD                               { Feldbeschreibung Header  }
   FldIdf      : FldIdentifier;                 { Feldname 10 Zeichen + #0 }
                                                { -> in C-Schreibweise <-  }
   fld         : FldStat;                       { Feld-Statistik           }
   multiuser1: ARRAY[1..2] OF Byte;             { Reserviert für Multiuser }
   id          : Byte;                          { Arbeitsbereich ID        }
   multiuser2: ARRAY[1..2] OF Byte;             { Reserviert für Multiuser }
   SETfld      : Byte;                          { SET-Fields-Kennzeichen   }
   freserve    : ARRAY[1..7] OF Byte;           { Reserviert               }
   mdxflag     : Byte;                          { MDX-Flag   1=MDX-Feld    }
END; { field }
```

```
FldArrPtr     = ^FldArr;                     { Zeiger auf Felder/Datei  }
FldArr        = ARRAY[FldRge] OF FldStat;    { Felder einer .DBF-Datei  }
```

Die Verwaltung einer kompletten Tabelle erfolgt mit einer Variablen vom Typ *THB*. Der Dynamik zuliebe wurde auf diese Struktur der Zeiger *TblePtr* gelegt. Insgesamt können durch die Engine *TbleRge=1..MaxHdle* (momentan 16) Tabellen über eine Variable vom Typ *PtrArrT* verwaltet werden (im *EPB* die Variable *TblPtrs*). Die Elemente der RECORD-Struktur *THB* erklären sich von selbst und wurden auch schon teilweise im Text oben erwähnt.

```
TYPE { Tabellen-Handle-Block komplett }
THB = RECORD
   Status     : Word;                        { Stat.d.Tabelle s.unten    }
   DBVers     : Byte;                        { Intern verw.dBASE-Vers.   }
   actbuf     : Byte;                        { Nummer d. akt. Puffers    }
   openbufs   : Byte;                        { Aktuell geöffnete Puffer  }
   actind     : Byte;                        { Nummer d. akt. Indexes    }
   openind    : Byte;                        { Anzahl offener Indexes    }
   FldCount   : Word;                        { Anzahl der Felder 1..255  }
   FldMax     : Word;                        { Max. Anzahl Felder/Rec.   }
   DBFile     : FILE;                        { Tabellen-File             }
   MmoFile    : FILE;                        { zugehörige Memodatei      }
   DBRecBuf   : RecBufArrPtr;                { x Record-Zwischen-Puffer  }
   BlockBuf   : MmoBufPtr;                   { Pufferzeiger für MemoFld  }
   Indexes    : IndArr;                      { Zeiger auf Indexstruktur  }
   MmoSize    : Byte;                        { Wert des Bytes 21 in DBT  }
   tblpos     : LongInt;                     { Interne FilePos DBFile    }
   actrec     : LongInt;                     { Nummer d. akt. Records    }
   hdri       : TblStat;                     { Header-Info's 1           }
   fldi       : FldArrPtr;                   { Felder-Info's 1..FldCount}
   FldNames   : FldNamePtr;                  { Alle Feldnamen d.Tabelle  }
   Fldtypes   : SetChT;                      { gültige Feldtypen         }
END; { THB }

TYPE
TblePtr       = ^THB;                        { Tabellen-Handle-Zeiger    }

TYPE
PtrArrT       = ARRAY[TbleRge] OF TblePtr;   { Zeigerarray für Tabellen  }
```

Im *THB* wird auch der aktuelle Status der Tabelle gespeichert. Verwendet wird dazu das „Statuswort“ *Status*, in dem einzelne Bits gesetzt oder gelöscht werden. Für die Bits wurden, wie beim Moduswort *DBMODE*, Konstanten vorgesehen, deren Deklaration nachfolgend aufgelistet ist. Dazu ist noch zu sagen, daß der Status *S_KEYISLOCK* zwar vermerkt, aber nicht ausgewertet wird. Das bedeutet, es können zwar verschlüsselte Tabellen gelesen werden, jedoch bleibt der Record-Inhalt auch verschlüsselt.

```
CONST { Statusbits pro Tabelle S_$$$$$$$$$ }
S_TBLCHANGE        = $0001;             { Tabelle wurde verändert  }
S_MMOFLDYES        = $0002;             { Memofelder vorhanden     }
S_MMOISOPEN        = $0004;             { Memodatei geöffnet       }
S_MMOISREAD        = $0008;             { Memofeld wurde gelesen   }
S_MMOCHANGE        = $0010;             { Memofeld wurde verändert }
S_WRITEISOK        = $0020;             { Schreiben in Tab. mögl.  }
S_TRANSISOK        = $0040;             { Transaktion fertig (IV)  }
S_KEYISLOCK        = $0080;             { Daten sind verschlüsselt }
S_INDFOLLOW        = $0100;             { Recordzeiger folgt Index }
```

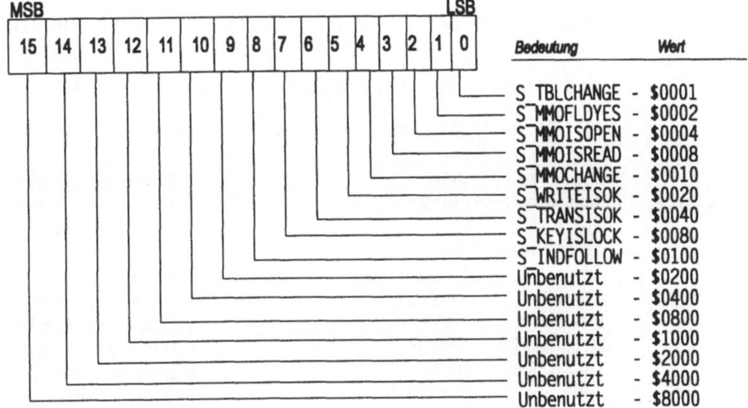

Bild 5.2: Die Bits im Statuswort

Im Bild ist nochmals der Zusammenhang zwischen den Werten der Konstanten und deren Zuordnung zu den einzelnen Bits zu sehen. Die Konstanten sind mit ihrem Namen und ihrer Wertigkeit aufgeführt. Beim Tabellen-Status wird davon ausgegangen, daß nach einer Initialisierung des *THB* der jeweiligen Tabelle alle Bits den Defaultwert 0 haben.

Eine Variable vom Typ *ViewRecArrT* (im *EPB*, Variable *RecList*) speichert für die Funktion *DBTblView* die Handles der Records, die sich momentan im View-Fenster befinden.

```
TYPE
ViewRecArrT   = ARRAY[1..21] OF LongInt;      { Aufnahme der Rec.-Nummern}
                                              { bei DBTblView            }
```

Der nächste Typ *ParamBlckT* dient zur Verwaltung von *dPAC*. Für den Engine-Parameter-Block - kurz *EPB* -, einer Zeiger-Variablen des Typs *ParamBlckT*, wird mit der Funktion *DBInit* zur Laufzeit Speicherplatz reserviert. Die wichtigsten Verwaltungsparameter sind im *EPB* gespeichert:

Aktuell eingestellte Memo-Blockgröße für dBASE IV-Memofelder (*BlockSize*), das Verzeichnis beim Aufruf von *DBInit* (*FirstPath*), ein Array für die Verwaltung der Tabellen-Zeiger (*TblPtrs*), Suchpuffer (*SBuf*) für Suchvorgänge in Tabellen und aktuelle Größe dieses Puffers (*SearchSize*), die oben schon erwähnte Record-Liste *RecList*, drei Variablen zur Verwaltung der neuen und alten DOS-Datei-Tabelle (*NewHdleTbl*, *OldHdleTbl* und *OldTblSize*), drei Variablen für die interne - dynamische - Generierung von Tabellen (*PtrsOn* und die Zeiger-Arrays *Names* und *Types*), ein temporärer Record-Zwischen-Puffer für das Anhängen leerer Records (*TmpBuf*) und schließlich noch die letzten drei RECORD-Elemente für die temporäre Speicherung der Daten bei Verwendung eines Indexes (*TmpKey*, *TmpRec* und *TmpOK*).

```
TYPE { lokale Betriebsdaten: EPB = Engine Parameter Block }
ParamBlckT = RECORD
  BlockSize    : Byte;               { Blockgröße DIV 256        }
  FirstPath    : TblStr;             { Verzeichnis beim Aufruf   }
  TblPtrs      : PtrArrT;            { Tabellen-Handle-Zeiger    }
  SearchSize   : Word;               { Akt. Suchpuffer-Größe     }
  SBuf         : ^SearchBuf;         { Pufferzeiger              }
  RecList      : ViewRecArrT;        { Aufnahme d.Rec-Nr. (View)}
  NewHdleTbl   : ^DOSHdleArrT;       { Eigene File-Handle-Tab.   }
  OldHdleTbl   : Pointer;            { Zeiger alte File-Tab.     }
  OldTblSize   : Word;               { Größe der alten Tabelle   }
  NoMmo        : Boolean;            { Keine DBT-Datei erzeugen  }
  PtrsOn       : Boolean;            { Zeiger belegt JA/NEIN     }
  Names        : FldNamePtr;         { FeldNamen  z.B. 'F1'      }
  Types        : FldTypePtr;         { FeldTypen  z.B. 'C10'     }
  TmpBuf       : BufRec;             { Temp. Puffer f. Records   }
  TmpKey       : Index;              { Temp. Index-Schlüssel     }
  TmpRec       : LongInt;            { Nummer alter Rec (temp.)  }
  TmpOK        : Boolean;            { Temp. OK Variable         }
END; { EngineParamBlock}
```

Der *EPB*, wie schon erwähnt, dient zur Verwaltung interner Daten und wird erst zur Laufzeit initialisiert. Die Variable *LocErrMsg*, die direkt in der Unit *DPACLOC* initialisiert wird, enthält den Fehlertext nach dem Aufruf einer Fehler-Routine (siehe auch Kapitel 6). Für die allgemeine Verwendung bei String-Operationen ist die Variable *TmpStr* deklariert; auch sie wird in *DPACLOC* initialisiert.

Die wohl wichtigste lokale Variable ist die Boolean-Variable *Installed*. Von ihr ist die Ausführung vieler *dPAC*-Routinen abhängig. Sie wird auf den Wert *TRUE* gesetzt, wenn die Initialisierung der Engine-Umgebung mit *DBInit* erfolgreich war und ist *FALSE*, wenn mit dem Aufruf von *DBExit* die Umgebung verlassen wurde.

FirstInit hat den Wert *FALSE*, wenn nach dem ersten Aufruf von *DBInit* die Tabellen-Verwaltung (Array *EPB^.TblPtrs*) mit *NIL*-Zeigern vorbelegt wurde. Der aktuelle Arbeitsbereich bzw. die aktuelle Tabelle wird in *ActArea* vermerkt und entspricht dem Handle dieser Tabelle. Die Anzahl der Felder und die der aktuell offenen Record-Zwischen-Puffer dieser Tabelle sind dann in *ActFldCount* und *ActBufCount* vermerkt.

MaxOpenFiles enthält nach der Initialisierung der Engine-Umgebung die Anzahl maximal offener Dateien, die Zahl der bereits geöffneten Dateien ist in *OpenFiles* gespeichert.

```
CONST { Allgemeine Variablen }
EPB          : ^ParamBlckT  = NIL;          { Interne Parameter         }
LocErrMsg    : ^Str80       = NIL;          { Lokaler Fehlertext        }
TmpStr       : ^String      = NIL;          { Für allg. Stringoperat.   }
Installed    : Boolean      = _NO;          { DPAC installiert          }
FirstInit    : Boolean      = _YES;         { 1. Initialisierung läuft  }
ActFldCount  : Byte         = 0;            { Anz. Felder aktuell       }
ActBufCount  : Byte         = 0;            { Anz. Puffer aktuell       }
ActArea      : Byte         = 0;            { Aktueller Arbeitsbereich  }
AreaCount    : Byte         = 0;            { Anzahl Arbeitsbereiche    }
MaxOpenFiles : Word         = 0;            { Anzahl zu öffnend. Files  }
OpenFiles    : Word         = 0;            { Anzahl geöffneter  Files  }
```

Die Variablen *loctyp* und *locdec* sind für das interne Felder-Handling mit aufgenommen. Sie werden bei einem Aufruf der Funktion *GetFromBuf* (aus der Includedatei *DPACDIV.INC*), die den Inhalt eines Feldes aus dem aktuellen Record-Zwischen-Puffer liest, benutzt. Die Funktion initialisiert diese Variablen mit den Daten des jeweiligen Feldes. Routinen, die *GetFromBuf* aufrufen, können danach eine direkte Auswertung von Feldtyp (*loctyp*) und Dezimalstellen (*locdec*) vornehmen und müssen nicht den Umweg über die Verwaltungsstruktur von *dPAC* machen.

```
CONST { für interne Feldbehandlung }
loctyp       : Char = 'U';        { Interne Typ-Übergabe für Prüfzwecke }
locdec       : Byte = 0 ;         { Interne Dezimalstellen-Übergabe     }
```

Für die Behandlung Engine-spezifischer Strukturdateien wurden Konstanten definiert, welche die Tokens einer Tabellen-Beschreibung aufnehmen: *DB3SWITCH* ist der Schalter für eine dBASE III-Tabelle und *DB4SWITCH* der für Tabellen der Version IV; *FILECOM* leitet den Tabellennamen ein und *FIELDCOM* den Beginn der Feldbeschreibungen, welche alle mit der Sequenz *FIELDBEG* beginnen. Das Ende einer Tabellen-Beschreibung wird durch den Bezeichner *ENDCOM* festgelegt. In der Variablen *STRLine* ist die Nummer einer möglichen Fehlerzeile sowohl bei Engine-spezifischen Strukturdateien gespeichert, als auch bei dBASE-Strukturdateien und fehlerhaften Feldbeschreibungen im Header-Bereich einer Tabelle.

```
CONST { für Strukturbeschreibungsdateien }
DB3SWITCH    = '/DB3';                  { Str.datei :dBASE III-Dat.}
DB4SWITCH    = '/DB4';                  { Str.datei :dBASE IV-Dat. }
FILECOM      = '$FILE';                 { Str.datei : .DBF-Name    }
FIELDCOM     = '$FIELDS';               { Str.datei : Feldbeschr.  }
FIELDBEG     = ':';                     { Str.datei : Beginn Feld  }
ENDCOM       = '$END';                  { Str.datei : Ende         }
STRLine      : Str4 = '0';              { Str.datei : Fehlerzeile  }
```

Vor dem „Einbau" der internen Exit-Prozedur erhält der Zeiger *HoldExit* die Adresse der globalen Zeigervariablen *ExitProc* (Turbo-Pascal), über die beim Programmende ein Aufruf stattfindet. *ExitProc* selbst bekommt die Adresse der eingebauten Exitprozedur *dPACExit* zugewiesen, die in der Include-Datei *DPACERR.INC* implementiert ist. Beim Aufruf von *dPACExit* am Programmende erhält *ExitProc* wieder ihren ursprünglichen Wert (*HoldExit*). Dieselbe Verzeigerung wird mit der Hardware-Fehler-Routine vorgenommen, die über den Interrupt 24hex aufgerufen wird. Die eingebaute Interrupt-Service-Routine (ISR) heißt *dPACHWHandler* und ist ebenfalls in der Datei *DPACERR.INC* implementiert. Zum Sichern der originalen ISR dient der Zeiger *HoldInt24*:

```
CONST
HoldExit     : Pointer      = NIL;      { Speichern v.ExitProc     }
HoldInt24    : Pointer      = NIL;      { Speichern v.Int $24      }
```

Mit den beiden Routinen *DBInstErrMsg* und *DBInstNormMsg* (siehe Referenzteil Kapitel 6) können Sie eigene Ausgabe-Routinen anstatt der internen installieren. Diese Prozeduren legen Ihre Routinen auf die Prozedur-Variablen *WrErrProc* (bei Fehlermeldungen) bzw. *WrMsgProc* (bei allgemeinen Meldungen). Wurde von Ihnen keine Ausgabe-Routine installiert oder mit der Prozedur *DBInstOrgMsg* auf die internen Routinen umgeschaltet, besitzen beide Variablen den Wert *LocMsgProc* (siehe auch im Initialisierungsteil der Unit *DPACLOC*).

```
VAR { Ausgabe von Meldungen }
WrErrProc    : ProcMsgType;             { Routine für Fehlerausg.  }
WrMsgProc    : ProcMsgType;             { Routine für allg. Ausgabe}
```

Zu den allgemeinen lokalen Variablen gehört *regs*. Sie ist vom Typ *Registers* und wird in den Routinen benötigt, in denen eine Interrupt-Behandlung stattfindet.

```
VAR { Allgemeine Variablen }
regs         : Registers;               { CPU-Register (Unit DOS)  }
```

Damit sind wir am Ende der lokalen Definitionen angelangt. Im nun folgenden Unterkapitel werden wichtige Teile der Engine-Programmstruktur erklärt, und wir werden auch auf die Verwendung einiger Datenstrukturen, die in diesem Kapitel erläutert wurden, eingehen.

5.3 Programmstruktur

Im Bild 5.3 ist die Struktur der Engine zu sehen. Sie besteht aus mehreren Modulen, von denen für die Anwendung die Units auf Level 1 am wichtigsten sind (gekennzeichnet mit API = Application Programming Interface). Diese Units können als „global" bezeichnet und vom Programm, je nach verwendeten Funktionen, mit *USES* aufgenommen werden. Die Module ab Level 2 gehören zum „lokalen" Bereich und sind für die Anwendung nicht erreichbar. Eine Ausnahme bei den lokalen Modulen bilden allerdings die Units auf Level 2, sie können auch mit *USES* ins Programm aufgenommen werden. Eine Daten-Manipulation in diesen Modulen ist jedoch mit großer Sorgfalt vorzunehmen. Bei Verwendung der Routinen aus den lokalen Units sollten Sie im Programm zuvor die Engine mit *DBInit* installiert haben.

Bild 5.3: Hierarchie von dPAC 3.0

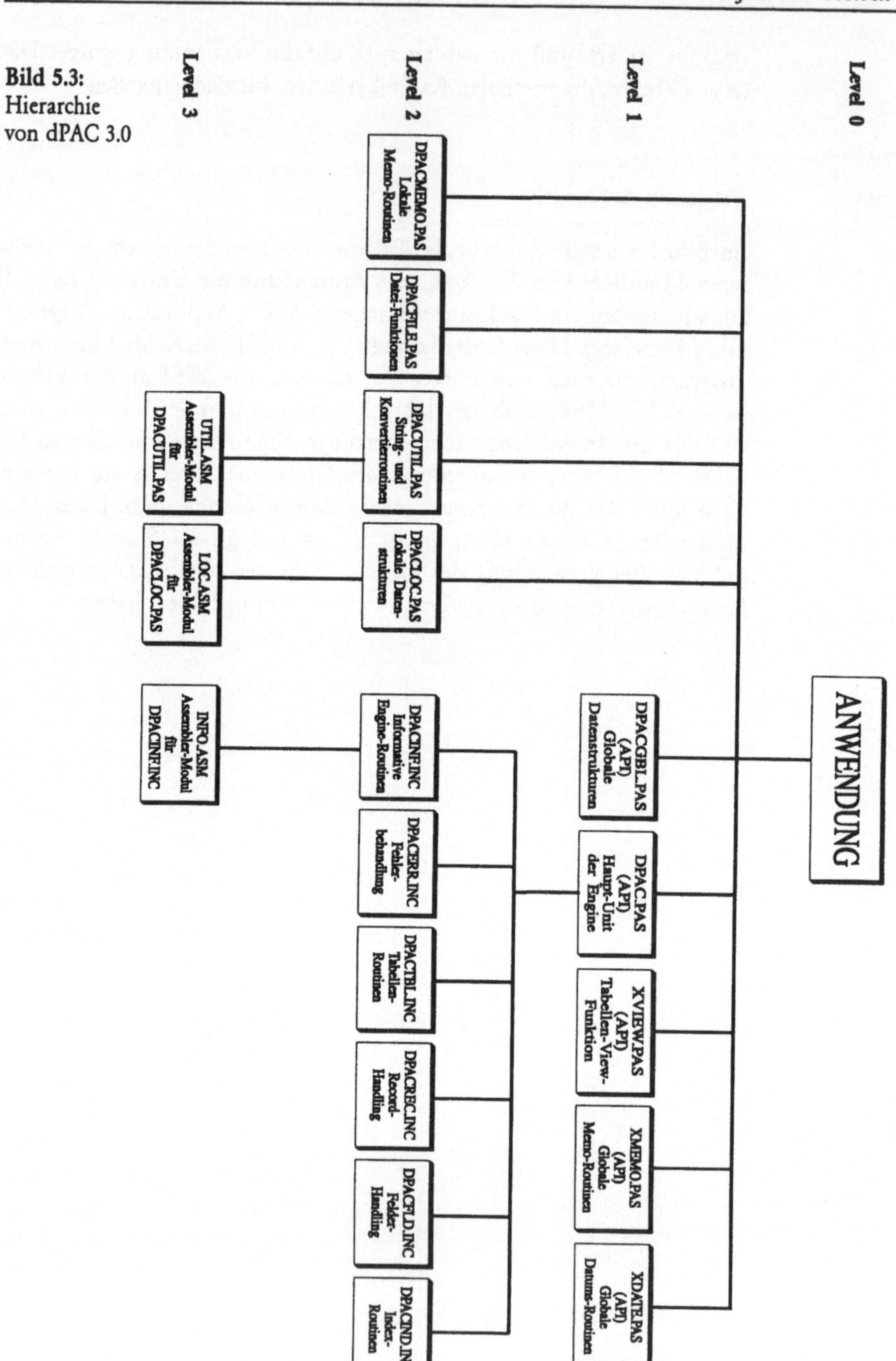

Weitere Units

Aus Gründen der Übersichtlichkeit sind folgende Units nicht in das Bild 5.3 mit aufgenommen:

Die Units *TED*, *WINDOWS*, *DYNSTR* und *READCHR*, *BTREES1* (aus [7]) und *MREAD* (aus [10]). Es sind Original-Units aus der angegebenen Literatur, die zum Teil leicht modifiziert wurden. Eine genaue Beschreibung dieser Units ist dort nachzulesen. *TED* und *WINDOWS*, die ihrerseits die beiden Units *DYNSTR* und *READCHR* mit aufnehmen, werden in *XMEMO* im Implementation-Teil mit eingebunden. Benutzt wird aus *TED* die Prozedur *EditText* (der Texteditor) und aus *WINDOWS* die Prozeduren *OpenWindowFrame*, *OpenWindow* und *CloseWindow*. Die Datenstruktur *TextListe* aus der Unit *TED* - eine doppelt verkettete Liste - wurde in der Unit *DPACGBL* als *MmoList* eingeführt. *MmoList* ist strukturgemäß identisch mit *TextListe*, jedoch besitzt sie andere Feldbezeichner. Benötigt wird *MmoList* für das Einlesen von Memotexten in eine Liste, die dann der Prozedur *EditText* weitergegeben wird. Die Definition von *MmoList* ist dem Kapitel 5.2 zu entnehmen. Die Unit *MREAD* wurde anstatt der Unit Crt in *READCHR* aufgenommen, damit bei den verwendeten Tastaturfunktionen eine Mausbedienung eingeschlossen ist (z.B. beim Memoeditor).

5.3.1 Utilities für den Programmierer

Eine Engine wie *dPAC* kommt natürlich auch nicht ohne die „nützlichen" Funktionen und Prozeduren aus, die aufgrund ihrer Einfachheit und Kompaktheit universell im Programm eingesetzt werden. Die Rede ist von „Utilities", die gerade weil sie so nützlich sind, bei der Engine in Units zusammengepackt wurden. Damit haben Sie die Möglichkeit diese Routinen auch in eigenen Programmen zu verwenden. Hauptsächlich handelt es sich bei den Utilities um Datei-, String- und Konvertier-Routinen, die auf die zwei Units *DPACFILE* und *DPACUTIL* verteilt sind.

Da die Units eigentlich lokal sind, also nicht für ein anderes Programm bestimmt, wird bei den Routinen teilweise keine Prüfung der übergebenen Parameter vorgenommen. Beachten Sie unbedingt bei Verwendung einer Funktion oder Prozedur aus den lokalen Units, daß die Engine zuvor im Programm mit *DBInit* initialisiert wurde.

Damit ist zumindest sichergestellt, daß für die internen Strukturen der vorgesehene Speicherplatz reserviert ist. Eine Kurzbeschreibung zu jeder Routine entnehmen Sie bitte dem Listing. Um für die schnelle Verwendung einer Routine ihre Syntax parat zu haben, sind nachfolgend die Interface-Teile der beiden genannten Units abgedruckt.

Benötigen Sie in Ihrer Anwendung eine Datei-Behandlung außerhalb der Arbeit mit den dBASE-Tabellen, so empfiehlt es sich sogar, dafür die Routinen aus der Unit *DPACFILE* zu benutzen, z.B:

Öffnen und Schließen von Dateien mit *DoText* bzw. *DoFile*, Fehlerkontrolle nach einer Dateioperation mit *GetIOErr*, Lesen und Schreiben aus bzw. in Dateien mit *FRead* bzw. *FWrite*, etc.

Mögliche Diskettenfehler werden erkannt und an den globalen Teil der Engine weitergegeben. Außerdem liefert die Funktion *DBOpenFiles* beim Öffnen der Dateien mit *DoText* oder *DoFile* die richtige (tatsächliche) Anzahl der offenen Dateien.

Die exportierten Routinen der Unit *DPACFILE*:

```
FUNCTION  GetIOErr: Integer;
FUNCTION  CheckWr(drive: Str2): Integer;
FUNCTION  EnoughSpace(drive: Char; need: LongInt): Boolean;
FUNCTION  DelFile(fname: TblStr): Boolean;
FUNCTION  RenFile(Oldname,NewName : TblStr): Boolean;
FUNCTION  FillFile(VAR F: FILE; sz: Word): LongInt;
FUNCTION  FileExist(fname: TblStr): Boolean;
FUNCTION  FileName(VAR F): TblStr;
FUNCTION  FileState(VAR F): Byte;
FUNCTION  FileCopy(FFrom,FTo: TblStr): Boolean;
FUNCTION  DoFile(VAR F:FILE; fname: TblStr; fm: FileIOT): Boolean;
FUNCTION  DoText(VAR F:Text; fname: TblStr; fm: FileIOT): Boolean;
FUNCTION  FSeek(VAR F: FILE; _pos : LongInt): Boolean;
FUNCTION  FRead(VAR F: FILE; VAR v; count : Word): Boolean;
FUNCTION  FWrite(VAR F: FILE; VAR v; count : Word): Boolean;
PROCEDURE FlushBuffers;
```

In der Unit *DPACUTIL* finden Sie zahlreiche Konvertier- und String-Routinen, die zum Teil in Assembler implementiert sind, z.B.:

String-Vergleich mit Berücksichtigung der deutschen Umlaute (*StrCmp* und *StrCmpI*), Umwandeln eines Strings in Großbuchstaben (*Upper*), Leerzeichen bei einer Zeichenkette links, rechts oder beidseitig entfernen (*LTrim*, *RTrim* oder *BTrim*), usw.

Für Datenbank-Anwendungen ist vor allem die Routine *Soundex* interessant, die aus einem übergebenen String einen Kode bildet, der zur phonetischen Suche dienen kann. Näheres über die Generierung und Verwendung dieses Soundex-Kodes erfahren Sie im Glossar.

Funktionen und Prozeduren dieser Unit geben mögliche Fehler auch an den globalen Teil der Engine weiter.

Die exportierten Routinen der Unit *DPACUTIL*:

```
FUNCTION  StrCmp (Str1,Str2 : String; p: Byte): Integer;
FUNCTION  StrCmpI(Str1,Str2 : String; p: Byte): Integer;
FUNCTION  Replicate(len: Byte; c: Char): String;
FUNCTION  Space(len: Byte): String;
FUNCTION  PrintStatus(LPT: LptT): Boolean;
FUNCTION  ByteToStr(n,fm,zero: Byte):String;
FUNCTION  IntToStr(n: Integer; fm,zero: Byte):String;
FUNCTION  LongToStr(n: LongInt; fm,zero: Byte):String;
FUNCTION  StrToByte(st: String): Byte;
FUNCTION  StrToInt(st: String): Integer;
FUNCTION  StrToLong(st: String): LongInt;
FUNCTION  StrToReal(st: String): Real;
FUNCTION  GetPath(S: String): DirStr;
FUNCTION  GetName(S: String): NameStr;
FUNCTION  GetExt(S: String): ExtStr;
FUNCTION  GetFullName(S: String): TblStr;
FUNCTION  NewExt(S: String; Ext: ExtStr): TblStr;
FUNCTION  ForceExt(TblName: TblStr; Ext: ExtStr): TblStr;
FUNCTION  Leap_Year(Year: Word): Boolean;
FUNCTION  ImpandDate(date: Str10): Str8;
FUNCTION  ExpandDate(date: Str8): Str10;
FUNCTION  CheckDateS(Dstr: Str8): Boolean;
FUNCTION  CheckDateD(Date: DateTime): Boolean;
FUNCTION  GetZStr(Zname: String): String;
FUNCTION  LTrim(QStr: String; c: Char): String;
FUNCTION  RTrim(QStr: String; c: Char): String;
FUNCTION  BTrim(QStr: String; c: Char): String;
FUNCTION  Upper(QStr: String): String;
FUNCTION  SelNumStr(QStr:String; c: Char; max: Byte): String;
FUNCTION  StrCRepl(QStr: String; c,r: Char; len: Byte): String;
FUNCTION  StrSearch(VAR buf; Str1: String; count: Word): Word;
FUNCTION  Soundex(QStr:String): Str4;
FUNCTION  IsTblUsed(TblName: TblStr): Boolean;
FUNCTION  TblStruCmp(TblHdle1,TblHdle2: Byte): Integer;
FUNCTION  TblType: VersT;
FUNCTION  ToHex(VAR No; Bytelen: Byte): String;
FUNCTION  IsFldName(VAR fname: String; German: Boolean): Boolean;
FUNCTION  MinL(l1,l2: LongInt): LongInt;
FUNCTION  MaxL(l1,l2: LongInt): LongInt;
PROCEDURE ConvLen(ftyp: Char;Vers4: Boolean; from: Str8; VAR len,Dec: Byte);
PROCEDURE ScrollWindow(Direction: ScrollT; xgap,ygap: Byte);
```

5.3.2 Aufbau der Verwaltung

Das folgende Bild soll den Aufbau der Engine-Verwaltung verdeutlichen. Es sind nur die wichtigsten Verwaltungs-Elemente angegeben. Eine vollständige Deklaration und Erläuterungen zu den gezeigten Datenstrukturen sind dem Unterkapitel 5.2 zu entnehmen.

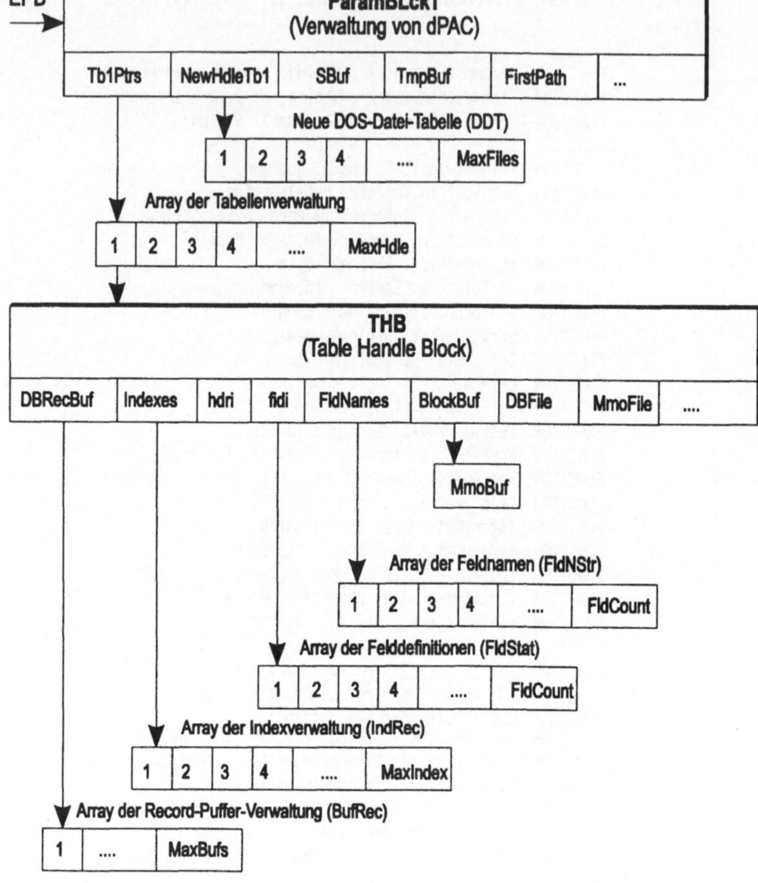

Bild 5.4: Aufbau der Verwaltung von dPAC 3.0

Die Engine *dPAC* ist zum größten Teil dynamisch aufgebaut, d.h. es wird erst zur Laufzeit für die Variablen des Programms Speicherplatz angefordert. Der Vorteil dieses Verfahrens liegt darin, daß das Datensegment wenig belastet wird (zwischen einem und drei KByte, abhängig von den verwendeten Datenstrukturen) und für die Verwaltung von Tabellen nur der Platz angefordert wird, der auch tatsächlich benötigt wird. Nachteile sind die Initialisierung einer Verwaltung und Probleme beim Anfordern von Speicherplatz bei Speichermangel.

Erst nach einer Initialisierung sind die Routinen von dPAC einsatzbereit bzw. erst dann können dBASE-Tabellen bearbeitet werden. Für diese Initialisierung ist die Prozedur *DBInit* verantwortlich. Sie ruft ihrerseits die Prozedur *InitEPB* auf, die für den Engine-Parameter-Block *EPB* Speicherplatz reserviert. *EPB* ist ein Zeiger auf die Struktur *ParamBlckT*, deren Elemente durch *InitEPB* initialisiert werden. Das Pendant zu *DBInit* ist die Prozedur *DBExit*, die eine Initialisierung wieder rückgängig macht und dazu die Prozedur *DispEBP* aufruft.

Insgesamt kann die Engine in verschiedenen Modi betrieben werden (siehe auch Kapitel 4.2), die vor oder während des Engine-Betriebs aktiviert bzw. deaktiviert werden. Abhängig vom Modus *M_EXPNDHANDLE* erfolgt bei der Initialisierung eine Erweiterung der DDT (siehe Bild). Eine neue DDT wird im *EPB* verwaltet, ist über den Zeiger *NewHdleTbl* erreichbar und kann (voreingestellt) *MaxFiles* Einträge aufnehmen (1..64).

Die Verwaltung der Tabellen geschieht in einem Array, dessen Adresse im Zeiger *TblPtrs* gespeichert ist. Das Array kann *MaxHdle* (Default 16) Einträge aufnehmen. Jeder Eintrag besteht wiederum aus einem Zeiger, der auf eine Variable des Typs *THB* (Tabellen-Handle-Block) zeigt. Nach der Initialisierung besitzen alle Einträge den Wert NIL (Not In List) und sind zur Belegung frei.

Wird nun eine neue Tabelle geöffnet, so gibt die Funktion *DBTblOpen* ein Handle zurück, das einer Nummer im Array *TblPtrs*^ entspricht. Mit Hilfe von Handles kann ein schnellerer Zugriff auf die entsprechende Tabelle und deren Verwaltungsdaten erfolgen, als dies z.B. durch Angabe des Tabellennamens der Fall wäre. Handles werden auch bei Indexen, Records, Record-Zwischen-Puffern und Feldern benutzt. Sie geben immer die Nummer (sozusagen die Adresse) des jeweiligen Objekts an.

Die Funktion *DBTblOpen* reserviert Speicherplatz für den Tabellen-Eintrag (d.h. der entsprechende Eintrag besitzt nicht mehr den Wert NIL), öffnet die Datendatei (*DBFile*) und gegebenenfalls die zugehörige Memodatei (*MmoFile*) und initialisiert die Struktur-Elemente mit den Tabellen-Daten.

Ein Record-Zwischen-Puffer für die Speicherung eines Records wird auch mit *DBTblOpen* angelegt. Für jede Tabelle können mehrere solcher Puffer angelegt werden; erreichbar über den Zeiger *DBRecBuf*, einem Array von Puffer-Strukturen. Das Array besitzt *MaxBufs* (Default 4) Elemente, die vom Typ *BufRec* sind. Die Verwaltung der Puffer erfolgt ebenso wie die der Tabellen. Der mit der Funktion *DBTblOpen* angelegte Puffer ist der erste und erhält somit das Handle 1.

Durch die Tatsache, daß mehrere Tabellen bzw. mehrere Record-Zwischen-Puffer pro Tabelle offen sein können und aktuell immer mit einer Tabelle oder einem Puffer gearbeitet wird, erfolgte die Einführung von Arbeitsbereichen. Tabellen-Routinen beziehen sich, soweit ohne Angabe eines Handles, immer auf den aktuellen Arbeitsbereich bzw. auf die aktuelle Tabelle. Ebenso beziehen sich Operationen mit dem Record-Zwischen-Puffer auf den aktuellen Puffer der jeweiligen Tabelle. Im Gegensatz zum aktuellen Arbeitsbereich, der in der Variablen *ActArea* (Unit *DPACLOC*) vermerkt und nur einmal vorhanden ist, gibt es für jede offene Tabelle einen aktuellen Puffer (gespeichert in *actbuf* im *THB* der jeweiligen Tabelle). Zusätzlich gibt es für jede offene Tabelle einen aktuellen Record, d.h. die Nummer des Records, der gerade in Bearbeitung ist (gespeichert in *actrec* im *THB*).

Beim Öffnen einer Tabelle wird diese zum aktuellen Arbeitsbereich bzw. zur aktuellen Tabelle (Zugriff über *EPB^.TblPtrs^[ActArea]^*) und ihr neu angelegter Record-Zwischen-Puffer zum aktuellen Puffer der Tabelle. Sind mehrere offene Tabellen oder Record-Zwischen-Puffer vorhanden, kann mit Hilfe von Selektierfunktionen die aktuelle Tabelle oder der aktuelle Puffer ausgewählt werden: *DBTblSelect* speichert in *ActArea* die Nummer des aktuellen Arbeitsbereichs und *DBRecBufSelect* vermerkt im *THB* (Variable *actbuf*) der aktuellen Tabelle das Handle des aktuellen Record-Zwischen-Puffers.

Wie beim nachträglichen Öffnen der Record-Zwischen-Puffer, können auch Indexe zur Tabelle mit *DBIndOpen* oder *DBIndCreate* geöffnet werden. Ihre Verwaltung geschieht ebenfalls in einem Array (*Indexes*), das *MaxIndex* (Default 7) Elemente enthält, die wiederum Zeiger auf die Strukturen *IndRec* sind. Bei mehreren offenen Indexen kann der Primärindex mit *DBIndSelect* ausgewählt werden, wobei dann das Handle des Indexes in *actind* im *THB* der jeweiligen Tabelle gespeichert wird.

Besitzt die Tabelle mindestens ein Memofeld, so öffnet *DBTblOpen* auch die zugehörige Memodatei (nur im Modus *M_WITHMMOCHCK*; siehe Kapitel 4.2) und initialisiert den Memo-Puffer über die Zeiger-Variable *BlockBuf* im *THB*.

BlockBuf zeigt auf eine Struktur vom Typ *MmoBuf* und dient zur Verwaltung des Memotextes, der aus der Memodatei gelesen bzw. geschrieben wird (siehe auch Kapitel 5.2). Pro Tabelle wird nur ein Memo-Puffer angelegt, in dem über eine doppelt verkettete Liste vom Typ *MmoList* der Text eines Memofeldes gespeichert ist.

Dieser Puffer ist, im Gegensatz zu dem Record-Zwischen-Puffer einer Tabelle, ein dynamischer Puffer, da der Speicherplatz je nach Größe des Textes angefordert wird und sich so die Puffergröße ändern kann.

Zu den Informationen einer Tabelle gehören auch die Tabellen- und die Feld-Statistik (siehe auch Kapitel 5.2). Beim Einlesen einer Tabelle wird die Tabellen-Statistik in *hdri*, einer Variablen der Struktur *TblStat*, gespeichert. Die Feldbeschreibungen bzw. die Statistiken für jedes Feld sind über den Zeiger *fldi* erreichbar. *fldi* ist vom Typ *FldArrPtr* und zeigt auf ein Array, bei dem jedes Element eine Statistik darstellt und vom Typ *FldStat* ist. Das Array kann maximal *MaxFldV4* (Default 255) Feldstatistiken aufnehmen und ist somit für die Anzahl der Felder ausreichend, die in dBASE IV für eine Tabelle angelegt werden können. Die Feldnamen gehören eigentlich auch zur Feldstatistik. Sie werden jedoch, aufgrund ihrer speziellen Speicherung in der Feldbeschreibung, in dem gesonderten Array *FldNames* untergebracht. Feldnamen sind in der C-Schreibweise gespeichert (Abschluß eines Strings mit #0) und werden beim Einlesen der Tabelle in Pascal-Strings konvertiert. Dadurch können die Feldnamen besser verwaltet werden und bei Funktionen wie z.B. *DBFldName* erhöht sich die Durchlaufgeschwindigkeit.

Als Abschluß dieses Unterkapitels wollen wir noch die eingebaute HeapError-Routine erwähnen. Die Funktion trägt den Namen *HeapFunc* und ist in der Include-Datei *DPACERR.INC* zu finden. Sie wird immer aufgerufen, wenn bei einer Speicher-Anforderung nicht genügend Speicherplatz vorhanden war. Nach der Installation von *HeapFunc* (in Unit *DPAC* im Initialisierungsteil) liefern die beiden Turbo-Pascal-Routinen New und GetMem im Fehlerfall den Zeigerwert NIL zurück. *HeapFunc* setzt bei ihrem Aufruf die globale Fehlervariable *DBERROR* auf den Fehlerkode *E_RUNOUTOFHEAP* und gibt als Ergebnis 1 zurück.

Dieser spezielle Rückgabewert teilt Turbo-Pascal mit, das Programm fortzusetzen, anstatt es mit einem Laufzeitfehler abzubrechen. Im Fehlerfall kann bei einer Auswertung von *DBERROR* gegebenenfalls nicht mehr benötigter Speicher freigegeben und so das Programm ohne Halt fortgesetzt werden.

5.4 Erweitern der Toolbox

Einen Grund für die Erweiterung eines Programms findet man immer, sei es um neue Funktionen einzubauen oder aber um vorhandene zu optimieren bzw. zu ergänzen. Die Idee zu einer Erweiterung kommt meist im praktischen Umgang mit einem Programm; dort sieht man wo's wirklich „klemmt“.

Die Toolbox kann - wie jede andere Programmbibliothek auch - modifiziert werden. Da die Engine *dPAC* komplett im Sourcekode auf Diskette beiliegt, können Sie die Module an Ihre eigenen Bedürfnisse anpassen.

Dieses Kapitel stellt zusammen, was Sie bei einer Erweiterung nun beachten sollten. Es soll Ihnen nur eine Hilfe sein und keine Richtlinie oder gar zwingende Vorschrift.

5.4.1 Allgemeine Hinweise

Allgemein können einige Punkte zusammengefaßt werden, die es einzuhalten lohnt. Es sind zum Teil elementare Dinge, auf die Sie möglicherweise sowieso achten würden (und die bei einer strukturierten Programmierung unabläßlich sind). Um so mehr können Sie die folgende Aufzählung als eine Art Checkliste verwenden:

- ❑ Behalten Sie - falls möglich - die Trennung der Funktionen nach ihren Einsatzgebieten bei. Speichern Sie also Tabellen-Operationen in *DPACTBL.INC*, Felder-Operationen in *DPACFLD.INC* usw. Dadurch erhöht sich die Struktur-Übersicht und einzelne Routinen können leichter gefunden werden.
- ❑ Sollten Sie große Routinen implementieren, empfiehlt es sich, diese in eigene Units auszulagern und deren Initialisierung über die Engine zu machen (Beispiele dafür sind die Routinen der Units *XMEMO* und *XVIEW*). Dieses Vorgehen erniedrigt zum einen die Kompilierzeit und erhöht andererseits die Modularität.
- ❑ Verwenden Sie die Unit *DPACLOC* nur „lokal" für die Engine. Initialisierungen von lokalen Variablen sollten ebenfalls in dieser Unit stattfinden. Dadurch können Sie, z.B. bei Zeigern, die Möglichkeit einer Fehlzuweisung von außen auf ein Minimum verringern.
- ❑ Bleiben Sie (dem Datensegment zuliebe) der dynamischen Programmierung treu. Sollten Sie zusätzliche Zeigervariablen verwenden, achten Sie stets darauf, daß diese beim Programm-Start und bei Speicherfreigabe mit dem Wert *NIL* initialisiert werden. Eine Überprüfung solcher Variablen wird dadurch wesentlich einfacher.
- ❑ Zur Fehlerbehandlung von I/O-Operationen sollten Sie die Funktion *LocIOErr* aus der Unit *DPACLOC* verwenden und den Compiler-Schalter *{$I-}* im Quelltext stehen haben. Damit kön-

nen Sie mögliche I/O-Fehler bequem erkennen und mit Hilfe der globalen Fehlervariablen *DBERROR* auswerten.

- Da Pascal-Konstanten in Assembler-Objects nicht übernommen werden, enthält die Includedatei *GLOBAL.ASI* eine erneute Deklaration der nötigen Konstanten für die Assembler-Module. Änderungen an Konstanten der Unit *DPACGBL* wirken sich somit nicht direkt auf *GLOBAL.ASI* aus; die Datei muß von Ihnen manuell angepaßt werden.
- Verwenden Sie im Listing möglichst die Bezeichner von Konstanten und nicht deren Werte. Es ist zwar mehr Schreibarbeit, jedoch wird zum einen das Listing lesbarer und zum anderen wirkt sich eine Wertänderung an den Konstanten auch auf Ihre Änderungen aus.
- Bei der Implementation von Routinen, die während ihrer Ausführung oft auf den Tabellenbestand zugreifen, können Sie eine höhere Durchlaufzeit erreichen, indem Sie mehrere Records auf einmal in einen entsprechend großen Zwischenpuffer lesen. Häufige Diskettenzugriffe - die sehr zeitintensiv sind - werden somit vermieden. Ein Beispiel für diese Technik finden Sie in der Funktion *TblCopy* (Datei *DPACDIV.INC*).

5.4.2 Modifikation der globalen Größen

Die einfachste Art die Engine zu erweitern ist, die globalen Betriebsparameter zu verändern. Die folgenden Konstanten aus der Unit *DPACGBL* sind einige Beispiele dafür, mit denen Sie die Engine modifizieren können ohne die Programmstruktur verändern zu müssen. Sie sind - um es deutlich zu machen - schon auf die maximalen Werte eingestellt, die in der jetzigen Engine-Version möglich sind:

```
CONST
MaxFldV3        = 128;           { Max. Anz. Felder V. III  }
MaxFldV4        = 255;           { Max. Anz. Felder V. IV   }
MaxRecSize      = 65535;         { Max. Recordgröße         }

MaxBufs         = 255;           { - Max.Anz.Puffer/Tabelle }
MaxIndex        = 255;           { - Max.Anz.Indexe/Tabelle }
MaxHdle         = 255;           { - Max. Anz. off.Tabellen }
MaxFiles        = 255;           { - Max. Anz. off.Dateien  }
                                 {   Bereich: 0 < x < 256!! }
```

Beachten Sie dabei aber, daß momentan für die Handles von Feldern, Record-Zwischen-Puffern, Indexen und Tabellen jeweils nur der Datentyp „Byte“ verwendet wird. Durch diesen Umstand dürfen die oben aufgeführten Vorgaben keinen Wert einnehmen, der größer ist als 255 (!). Würden Sie z.B. den Datentyp der Feld-Handles auf „Word“ erweitern, könnten Sie eine maximale Anzahl von 3449 Feldern erreichen. Die Default-Werte von Feldern und Recordgröße sollten jedoch, wollen Sie dBASE-Komptibilität wahren, auf den eingestellten Werten bleiben. Die maximale Recordgröße in dBASE ist eben nur 4000 und nicht 65535 Bytes.

5.4.3 Verwenden von Kontrollmechanismen

Eine **„Standard-Kontrollroutine“**, die alle Fehler in einer Prozedur oder Funktion entdeckt und entsprechende Maßnahmen einleitet, wurde für die Engine nicht entwickelt. Erstens ist es nicht möglich, völlig fehlerfreie Software zu schreiben und zweitens wäre eine solche Kontrollroutine uneffizient, da sie auch Fälle prüfen würde, die nicht bei jedem Algorithmus einen Sinn ergeben.

Die vorhandenen Routinen der Engine befolgen jedoch - je nach Ort der Implementierung - bestimmte Regeln für die Kontrolle von Fehlern, Übergabeparametern, Variablen, etc. Im folgenden sind einige dieser Regeln zusammengestellt, die Sie beim Programmieren neuer Routinen nicht außer acht lassen sollten.

Nötige Kontrollen innerhalb der Engine-Umgebung sollten dem folgenden Schema nach vorgenommen werden, welches der Hierarchie der Variablen-Initialisierung folgt:

- ❑ Liegt kein Fehler vor?
- ❑ Ist die Engine installiert?
- ❑ Ist ein Arbeitsbereich eingerichtet bzw. gibt es eine offene Tabelle?
- ❑ Wurde ein gültiges Tabellen-Handle übergeben?
- ❑ Existiert der angegebene Record-Zwischen-Puffer?
- ❑ Liegt ein übergebenes Record-Handle im gültigen Bereich?
- ❑ Existiert das angegebene Feld?
- ❑ Gibt es einen offenen Index zur Tabelle, der über das angegebene Index-Handle erreicht werden kann?

Je nach Art der Routine, die Sie implementieren, kann der eine oder andere Punkt entfallen. Wenn Sie z.B. die Routine *LocCheckArea* verwenden, müssen Sie sich um die ersten drei Punkte nicht mehr kümmern.

Die Engine-Routinen sind also so aufgebaut, daß sie einen bestehenden Fehler nicht ignorieren, sondern diesen durchschleusen. Damit ist es möglich, beispielsweise erst nach dem Aufruf von zehn Funktionen eine Fehlerüberprüfung zu machen. Wenn Sie nicht gerade eine lokale Prüfroutine (siehe weiter unten) verwenden, sollte der äußere Block einer Funktion etwa folgendes Aussehen haben:

```
IF (DBERROR=DBSUCCESS) THEN BEGIN
  ...
END;
```

In diesem Fall wird eine Routine erst durchlaufen, wenn tatsächlich kein Fehler ansteht. Wollen Sie jedoch einen speziellen Fehler abfragen, sollten Sie am besten die dafür vorgesehenen Fehlerkonstanten verwenden:

```
IF (DBERROR=E_TBLCOMETOEOF) THEN ...
```

Die Überprüfung, ob die Engine schon installiert ist, kann mit der lokalen Variablen *Installed* erfolgen:

```
IF Installed THEN ...
```

In der nächsten Kontroll-Stufe muß der Arbeitsbereich getestet werden. Dazu gibt es die beiden - in Assembler implementierten - Routinen *LocIsArea* und *LocCheckArea*. Die zweite Routine unterscheidet sich von der ersten durch die zusätzliche Überprüfung eines vorhandenen Fehlers und wird sehr häufig eingesetzt. *LocIsArea* wurde hauptsächlich bei informativen Routinen verwendet.

```
IF LocIsArea THEN ...

IF LocCheckArea THEN WITH EPB^.TblPtrs[ActArea]^ DO ....
```

Wie sie in der zweiten Zeile sehen, kann der Zugriff auf die aktuelle Tabelle - ohne weitere Fehlerprüfung - direkt nach der Ausführung von *LocCheckArea* erfolgen.

An manchen Stellen ist es wichtig zu wissen, ob eine Tabelle bereits durch die Engine verwaltet wird. Hier können Sie, abhängig vom übergebenen Parameter, eine Kontrolle auf Handle oder Name der Tabelle vornehmen:

```
IF LocTblIsHdle(TblHdle) THEN WITH EPB^.TblPtrs[ActArea]^ DO ...

IF IsTblUsed(TblName) THEN WITH EPB^.TblPtrs[ActArea]^ DO ...
```

Soll zudem noch die Existenz einer Datei überprüft werden, oder der Status eines Datei-Handles (Pascal-Struktur *FILE* bzw. *TEXT*), leisten die beiden folgenden Routinen aus der Unit *DPACFILE* gute Dienste:

```
IF FileExist(TblName) THEN ...

IF (FileState(DBFile)>1) THEN .... { Datei geöffnet? }
```

Um den gültigen Record-Zwischen-Puffer über ein angegebenes Handle zu finden, bietet sich die Funktion *LocIsRecBufHdle* an, die auch gleichzeitig die Vorstufen der Kontroll-Hierarchie (siehe oben) mitbehandelt. Dasselbe gilt für die Prüfung eines Feld-Handles mit *LocIsFldHdle*:

```
IF LocIsRecBufHdle(BufHdle) THEN WITH EPB^.TblPtrs[ActArea]^ DO ...

IF LocIsFldHdle(FldHdle) THEN WITH EPB^.TblPtrs[ActArea]^ DO ...
```

Für die Bereichsüberprüfung eines Record-Handles gibt es keine fertige Funktion, da diese in zwei Zeilen abgehandelt ist. Eine Kontrolle des Handles *RecHdle*, bezogen auf die aktuelle Tabelle, könnte wie folgt aussehen:

```
IF LocCheckArea THEN WITH EPB^.TblPtrs[ActArea]^.hdri DO ....
 IF (RecHdle>records) THEN DBERROR:= E_TBLCOMETOEOF  { Über File-Ende     }
   ELSE IF (RecHdle<1) THEN DBERROR:= E_TBLCOMETOBOF;{ im Header-Bereich }
```

Die Existenz eines zur aktuellen Tabelle offenen Indexes, können Sie mit der Funktion *LocIndIsHdle* abfragen. Da ein Index ja nur geöffnet werden kann, wenn auch eine Tabelle geöffnet ist, beinhaltet diese Funktion den Aufruf der Routine *LocCheckArea*. Wollen Sie feststellen, ob ein Index mit dem Namen *IndName* bereits durch die Engine verwaltet wird, verwenden Sie dieselbe Routine, die auch für Tabellen benutzt wird:

```
IF LocIndIsHdle(IndHdle) THEN BEGIN
  WITH EPB^.TblPtrs[ActArea]^.Indexes[IndHdle]^ DO ...

END;
IF IsTblUsed(IndName) THEN WITH EPB^.TblPtrs[ActArea]^ DO ...
```

Zu den eher allgemeinen Dingen gehört die Überprüfung des Tabellen-Status *Status* und des Modusworts *DBMODE*. Auch hierzu gibt es vordefinierte Konstanten, die unter anderem zu einem besser lesbaren Listing beitragen:

```
IF (Status AND S_WRITEISOK = S_WRITEISOK) THEN ...

IF (DBMODE AND M_SHOWMESSAGE = M_SHOWMESSAGE) THEN...{ Anzeigen ? }
```

Zum Schluß möchte ich Sie noch auf die Listings der Engine-Module und der Bonusprogramme hinweisen. Dort finden Sie bestimmt einige Anregungen für Ihre Routinen. Stoff für Erweiterungen gibt es genug; um nur einige zu nennen: eine Import-Routine für Records aus Delimited-Dateien, eine schnelle Append-Funktion im Stil von *DBTblCopy*, eine noch schnellere Sortierfunktion etc.

Ein gutes Beispiel für die Aufnahme einer neuen Routine ist z.B. die Funktion *DBRecExport* in der Datei *EXPORT.PAS*, die alle Records einer Tabelle exportiert.

Sollten Sie für eine neue Funktion oder Prozedur bereits vorhandene Engine-Routinen verwenden, so finden Sie im nächsten Kapitel den Referenzteil, der alle exportierten Routinen beschreibt.

6 Verzeichnis der Toolbox-Routinen

Dieses Kapitel soll Ihnen als Benutzer-Referenz für die dBASE-Engine *dPAC* dienen. Es enthält eine alphabetische Liste aller Routinen, die von der Engine bzw. der Toolbox in den Units *DPAC*, *XDATE*, *XMEMO* und *XVIEW* zur Verfügung gestellt werden. Die Funktionen und Prozeduren, die hier aufgeführt sind, werden von diesen Units exportiert und sind in deren *Interface*-Teil deklariert. Wie die Routinen beschrieben werden, ist dem nachstehenden Beispiel zu entnehmen. Teilweise wird allerdings, je nach Typ der Routine, auf Punkte der Beschreibung verzichtet.

Name der Routine	*Dateiname*

Funktion	Kurze Erläuterung der Funktionsweise der Routine
Syntax	Deklaration der Routine in *DPAC, XDATE, XMEMO* oder *XVIEW*.
Parameter	Bedeutung der Aufrufparameter dieser Routine
Erläuterung	Beschreibt die Arbeitsweise der Routine
Hinweise	Allgemeine Hinweise, Einschränkungen, Fehler usw.
Querverweis	auf Routinen (oder Gruppen von Routinen), die in direktem oder indirektem Zusammenhang mit der Routine stehen.
Beispiel	Kurzes Programmbeispiel, das den Einsatz der Routine zeigt. Der Name der Beispieldatei ist hinter dem Bezeichner *PROGRAM* aufgeführt und trägt auf Diskette die Endung „ .PAS “. Teilweise wird in den Beispielen die Tabelle „TEST.DBF“ oder „DEMO.DBF“ benutzt. Die Generierung und die Beschreibung der einzelnen Felder ist dem Beispielprogramm zu der Funktion *DBTblCreate* zu entnehmen.

Der Name der Datei, in der die jeweilige Routine implementiert ist, steht rechts neben dem Namen der Routine. Ist dort eine Pascal-Datei (Extension „ *.PAS* “) aufgeführt, so ist diese Routine direkt in einer der Units zu finden oder wird zumindest von dort aufgerufen. Steht bei „Dateiname“ die Endung „ *.INC* “, befindet sich die Routine in einer Include-Datei, die von der Unit *DPAC* mit eingebunden wird. Angegebene Fehlerkürzel sind im Anhang C „Liste der Fehlermeldungen“ nachzuschlagen.

Es sei hier auch auf den Anhang E hingewiesen, in dem eine Schnell-Referenz der Engine-Routinen zusammengestellt ist. Sie dient der schnellen Übersicht vorhandener Routinen und enthält auch einen Seitenverweis auf die Beschreibung der jeweiligen Routine im diesem Kapitel.

DBActArea — *DPACINF.INC*

Funktion
Gibt das Handle des aktuellen Arbeitsbereichs zurück.

Syntax
FUNCTION *DBActArea: Byte;*

Erläuterung
Für jede mit *DBTblOpen* geöffnete Tabelle wird ein eigener Arbeitsbereich reserviert, der bei mehreren offenen Tabellen mit *DBTblSelect* gewechselt werden kann. *DBActArea* gibt das „Handle“ des aktuell selektierten Arbeitsbereichs als Byte zurück. Dieses entspricht gleichzeitig dem Handle der aktuellen Tabelle und ist eine Zahl im Bereich 0.. *MaxHdle* (0=kein Arbeitsbereich eingerichtet).

Querverweis
DBActBuf, DBActRec, DBTblOpen, DBTblSelect, DBActInd

Beispiel

```
PROGRAM ACTAREA{.PAS};

USES DPACGBL,DPAC;
VAR TblHdle: Byte;
BEGIN
 DBInit; { Engine aktivieren }
 IF DBTblOpen(TblHdle,'TEST') THEN BEGIN
  WriteLn('Aktueller Arbeitsbereich ist ',DBActArea);
  { Ergebnis ist 1 }
 END;
END. { OF PROGRAM }
```

DBActBuf — *DPACINF.INC*

Funktion
Gibt das Handle des aktuellen Record-Zwischen-Puffers zurück.

Syntax
FUNCTION *DBActBuf: Byte;*

Erläuterung
DBActBuf bezieht sich auf die aktuelle Tabelle und den aktuellen Record-Zwischen-Puffer. Die Funktion liefert bei erfolgreicher Ausführung eine Zahl zwischen 1 und *MaxBufs* (max. Anzahl verfügbarer Record-Zwischen-Puffer pro Tabelle).

Hinweise

Der Aufruf von *DBActBuf* direkt nach dem Öffnen einer Tabelle liefert immer 1 als Ergebnis, da der erste Record-Zwischen-Puffer automatisch mit *DBTblOpen* angelegt wird.

Ist die Engine-Umgebung noch nicht initialisiert oder wurde noch kein Arbeitsbereich eingerichtet, gibt die Funktion die Zahl 0 zurück und setzt die globale Fehlervariable *DBERROR* auf den Fehlerkode *E_NOTIN-STALLED* bzw. *E_WRONGWKGAREA*.

Querverweis

DBRecBuf..., DBActArea, DBActRec, DBActInd

Beispiel

```
PROGRAM ACTBUF{.PAS};
USES DPACGBL,DPAC;
VAR TblHdle,BufHdle: Byte;
BEGIN
 DBInit; { Engine aktivieren }
 IF DBTblOpen(TblHdle,'TEST') THEN BEGIN
  WriteLn('Aktueller Pufferbereich ist ',DBActBuf);
  { Ergebnis ist 1 }
  IF DBRecBufOpen(BufHdle) THEN
   WriteLn('Aktueller Pufferbereich ist ',DBActBuf);
   { Ergebnis ist 2 }
 END;
END. { OF PROGRAM }
```

DBActInd — *DPACINF.INC*

Funktion

Gibt das Handle des aktuellen Primärindex zurück.

Syntax

FUNCTION *DBActInd: Byte;*

Erläuterung

DBActInd gibt das Handle des Indexes zurück, der in der aktuellen Tabelle gerade als Primärindex ausgewählt ist. Bei erfolgreicher Ausführung ist dies eine Zahl zwischen 0 und *MaxIndex* (max. Anzahl verfügbarer Indexdateien pro Tabelle). Die Zahl 0 wird zurückgegeben, wenn kein Index für die Tabelle aktiv ist, bzw. mit der Anweisung *DBIndSelect(0)* auf unsortierte Reihenfolge umgeschaltet wurde.

Hinweise

Ist die Engine-Umgebung noch nicht initialisiert, oder wurde noch kein Arbeitsbereich eingerichtet, gibt die Funktion die Zahl 0 zurück und setzt die globale Fehlervariable *DBERROR* auf den Fehlerkode *E_NOTINSTALLED* bzw. *E_WRONGWKGAREA*.

Querverweis *DBInd..., DBActArea, DBActBuf, DBActRec, DBIndCount, DBIndSelect*

Beispiel

```
PROGRAM ACTIND{.PAS};
USES DPACGBL,DPAC;
VAR TblHdle: Byte;
    IndHdle: Byte;


{$F+}  { Wichtig! als FAR kodiert }
FUNCTION MakeKey: KeyStr;
 VAR S: String;
 BEGIN
  { Erstes Feld ist Schlüsselausdruck }
  DBERROR:= DBFldGetASCII(1,S); MakeKey:= S;
 END;
{$F-}


BEGIN
 DBInit;     { Engine aktivieren }
 { Tabelle TEST.DBF öffnen... }
 IF NOT DBTblOpen(TblHdle,'TEST') THEN DBErrMsg;

 { So kann überprüft werden, ob schon ein Index geöffnet ist }
 IF (DBActInd=0) THEN
  WriteLn('Für Tabelle «TEST» ist keine Indexdatei geöffnet.');

 { ... Indexdatei erstellen/öffnen }
 IF NOT DBIndCreate(IndHdle,'TEST',MakeKey) THEN DBErrMsg;
 WriteLn('Nach DBIndCreate ist das aktuelle Index-Handle ',
         DBActInd); { Ergebnis ist 1 }
END. { OF PROGRAM }
```

DBActRec *DPACINF.INC*

Funktion
Gibt das Handle des aktuellen Records zurück.

Syntax
FUNCTION *DBActRec: LongInt;*

Erläuterung
DBActRec gibt bei erfolgreicher Ausführung das Handle des Records zurück, der in der aktuellen Tabelle gerade in Bearbeitung ist, bzw. auf dem der Recordzeiger in der Datendatei steht. Die zurückgegebene Zahl entspricht somit der Recordnummer in der dBASE-Datendatei.

Hinweise
Ist die Engine-Umgebung noch nicht initialisiert oder wurde noch kein Arbeitsbereich eingerichtet, gibt die Funktion den Wert -1 zurück und setzt die globale Fehlervariable *DBERROR* auf den Fehlerkode *E_NOTINSTALLED* bzw. *E_WRONGWKGAREA*.

Querverweis
DBRec..., DBActArea, DBActBuf, DBActInd

Beispiel

```
PROGRAM ACTREC{.PAS};
USES DPACGBL,DPAC;
VAR TblHdle: Byte;
BEGIN
 DBInit; { Engine aktivieren }
 IF DBTblOpen(TblHdle,'TEST') THEN BEGIN
  DBRecLast; WriteLn('Letzter Record ist ',DBActRec);
 END;
END. { OF PROGRAM}
```

DBAlreadyInit *DPACINF.INC*

Funktion
Stellt fest, ob die Engine-Umgebung bereits initialisiert wurde.

Syntax
FUNCTION *DBAlreadyInit: Boolean;*

Erläuterung
Mit *DBAlreadyInit* kann überprüft werden, ob die Umgebung für die Engine ordnungsgemäß mit *DBInit* initialisiert wurde. Sie gibt den Wert *TRUE* zurück, wenn die Initialisierung erfolgreich war, und *FALSE*, sollte die Umgebung noch nicht initialisiert sein.

Beispiel

```
PROGRAM INITOK{.PAS};
USES DPACGBL,DPAC;
VAR TblHdle: Byte;
BEGIN
 DBInit; { Engine aktivieren }
 IF DBAlreadyInit THEN BEGIN { Prüfen, ob Initialisierung O.K. }
  Writeln('Engine ist initialisiert ');
  IF DBTblOpen(TblHdle,'TEST') THEN
  {...};
 END ELSE Writeln('Engine ist nicht initialisiert ');
END. { OF PROGRAM }
```

DBAreaCount DPACINF.INC

Funktion Ermittelt die Anzahl der aktiven Arbeitsbereiche.

Syntax FUNCTION *DBAreaCount: Byte;*

Erläuterung Jeder mit *DBTblOpen* geöffneten Tabelle ist ein eigener Arbeitsbereich zugeteilt. Diese Funktion gibt die Anzahl der bereits eröffneten Arbeitsbereiche zurück und ist daher gleich der Anzahl offener Tabellen. Die Zahl kann zwischen 0 (kein Arbeitsbereich) und *MaxHdle* (max. Anzahl verfügbarer Arbeitsbereiche) liegen.

Hinweise Die Funktion führt keine Fehlerbehandlung durch. Der Rückgabewert von *DBAreaCount* muß nicht unbedingt der Anzahl geöffneter Dateien entsprechen. Ist z.B. das Öffnen der Tabelle mit dem Öffnen einer Memodatei verbunden, dann werden zwei Dateien geöffnet, für diese aber nur ein Arbeitsbereich eingerichtet.

Querverweis *DBBufCount, DBTblOpen, DBActArea.*

Beispiel

```
PROGRAM NUMAREA{.PAS};
USES DPACGBL,DPAC;
VAR TblHdle: BYTE;
BEGIN
 DBInit; { Engine aktivieren }
 IF DBTblOpen(TblHdle,'TEST ') THEN BEGIN
  WriteLn('Die Anzahl der verfügbaren Arbeitsbereiche ist ',
          DBAreaCount);
 END;
END. { OF PROGRAM }
```

DBBOF *DPACINF.INC*

Funktion

Stellt fest, ob beim Positionieren der Tabellenanfang erreicht wurde.

Syntax

FUNCTION *DBBOF: Boolean;*

Erläuterung

Die Funktion *DBBOF* bezieht sich auf die aktuelle Tabelle. Sie gibt immer dann den Wert *TRUE* zurück, wenn mit einer der Positionierfunktionen *DBRecPrev*, *DBRecSkip* oder *DBRecGoto* versucht wurde, den Recordzeiger vor den ersten logischen Record (bei unsortierter Reihenfolge vor den Recordbereich) der Tabelle zu positionieren. Dabei kommt es zum Fehler *E_TBLCOMETOBOF*, der von der Funktion ausgewertet wird.

Hinweise

Steht der Fehler *E_TBLCOMETOBOF* an, dann setzt die Funktion die globale Fehlervariable *DBERROR* auf den Wert *DBSUCCESS* (kein Fehler) zurück.
Ist keine Tabelle offen, gibt die Funktion den Wert *FALSE* zurück.

Querverweis

DBEOF, DBRecPrev, DBRecSkip, DBRecGoto

Beispiel

```
PROGRAM BOFILE{.PAS};
USES DPACGBL,DPAC;
VAR TblHdle: Byte;
BEGIN
 DBInit; { Engine aktivieren }
 IF DBTblOpen(TblHdle,'TEST') THEN DBRecLast;
 { Tabelle von hinten her durchlaufen }
  WHILE NOT DBBOF AND (DBERROR=DBSUCCESS) DO BEGIN
   {...}
   DBRecPrev; { einen Record zurück }
   IF (DBERROR=E_TBLCOMETOBOF) THEN
     WriteLn('Tabellen-Anfang erreicht.');
  END;
END. { OF PROGRAM }
```

DBBufCount *DPACINF.INC*

Funktion

Ermittelt die Anzahl der aktiven Record-Zwischen-Puffer der aktuellen Tabelle.

Syntax FUNCTION *DBBufCount: Byte;*

Erläuterung Die Funktion *DBBufCount* bezieht sich auf die aktuelle Tabelle. Sie liefert bei erfolgreicher Ausführung die Anzahl der für diesen Arbeitsbereich angelegten Record-Zwischen-Puffer. Diese kann zwischen 0 (kein Arbeitsbereich aktiv) und *MaxBufs* (max. Anzahl verfügbarer Record-Zwischen-Puffer pro Tabelle) liegen.

Hinweise Ist die Engine-Umgebung noch nicht initialisiert oder wurde noch kein Arbeitsbereich eingerichtet, gibt die Funktion den Wert 0 zurück und setzt die globale Fehlervariable *DBERROR* auf den Fehlerkode *E_NOTINSTALLED* bzw. *E_WRONGWKGAREA*.

Querverweis *DBRecBuf..., DBRecBufOpen, DBAreaCount*

Beispiel

```
PROGRAM BUFCOUNT{.PAS};
USES DPACGBL,DPAC;
VAR TblHdle,BufHdle: Byte;
BEGIN
 DBInit; { Engine aktivieren }
 IF DBTblOpen(TblHdle,'TEST') THEN BEGIN
  IF DBRecBufOpen(BufHdle) THEN
   WriteLn('Anzahl angelegter Puffer ist ',DBBufCount);
   { Ergebnis ist 2 }
 END;
END. { OF PROGRAM }
```

DBClrMode DPAC.PAS

Funktion Löscht im Moduswort *DBMODE* den oder die übergebenen Schalter.

Syntax PROCEDURE *DBClrMode (switch: word);*

Parameter *switch* ist die Wertigkeit des Bits, das in *DBMODE* gelöscht werden soll.

Erläuterung *DBClrMode* wirkt direkt auf das Moduswort *DBMODE*, mit dem der Programmodus der Engine eingestellt werden kann. Das Bit mit der Wertigkeit *switch* wird gelöscht. Die einzelnen Modi sind in Kapitel 4.2 erklärt.

Hinweise Manipulationen am Moduswort können jederzeit vorgenommen werden und unterliegen keiner Initialisierung der Engine. Für die übergebenen

Schalter (Bitwerte) sollte man die Konstanten aus der Unit *DPACGBL* verwenden (siehe Kapitel 4.2). Für das Löschen mehrerer Schalter sind die Konstanten einfach mit dem „+" - Zeichen zu verknüpfen.

Querverweis *DBSetMode, DBTestMode*

Beispiel

```
PROGRAM CLRMODE{.PAS};
USES DPACGBL,DPAC;
VAR TblHdle: Byte;
BEGIN
 { keine Erweiterung der DOS-Datei-Tabelle (DDT) vornehmen }
 DBClrMode(M_EXPNDHANDLE);
 { Engine aktivieren ohne Erweiterung }
 DBInit; { Engine aktivieren }
 IF DBTestMode(M_EXPNDHANDLE) THEN
     WriteLn('DDT wurde erweitert.')
  ELSE WriteLn('DDT wurde nicht erweitert.');
 {...}
END. { OF PROGRAM }
```

DBCompleted *DPACINF.INC*

Funktion Stellt fest, ob die letzte Transaktion beendet wurde (dBASE IV).

Syntax FUNCTION *DBCompleted: Boolean;*

Erläuterung Mit *DBCompleted* kann für die aktuelle Tabelle festgestellt werden, ob eine Transaktion, die mit dem dBASE IV-Befehl BEGIN TRANSACTION eingeleitet wurde, beendet ist. Die Funktion liefert den Wert *TRUE*, wenn das Transaktions-Flag im Headerbereich der Tabelle nicht gesetzt ist (Transaktion abgeschlossen), ansonsten *FALSE*.

Hinweise Ist die Engine-Umgebung noch nicht initialisiert oder wurde noch kein Arbeitsbereich eingerichtet, liefert die Funktion den Wert *FALSE* und setzt die globale Fehlervariable *DBERROR* auf den Fehlerkode *E_NOTINSTALLED* bzw. *E_WRONGWKGAREA*.

DBCompleted ist gleichzusetzen mit der dBASE IV-Funktion COMPLETED() und gibt nur ein sinnvolles Ergebnis zurück, wenn die aktuelle Tabelle eine dBASE IV-Tabelle ist.

Beispiel

```
PROGRAM COMPLETE{.PAS};
USES DPACGBL,DPAC;
VAR TblHdle: Byte;
BEGIN
 DBInit; { Engine aktivieren }
 IF DBTblOpen(TblHdle,'TEST') THEN BEGIN
  IF DBCompleted THEN
   WriteLn('Letzte Transaktion wurde beendet.')
  ELSE WriteLn('Letzte Transaktion wurde nicht beendet.');
 END;
END. { OF PROGRAM }
```

DBDateCDOW *XDATE.PAS*

Funktion Gibt den Wochentagsnamen eines Datums als String zurück.

Syntax FUNCTION *DBDateCDOW (Date: DateTime): Str10;*

Parameter In den Elementen der als *Date* übergebenen DateTime-Variablen muß eine gültige Datumsangabe stehen. Aus ihr wird der Wochentag berechnet. Als Grenzen für die Jahresangaben sind die Werte *MinYear* und *MaxYear* erlaubt (siehe Unit *DPACGBL*).

Erläuterung *DBDateCDOW* berechnet aus den Werten der Datums-Struktur *Date* den Wochentag und gibt ihn als String zurück. Je nach Art der Kompilierung (s.a. Kap 2.3) ist der Rückgabestring ein Wochentagsname in deutscher oder englischer Schreibweise. Wird eine ungültige Datumsangabe erkannt, liefert die Funktion den String 'Kein Datum' bzw. 'No Date' zurück.

Hinweise Enthalten die Elemente des Parameters *Date* ungültige Daten, die eine Wochentagsberechnung nicht möglich machen, setzt die Funktion die globale Fehlervariable *DBERROR* auf den Fehlerkode *E_ISOUTOFRANGE*. Zur Berechnung verwendet *DBDateCDOW* die Routine *DBDateDOW* (siehe auch dort).

Querverweis *DBDateCMONTH, DBDateDOW*

Beispiel

```
PROGRAM DCDOW{.PAS};
USES DPACGBL,DPAC,XDATE,Dos;
VAR TblHdle : Byte;
    Date    : DateTime;
    dow     : Word;
BEGIN
 DBInit; { Engine aktivieren }
 WITH Date DO BEGIN
  GetDate(year,month,day,dow);
  WriteLn('Heute ist ',DBDateCDOW(Date),
         ', der ',day,'.',month,'.',year);
 END;
END. { OF PROGRAM }
```

DBDateCheck *XDATE.PAS*

Funktion Überprüft, ob eine Datumsangabe ein gültiges Datum enthält.

Syntax FUNCTION *DBDateCheck (Date: DateTime): Boolean;*

Parameter In den Elementen der als *Date* übergebenen DateTime-Variablen steht eine Datumsangabe, die auf ihre Gültigkeit hin überprüft werden soll.

Erläuterung *DBDateCheck* überprüft das Datum, das in den Struktur-Elementen der Variable *Date* übergeben wurde, auf seine Gültigkeit. Als Grenzen für die jeweiligen Werte, werden die globalen Konstanten aus der Unit *DPACGBL* benutzt:

Date.Day	*MinDay..MaxDay*	(Default:	1..31)
Date.Month	*MinMonth..MaxMonth*	(Default:	1..12)
Date.Year	*MinYear..MaxYear*	(Default:	0..9999)

Neben den angegebenen Grenzwerten, berücksichtigt die Routine auch Daten mit Schaltjahren und behandelt demgemäß die Tages- und Monatsangaben. Gültige Datumsangaben werden von *DBDateCheck* mit dem Boolean-Wert *TRUE* quittiert, falsche mit *FALSE.*

Hinweise Im Fehlerfall bzw. ungültigen Datumsangaben liefert die Funktion den Wert *FALSE* zurück und setzt die globale Fehlervariable *DBERROR* auf den entsprechenden Fehlerkode; bei einem falschen Datum hat *DBERROR* den Wert *E_ISOUTOFRANGE.*

Querverweis *DBDateExpand, DBDateImpand*

Beispiel

```
PROGRAM DCHECK{.PAS};
USES DPACGBL,DPAC,XDATE,Dos;
VAR TblHdle: Byte;
    DStr   : String;
    DT     : DateTime;
    OK     : Boolean;
BEGIN
 DBInit; { Engine aktivieren }
 IF NOT DBTblOpen(TblHdle,'TEST') THEN DBErrMsg;
 { Datum zum Test in Feld 2 als ASCII-Zeichen schreiben }
 DBERROR:= DBFldPutASCII(2,DBDateImpand(DBDateTODAY));

 { ... und mit einer Datums-Funktion wieder holen   }
 DBERROR:= DBFldGetDate(2,DT);
 WriteLn(DT.Day,'.',DT.Month,'.',DT.Year,
         ' mit DBDateCheck => ',DBDateCheck(DT));
 { Jetzt testweise absichtlich ein falsches Datum setzen }
 DT.Day:= 30; DT.Month:= 2;
 WriteLn(DT.Day,'.',DT.Month,'.',DT.Year,
         ' mit DBDateCheck => ',DBDateCheck(DT));
 { ... und noch als Eingabe-Überprüfung }
 Repeat
  DBERROR:= DBSUCCESS;  { Fehler auf 0 setzen }
  Write('Geben Sie ein gültiges Datum '+
        'der Form [tt.mm.yyyy] ein : ');
  ReadLn(DStr);
  DBDateSTOD(DBDateImpand(DStr),DT);
  OK:= DBDateCheck(DT);
  IF NOT OK THEN
    WriteLn(#7'!! Ungültig. Bitte wiederholen !!');
 Until OK;
 WriteLn('Das ist ein ',DBDateCDOW(DT));
END. { OF PROGRAM }
```

DBDateCMONTH XDATE.PAS

Funktion Gibt den Monatsnamen eines Datums als String zurück.

Syntax FUNCTION *DBDateCMONTH (Date: DateTime): Str10;*

Parameter In den Elementen der als *Date* übergebenen DateTime-Variablen muß eine Datumsangabe stehen, bei der zumindest ein gültiger Monatswert eingetragen ist.

Erläuterung *DBDateCMONTH* benutzt die Variable *Date*, nimmt aus ihr nur den Monatswert, und versucht dazu den entsprechenden Monatsnamen zu ermitteln. Als Grenzen für die Monatsangaben sind die Werte *MinMonth* und *MaxMonth* erlaubt (siehe Unit *DPACGBL*). Je nach Art der Kompilierung (s.a. Kap 2.3) ist der Rückgabestring ein Monatsname in deutscher oder englischer Schreibweise. Wird eine ungültiger Monatswert erkannt, liefert die Funktion den String 'Kein Datum' bzw. 'No Date' zurück.

Hinweise Enthält der Parameter *Date* einen für die Funktion ungültigen Wert oder ist beim Aufruf von *DBDateCMONTH* bereits ein Engine-Fehler bekannt, setzt die Funktion die globale Fehlervariable *DBERROR* auf den Fehlerkode *E_ISOUTOFRANGE* bzw. behält den Fehler bei. In beiden Fällen ist das Ergebnis der String 'Kein Datum' bzw. 'No Date'.

Querverweis *DBDateCDOW, DBDateMDY, DBDateDMY, DBDateMONTH*

Beispiel

```
PROGRAM DCMONTH{.PAS};
USES DPACGBL,DPAC,XDATE,Dos;
VAR TblHdle : Byte;
    Date    : DateTime;
BEGIN
 DBInit; { Engine aktivieren }
 IF NOT DBTblOpen(TblHdle,'TEST') THEN DBErrMsg;
 { Datum in Feld 2 als ASCII-Zeichen schreiben ... }
 DBERROR:= DBFldPutASCII(2,DBDateImpand(DBDateTODAY));
 { ... als DateTime wieder holen ... }
 DBERROR:= DBFldGetDate(2,Date);
 { ... und dann den Monat ausgeben }
 WriteLn('Wenn Ihre Uhr stimmt, haben wir den Monat ',
         '"', DBDateCMONTH(Date),'".');
END. { OF PROGRAM }
```

DBDateDAY *XDATE.PAS*

Funktion
Gibt den Tag des Monats eines Datums als Bytewert zurück.

Syntax
FUNCTION *DBDateDAY (Date: DateTime): Byte;*

Parameter
In den Elementen der als *Date* übergebenen DateTime-Variablen steht eine Datumsangabe, aus der nur der Monatstag benötigt wird. Als Grenzen für die Tageszahl sind die Werte *MinDay* und *MaxDay* erlaubt (siehe Unit *DPACGBL*).

Erläuterung
DBDateDAY holt aus den Werten der Datums-Struktur *Date* den Monatstag und gibt ihn als Byte zurück. Wird eine ungültige Datumsangabe erkannt, liefert die Funktion den Wert 0 zurück.

Hinweise
Enthält der Parameter *Date* einen für die Funktion ungültigen Wert oder ist beim Aufruf von *DBDateDAY* bereits ein Engine-Fehler bekannt, setzt die Funktion die globale Fehlervariable *DBERROR* auf den Fehlerkode *E_ISOUTOFRANGE* bzw. behält den Fehler bei. In beiden Fällen ist das Ergebnis der Wert 0.

Querverweis
DBDateDOW, DBDateDOY, DBDateMONTH, DBDateYEAR

Beispiel

```
PROGRAM DDAY{.PAS};
USES DPACGBL,DPAC,XDATE,Dos;
VAR Date : DateTime;
    dow  : Word;
BEGIN
 DBInit; { Engine aktivieren }
 WITH Date DO BEGIN
  GetDate(year,month,day,dow);
  WriteLn('Es ist der ',DBDateDAY(Date),'. Tag ',
          'im Monat, ein ',DBDateCDOW(Date));
 END;
END. { OF PROGRAM }
```

DBDateDMY *XDATE.PAS*

Funktion
Gibt für ein Datum einen String mit der Datumsangabe der Form „Tag Monatsname Jahr" zurück.

Syntax FUNCTION *DBDateDMY (Date: DateTime): String;*

Parameter In den Elementen der als *Date* übergebenen DateTime-Variablen muß eine gültige Datumsangabe stehen. Aus ihr wird das Datum für den formatierten String entnommen. Als Grenzen für die Jahresangaben sind die Werte *MinYear* und *MaxYear* erlaubt (siehe Unit *DPACGBL*).

Erläuterung *DBDateDMY* formatiert die Werte der Datums-Struktur *Date* in einen String der Form „Tag Monatsname Jahr". Je nach Art der Kompilierung (s.a. Kap 2.3) ist der Monatsname in deutscher oder englischer Schreibweise. Beispielsweise würde die Funktion für den siebten Juli 1993 den String '07 Juli 1993' (bzw. in Englisch '07 July 1993') zurückgegeben. Ungültige Datumsangaben werden mit einem Leerstring '' quittiert.

Hinweise Enthält der Parameter *Date* einen für die Funktion ungültigen Wert oder ist beim Aufruf von *DBDateDMY* bereits ein Engine-Fehler bekannt, setzt die Funktion die globale Fehlervariable *DBERROR* auf den Fehlerkode *E_ISOUTOFRANGE* bzw. behält den Fehler bei. In beiden Fällen ist das Ergebnis ein Leerstring ''.

Querverweis *DBDateMDY, DBDateDAY, DBDateMONTH, DBDateYEAR*

Beispiel

```
PROGRAM DDMY{.PAS};
USES DPACGBL,DPAC,XDATE,Dos;
VAR TblHdle : Byte;
    Date    : DateTime;
BEGIN
 DBInit; { Engine aktivieren }
 IF NOT DBTblOpen(TblHdle,'TEST') THEN DBErrMsg;
 { Datum in Feld 2 als ASCII-Zeichen schreiben ... }
 DBERROR:= DBFldPutASCII(2,DBDateImpand(DBDateTODAY));
 { ... als DateTime wieder holen ... }
 DBERROR:= DBFldGetDate(2,Date);
 { ... und dann den Monat ausgeben }
 Write  ('Das Datum in der deutschen Schreibweise  :');
 WriteLn(' ',DBDateDMY(Date));
 Write  ('Das Datum in der englischen Schreibweise :');
 WriteLn(' ',DBDateMDY(Date));
END. { OF PROGRAM }
```

DBDateDOW *XDATE.PAS*

Funktion

Gibt für ein Datum den Tag der Woche als Bytewert zurück.

Syntax

FUNCTION *DBDateDOW (Date: DateTime): Byte;*

Parameter

In den Elementen der als *Date* übergebenen DateTime-Variablen muß eine gültige Datumsangabe stehen. Aus ihr wird der Wochentag berechnet. Als Grenzen für die Jahresangaben sind die Werte *MinYear* und *MaxYear* erlaubt (siehe Unit *DPACGBL*).

Erläuterung

DBDateDOW berechnet aus den Werten der Datums-Struktur *Date* den Wochentag und gibt einen Byte-Wert im Bereich von *0..9* zurück. Die Rückgabewerte haben folgende Bedeutung:

0	Fehler, kein gültiges Datum	4	Mittwoch
1	Sonntag	5	Donnerstag
2	Montag	6	Freitag
3	Dienstag	7	Samstag

Hinweise

Enthalten die Elemente des Parameters *Date* ungültige Daten, die eine Wochentagsberechnung nicht möglich machen, setzt die Funktion die globale Fehlervariable *DBERROR* auf den Fehlerkode *E_ISOUTOFRANGE* und liefert den Wert 0 zurück.

Querverweis

DBDateDOY, DBDateCDOW, DBDateTODAY

Beispiel

```
PROGRAM DDOW{.PAS};
USES DPACGBL,DPAC,XDATE,Dos;
VAR Date  : DateTime;
    dow   : Word;
BEGIN
 DBInit; { Engine aktivieren }
 WITH Date DO BEGIN
  GetDate(year,month,day,dow);
  WriteLn('Es ist ',DBDateCDOW(Date),', der ',
          DBDateDOW(Date),'. Tag in der Woche.');
 END;
END. { OF PROGRAM }
```

DBDateDOY *XDATE.PAS*

Funktion

Gibt für ein Datum den Tag des Jahres als Word-Wert zurück.

Syntax

FUNCTION *DBDateDOY (Date: DateTime): Word;*

Parameter

In den Elementen der als *Date* übergebenen DateTime-Variablen muß eine gültige Datumsangabe stehen. Aus ihr wird der Tag des Jahres berechnet. Als Grenzen für die Jahresangaben sind die Werte *MinYear* und *MaxYear* erlaubt (siehe Unit *DPACGBL*).

Erläuterung

DBDateDOY berechnet aus den Werten der Datums-Struktur *Date* den Tag des Jahres und gibt ihn als Word zurück. Die Routine berücksichtigt auch Daten mit Schaltjahren und behandelt demgemäß die Tages- und Monatsangaben. Wird eine ungültige Datumsangabe erkannt, liefert die Funktion den Wert 0 zurück.

Hinweise

Enthält der Parameter *Date* einen für die Funktion ungültigen Wert oder ist beim Aufruf von *DBDateDOY* bereits ein Engine-Fehler bekannt, setzt die Funktion die globale Fehlervariable *DBERROR* auf den Fehlerkode *E_ISOUTOFRANGE* bzw. behält den Fehler bei. In beiden Fällen ist das Ergebnis der Wert 0.

Querverweis

DBDateCDOW, DBDateDAY, DBDateDOW, DBDateYEAR

Beispiel

```
PROGRAM DDOY{.PAS};
USES DPACGBL,DPAC,XDATE,Dos;
VAR Date  : DateTime;
    dow   : Word;
BEGIN
 DBInit; { Engine aktivieren }
 WITH Date DO BEGIN
  GetDate(year,month,day,dow);
  WriteLn('Wir schreiben das Jahr ',DBDateYEAR(Date),
          ' und haben schon ',DBDateDOY(Date)-1,
          ' Tage hinter uns!');
 END;
END. { OF PROGRAM }
```

DBDateDTOL *XDATE.PAS*

Funktion

Konvertiert die Datumsangabe einer DateTime-Variablen in einen LongInt-Wert.

Syntax

FUNCTION *DBDateDTOL (Date: DateTime): LongInt;*

Parameter

In den Elementen der als *Date* übergebenen DateTime-Variablen muß eine gültige Datumsangabe stehen, die zur Berechnung der LongInt-Zahl herangezogen wird.

Erläuterung

DBDateDTOL berechnet aus der übergebenen Datumsangabe in *Date* die Anzahl der Tage, die seit dem 1. Januar 4713 v.Chr. vergangen sind und gibt diesen Wert als LongInt-Zahl zurück. Die kleinste und die größte Zahl, die von der Funktion zurückgegeben werden kann, hängt von den Min-/Maxwerten der Datumsangaben ab, die in der Unit *DPACGBL* vereinbart sind:

Date.Day	*MinDay..MaxDay*	(Default:	1..31)
Date.Month	*MinMonth..MaxMonth*	(Default:	1..12)
Date.Year	*MinYear..MaxYear*	(Default:	0..9999)

Mit den genannten Grenzwerten errechnet die Funktion für das kleinste Datum (den 1. Januar im Jahre Null) die Zahl 1721061, welche auch als Konstante *MinJOffset* in *DPACGBL* vereinbart ist; der größte Wert ist die Zahl 5373484 und repräsentiert den 31.12.9999. Wird eine ungültige Datumsangabe erkannt, liefert die Funktion den Wert 0 zurück.

Hinweise

Enthält der Parameter *Date* einen für die Funktion ungültigen Wert oder ist beim Aufruf von *DBDateDTOL* bereits ein Engine-Fehler bekannt, setzt die Funktion die globale Fehlervariable *DBERROR* auf den Fehlerkode *E_ISOUTOFRANGE* bzw. behält den Fehler bei. In beiden Fällen ist das Ergebnis der Wert 0.

Querverweis

DBDateDTOS, DBDateLTOS, DBDateSTOD, DBDateSTOL

Beispiel

```
PROGRAM DDTOL{.PAS};
USES DPACGBL,DPAC,XDATE,DPACUTIL,Dos;
VAR TblHdle : Byte;
    DT1,DT2 : DateTime;
```

```
FUNCTION DateDiff(D1,D2: DateTime): LongInt;
(******************************************)
VAR E,L1,L2 : LongInt;
BEGIN
 L1:= DBDateDTOL(D1); L2:= DBDateDTOL(D2);
 E:= MinL(L1,L2);
 IF (E=L1) THEN DateDiff:= L2-L1
   ELSE DateDiff:= L1-L2;
END;

BEGIN
 DBInit; { Engine aktivieren }
 IF NOT DBTblOpen(TblHdle,'TEST') THEN DBErrMsg;
 { Datum zum Test in Feld 2 als ASCII-Zeichen schreiben }
 DBERROR:= DBFldPutASCII(2,DBDateImpand(DBDateTODAY));

 { ... und mit einer Datums-Funktion wieder holen   }
 DBERROR:= DBFldGetDate(2,DT2);

 DT1.Day:= 1; DT1.Month:= 1; DT1.Year:= 1980;
 WriteLn('Zwischen dem ',
        DBDateDMY(DT1),' und dem ',DBDateDMY(DT2),
        ' liegen ',DateDiff(DT1,DT2),' Tage!');

END. { OF PROGRAM }
```

DBDateDTOS — *XDATE.PAS*

Funktion — Konvertiert die Datumsangabe einer DateTime-Variablen in einen Datumsstring im dBASE-Format.

Syntax — FUNCTION *DBDateDTOS (Date: DateTime): Str8;*

Parameter — In den Elementen der als *Date* übergebenen DateTime-Variablen muß eine gültige Datumsangabe stehen. Aus ihr wird ein Datumsstring im dBASE-Format „YYYYMMDD" gebildet. Als Grenzen für die Jahresangaben sind die Werte *MinYear* und *MaxYear* erlaubt (siehe Unit *DPACGBL*).

Erläuterung — *DBDateDTOS* formatiert die Werte der Datums-Struktur *Date* in einen String der Form „YYYYMMDD". Beispielsweise würde die Funktion für den 28. August 1993 den String '19930828' zurückgegeben. Ungültige Datumsangaben werden mit einem Leerstring '' quittiert.

Hinweise

Enthält der Parameter *Date* einen für die Funktion ungültigen Wert oder ist beim Aufruf von *DBDateDTOS* bereits ein Engine-Fehler bekannt, setzt die Funktion die globale Fehlervariable *DBERROR* auf den Fehlerkode *E_ISOUTOFRANGE* bzw. behält den Fehler bei. In beiden Fällen ist das Ergebnis ein Leerstring ''.

Querverweis

DBDateDTOL, DBDateLTOS, DBDateSTOD, DBDateSTOL

Beispiel

```
PROGRAM DDTOS{.PAS};
USES DPACGBL,DPAC,XDATE,Dos;
VAR Date  : DateTime;
    dow   : Word;
BEGIN
 DBInit; { Engine aktivieren }
 WITH Date DO BEGIN
  GetDate(year,month,day,dow);
  WriteLn('Der ',DBDateTODAY,' wird in ',
          'einem Datumsfeld als "',
          DBDateDTOS(Date),'" gespeichert.');
 END;
END. { OF PROGRAM }
```

DBDateExpand XDATE.PAS

Funktion

Wandelt einen dBASE-Datumsstring in einen echten Datumsstring des Formats „DD.MM.YYYY“ um.

Syntax

FUNCTION *DBDateExpand (Date: Str8): Str10;*

Parameter

In der als *Date* übergebenen String-Variablen muß eine gültige dBASE-Datumsangabe stehen, damit aus ihr ein echter Datumsstring im Format „DD.MM.YYYY“ gebildet werden kann.

Erläuterung

DBDateExpand formatiert die Werte des dBASE-Datumsstrings *Date* - angegeben in der Form „YYYYMMDD“ - in einen echten Datumsstring des Formats „DD.MM.YYYY“.

Beispielsweise würde die Funktion für den Parameter '19930828' den String '28.08.1993' zurückgegeben. *DBDateExpand* verwendet als Trennzeichen den ASCII-Wert, der in der globalen Variable *Mark* gespeichert ist (Default '.', siehe Unit *DPACGBL*).

Hinweise Enthält der Parameter *Date* einen ungültigen Datumsstring, liefert *DBDateExpand* ebenfalls unsinnige Werte zurück, da im Ergebnisstring die Zeichen des Quellstrings in unveränderter Form und ohne Kontrolle zusammengesetzt werden. Die Fehlervariable *DBERROR* wird von der Funktion nicht verändert.

Querverweis *DBDateImpand, DBFldGetASCII*

Beispiel

```
PROGRAM DEXPAND{.PAS};
USES DPACGBL,DPAC,XDATE;
VAR TblHdle : Byte;
    DStr    : String;
BEGIN
 DBInit; { Engine aktivieren }
 IF NOT DBTblOpen(TblHdle,'TEST') THEN DBErrMsg;
 { Datum in Feld 2 als ASCII-Zeichen schreiben }
 DBERROR:= DBFldPutASCII(2,DBDateImpand(DBDateTODAY));
 { Datum aus Feld 2 als ASCII-Zeichen holen }
 DBERROR:= DBFldGetASCII(2,DStr);
 WriteLn(' Heute ist der ',DBDateExpand(DStr));
END. { OF PROGRAM }
```

DBDateImpand *XDATE.PAS*

Funktion Wandelt einen echten Datumsstring in einen dBASE-Datumsstring.

Syntax FUNCTION *DBDateImpand (Date: Str10): Str8;*

Parameter In der als *Date* übergebenen String-Variablen muß eine gültige Datumsangabe stehen, damit aus ihr ein dBASE-Datumsstring im Format „YYYYMMDD“ gebildet werden kann.

Erläuterung *DBDateImpand* formatiert die Werte des Datumsstrings *Date* - angegeben in der Form „DD.MM.YYYY“ - in einen dBASE-Datumsstring des Formats „YYYYMMDD“.

Beispielsweise würde die Funktion für den Parameter '28.08.1993' den String '19930828' zurückgegeben. Die jeweiligen Zeichen des Quellstrings werden ungeachtet des Trennzeichens in den Zielstring kopiert.

Hinweise

Enthält der Parameter *Date* einen ungültigen Datumsstring, liefert *DBDateImpand* ebenfalls unsinnige Werte zurück, da im Ergebnisstring die Zeichen des Quellstrings in unveränderter Form und ohne Kontrolle zusammengesetzt werden. Die Fehlervariable *DBERROR* wird von der Funktion nicht verändert.

Querverweis *DBDateExpand, DBDateSTOL, DBDateSTOD, DBFldPutASCII*

Beispiel

```
PROGRAM DIMPAND{.PAS};
USES XDATE;
VAR DStr : String;
BEGIN
 DStr:= DBDateImpand(DBDateTODAY);
 WriteLn(' Heutiges Datum : ',DBDateTODAY);
 WriteLn(' im dBASE-Format: ',DStr);
END. { OF PROGRAM }
```

DBDateLTOS XDATE.PAS

Funktion

Konvertiert eine numerische Datumsangabe im LongInt-Format in einen dBASE-Datumsstring.

Syntax

FUNCTION *DBDateLTOS (Date: LongInt): Str8;*

Parameter

In der als *Date* übergebenen LongInt-Variablen muß eine gültige Datumsangabe stehen (z.B. zuvor mit *DBDateDTOL* erzeugt), aus der ein dBASE-Datumsstring im Format „YYYYMMDD“ gebildet wird.

Erläuterung

DBDateLTOS berechnet aus der LongInt-Zahl *Date* ein Datum und gibt es als String im dBASE-Fomat „YYYYMMDD“ zurück. Die Zahl repräsentiert die Anzahl der Tage, die seit dem 1. Januar 4713 v. Chr. vergangen sind (vgl. mit *DBDateDTOL*). Die kleinste und die größte Zahl, die der Funktion übergeben werden kann, hängt von den Min-/Maxwerten ab, die in der Unit *DPACGBL* vereinbart sind:

Date.Day	*MinDay..MaxDay*	(Default:	1..31)
Date.Month	*MinMonth..MaxMonth*	(Default:	1..12)
Date.Year	*MinYear..MaxYear*	(Default:	0..9999)

Mit den genannten Grenzwerten ist der kleinste zulässige Wert für *Date* die Zahl 1721061 (ergibt den 1. Januar im Jahre Null) und der größte 5373484 (31.12.9999). Wird eine ungültige Datumsangabe erkannt, liefert die Funktion einen Leerstring '' zurück.

Hinweise

Enthält der Parameter *Date* einen für die Funktion ungültigen Wert oder ist beim Aufruf von *DBDateLTOS* bereits ein Engine-Fehler bekannt, setzt die Funktion die globale Fehlervariable *DBERROR* auf den Fehlerkode *E_ISOUTOFRANGE* bzw. behält den Fehler bei. In beiden Fällen ist das Ergebnis ein Leerstring ''.

Querverweis

DBDateDTOL, DBDateDTOS, DBDateSTOD, DBDateSTOL

Beispiel

```
PROGRAM DLTOS{.PAS};
USES DPACGBL,DPAC,XDATE;
VAR tomorrow  : LongInt;
    yesterday : LongInt;
    YStr,TStr : String;

BEGIN
 DBInit; { Engine aktivieren }
 { Berechnen von "Gestern" und "Morgen" ...            }
 { Beachte: Die Berechnung berücksichtigt auch die     }
 {          Monatsgrenzen!                             }
 yesterday:= DBDateSTOL(DBDateImpand(DBDateTODAY))-1;
 tomorrow := yesterday+2;
 { ... und jetzt auch als Strings }
 YStr:= DBDateExpand(DBDateLTOS(yesterday));
 TStr:= DBDateExpand(DBDateLTOS(tomorrow ));
 Write  (' Gestern war der ',YStr);
 WriteLn(' und morgen ist der ',TStr);
END. { OF PROGRAM }
```

DBDateMDY *XDATE.PAS*

Funktion: Gibt für ein Datum einen String mit der Datumsangabe der Form „Monatsname Tag Jahr“ zurück.

Syntax: FUNCTION *DBDateMDY (Date: DateTime): String;*

Parameter: In den Elementen der als *Date* übergebenen DateTime-Variablen muß eine gültige Datumsangabe stehen. Aus ihr wird das Datum für den formatierten String entnommen. Als Grenzen für die Jahresangaben sind die Werte *MinYear* und *MaxYear* erlaubt (siehe Unit *DPACGBL*).

Erläuterung: *DBDateMDY* formatiert die Werte der Datums-Struktur *Date* in einen String der Form „Monatsname Tag Jahr“. Je nach Art der Kompilierung (s.a. Kap 2.3) ist der Monatsname in deutscher oder englischer Schreibweise. Beispielsweise würde die Funktion für den zweiten Januar 1993 den String 'Januar 02 1993' (bzw. in Englisch 'January 02 1993') zurückgegeben. Ungültige Datumsangaben werden mit einem Leerstring '' quittiert.

Hinweise: Enthält der Parameter *Date* einen für die Funktion ungültigen Wert oder ist beim Aufruf von *DBDateMDY* bereits ein Engine-Fehler bekannt, setzt die Funktion die globale Fehlervariable *DBERROR* auf den Fehlerkode *E_ISOUTOFRANGE* bzw. behält den Fehler bei. In beiden Fällen ist das Ergebnis ein Leerstring ''.

Querverweis: *DBDateDMY, DBDateDAY, DBDateCMONTH, DBDateYEAR*

Beispiel:

```
PROGRAM DMDY{.PAS};
USES DPACGBL,DPAC,XDATE,Dos;
VAR TblHdle : Byte;
    Date    : DateTime;
BEGIN
 DBInit; { Engine aktivieren }
 IF NOT DBTblOpen(TblHdle,'TEST') THEN DBErrMsg;
 { Datum in Feld 2 als ASCII-Zeichen schreiben ... }
 DBERROR:= DBFldPutASCII(2,DBDateImpand(DBDateTODAY));
 { ... als DateTime wieder holen ... }
 DBERROR:= DBFldGetDate(2,Date);
 { ... und dann den Monat ausgeben }
 Write  ('Das Datum in der deutschen Schreibweise  :');
 WriteLn(' ',DBDateDMY(Date));
 Write  ('Das Datum in der englischen Schreibweise :');
 WriteLn(' ',DBDateMDY(Date));
END. { OF PROGRAM }
```

DBDateMONTH *XDATE.PAS*

Funktion

Gibt für ein Datum den Monat als Bytewert zurück.

Syntax

FUNCTION *DBDateMONTH (Date: DateTime): Byte;*

Parameter

In den Elementen der als *Date* übergebenen DateTime-Variablen steht eine Datumsangabe, aus der nur die Monatszahl benötigt wird. Als Grenzen für die Monatsangaben sind die Werte *MinMonth* und *MaxMonth* erlaubt (siehe Unit *DPACGBL*).

Erläuterung

DBDateMONTH holt aus den Werten der Datums-Struktur *Date* die Monatszahl und gibt sie als Byte zurück. Wird eine ungültige Datumsangabe erkannt, liefert die Funktion den Wert 0 zurück.

Hinweise

Enthält der Parameter *Date* einen für die Funktion ungültigen Wert oder ist beim Aufruf von *DBDateMONTH* bereits ein Engine-Fehler bekannt, setzt die Funktion die globale Fehlervariable *DBERROR* auf den Fehlerkode *E_ISOUTOFRANGE* bzw. behält den Fehler bei. In beiden Fällen ist das Ergebnis der Wert 0.

Querverweis

DBDateCMONTH, DBDateDAY, DBDateYEAR

Beispiel

```
PROGRAM DMONTH{.PAS};
USES DPACGBL,DPAC,XDATE,Dos;
VAR TblHdle : Byte;
    Date    : DateTime;
BEGIN
 DBInit; { Engine aktivieren }
 IF NOT DBTblOpen(TblHdle,'TEST') THEN DBErrMsg;
 { Datum in Feld 2 als ASCII-Zeichen schreiben ... }
 DBERROR:= DBFldPutASCII(2,DBDateImpand(DBDateTODAY));
 { ... als DateTime wieder holen ... }
 DBERROR:= DBFldGetDate(2,Date);
 { ... und dann den Monat ausgeben }
 WriteLn('Es ist ',DBDateCMONTH(Date),', der ',
         DBDateMONTH(Date),'. Monat im Jahr.');
END. { OF PROGRAM }
```

DBDateSTOD *XDATE.PAS*

Funktion

Konvertiert einen dBASE-Datumsstring und gibt das Datum in einer DateTime-Variablen zurück.

Syntax

PROCEDURE *DBDateSTOD (SDate: Str8; VAR Date: DateTime);*

Parameter

SDate ist ein dBASE-Datumsstring der Form „YYYYMMDD", der ein gültiges Datum enthalten muß, welches der Routine als Eingabe dient. In den Elementen der als *Date* übergebenen DateTime-Variablen speichert die Prozedur das Ergebnis ab.

Erläuterung

DBDateSTOD speichert die Datumsangaben des Strings *SDate* konvertiert in der Variablen Date ab. *SDate* muß ein Datumsstring im dBASE-Format sein, damit die Prozedur gültige Werte für *Date* konvertieren kann. Die kleinsten und die größten dBASE-Datumsangaben, die der Routine übergeben werden können, sind abhängig von den Min-/Maxwerten, die in der Unit *DPACGBL* vereinbart sind:

Date.Day	*MinDay..MaxDay*	(Default:	1..31)
Date.Month	*MinMonth..MaxMonth*	(Default:	1..12)
Date.Year	*MinYear..MaxYear*	(Default:	0..9999)

Mit den genannten Grenzwerten darf *SDate* demnach ein Datumsstring im Bereich '00000101' (1. Januar im Jahre Null) bis '99991231' (31.12.9999) sein. Wird eine ungültige Datumsangabe erkannt, setzt die Prozedur alle Elemente der Variable *Date* auf den Wert 0.

Hinweise

Enthält der Parameter *SDate* einen für die Prozedur ungültigen Wert oder ist beim Aufruf von *DBDateSTOD* bereits ein Engine-Fehler bekannt, setzt die Routine die globale Fehlervariable *DBERROR* auf den Fehlerkode *E_ISOUTOFRANGE* bzw. behält den Fehler bei. In beiden Fällen besitzen alle Elemente der Variable *Date* den Wert 0.

Querverweis

DBDateDTOL, DBDateDTOS, DBDateLTOS, DBDateSTOL

Beispiel

```
PROGRAM DSTOD{.PAS};
USES DPACGBL,DPAC,XDATE,Dos;
VAR D1,D2 : DateTime;

FUNCTION MinDate(D1,D2: DateTime): String;
(****************************************)
VAR DStr : String;
BEGIN
 IF (DBDateDTOL(D1)<DBDateDTOL(D2)) THEN
   DStr:= DBDateDMY(D1)
 ELSE DStr:= DBDateDMY(D2);
 DStr[3]:= Mark;
 MinDate:= DStr;
END;

BEGIN
 DBInit; { Engine aktivieren }
 { Ein bestimmtes Datum als Vorgabe wählen  }
 { und in der Variablen D1 ablegen          }
 WITH D1 DO BEGIN
  Year:= 1963; Day:= 16; Month:= 03;
 END;
 { Heutiges Datum in DateTime-Variable D2   }
 DBDateSTOD(DBDateImpand(DBDateTODAY),D2);

 WriteLn('Vorgabe ist der ',DBDateExpand(DBDateDTOS(D1)),
         ' und heute ist der ',DBDateTODAY);
 WriteLn('Das ältere Datum von beiden ist der ',
         MinDate(D1,D2));
END. { OF PROGRAM }
```

DBDateSTOL *XDATE.PAS*

Funktion Konvertiert einen dBASE-Datumsstring und gibt das Datum in einer LongInt-Variablen zurück

Syntax FUNCTION *DBDateSTOL (Date: Str8): LongInt;*

Parameter In dem als *Date* übergebenen String muß eine gültige Datumsangabe im dBASE-Format „YYYYMMDD“ stehen, aus der die Funktion ein numerisches Datum erzeugen kann.

Erläuterung

DBDateSTOL berechnet aus den Daten im String *Date* ein numerisches Datum und gibt es als LongInt-Zahl zurück. Diese Zahl repräsentiert die Anzahl der Tage, die seit dem 1. Januar 4713 v. Chr. vergangen sind (vgl. mit *DBDateDTOL*). Die kleinste und die größte Zahl, die von der Funktion zurückgegeben werden kann, hängt von den Min-/Maxwerten ab, die in der Unit *DPACGBL* vereinbart sind:

Date.Day	*MinDay..MaxDay*	(Default:	1..31)
Date.Month	*MinMonth..MaxMonth*	(Default:	1..12)
Date.Year	*MinYear..MaxYear*	(Default:	0..9999)

Mit den genannten Grenzwerten errechnet die Funktion für das kleinste Datum die Zahl 1721061 (entspricht den 1. Januar im Jahre Null) und für das größte Datum die Zahl 5373484 (31.12.9999). Wird eine ungültige Datumsangabe erkannt, liefert die Funktion den Wert 0 zurück.

Hinweise

Enthält der Parameter *Date* einen für die Funktion ungültigen Wert oder ist beim Aufruf von *DBDateSTOL* bereits ein Engine-Fehler bekannt, setzt die Funktion die globale Fehlervariable *DBERROR* auf den Fehlerkode *E_ISOUTOFRANGE* bzw. behält den Fehler bei. In beiden Fällen ist das Ergebnis der Wert 0.

Querverweis *DBDateLTOS, DBDateDTOL, DBDateDTOS, DBDateSTOD*

Beispiel

```
PROGRAM DSTOL{.PAS};
USES DPACGBL,DPAC,XDATE;

FUNCTION DateDiff(D1,D2: Str8): LongInt;
(****************************************)
VAR L1,L2 : LongInt;
BEGIN
 { Beide Datumsangaben als Absolutwerte }
 L1:= DBDateSTOL(D1); L2:= DBDateSTOL(D2);
 IF (L1<L2) THEN DateDiff:= L2-L1
   ELSE DateDiff:= L1-L2;
END;

BEGIN
 DBInit; { Engine aktivieren }
 { Ein bestimmtes Datum als Vorgabe wählen    }
 { und die Tagesdifferenz zu heute ausgeben  }
 WriteLn('Zwischen dem 24.03.1965 und dem ',
         DBDateTODAY,' liegen ',
         DateDiff('19650324',DBDateImpand(DBDateTODAY)),
         ' Tage.');
END. { OF PROGRAM }
```

DBDateTIME *XDATE.PAS*

Funktion
Gibt die aktuelle Systemzeit als String zurück.

Syntax
FUNCTION *DBDateTIME: Str8;*

Erläuterung
DBDateTIME liest die aktuelle Systemzeit des Computers aus und speichert diese im Rückgabe-String. Dieser String ist acht Zeichen lang und besitzt das Format „hh:mm:ss". Dabei steht „hh" für Stunden, „mm" für Minuten und „ss" für Sekunden. Das Trennzeichen ist defaultmäßig der Doppelpunkt ':', kann jedoch durch die globale Variable *TimeMark* (siehe Unit *DPACGBL*) den eigenen Bedürfnissen angepaßt werden.

Hinweise
DBDateTIME führt keine Fehlerbehandlung durch und beeinflußt die globale Fehlervariable *DBERROR* nicht. Die Funktion wird auch dann ausgeführt, wenn in *DBERROR* zuvor ein Fehlerkode gespeichert war.
Zum Auslesen der Systemzeit benutzt *DBDateTIME* die Pascal-Prozedur *GetTime* der Unit *Dos*.

Querverweis
DBDateTODAY

Beispiel

```
PROGRAM DTIME{.PAS};
USES DPACGBL,DPAC,XDATE;
BEGIN
 DBInit; { Engine aktivieren }
 { Zeit-Trennung selbst festlegen }
 TimeMark:= #249;
 Write  (' Heute haben wir den ',DBDateTODAY);
 WriteLn(' und es ist gerade ',DBDateTIME,
         ' Uhr.');
END. { OF PROGRAM }
```

DBDateTODAY *XDATE.PAS*

Funktion
Gibt das aktuelle Systemdatum als String zurück.

Syntax
FUNCTION *DBDateTODAY: Str10;*

Erläuterung
DBDateTODAY liest das aktuelle Systemdatum des Computers aus und speichert es im Rückgabe-String. Dieser String ist zehn Zeichen lang und

besitzt das Format „DD.MM.YYYY". Dabei steht „DD" für den Tag, „MM" für den Monat und „YYYY" für das Jahr. Das Trennzeichen ist defaultmäßig der Punkt '.', kann jedoch durch die globale Variable *Mark* (siehe Unit *DPACGBL*) den eigenen Bedürfnissen angepaßt werden.

Hinweise *DBDateTODAY* führt keine Fehlerbehandlung durch und beeinflußt die globale Fehlervariable *DBERROR* nicht. Die Funktion wird auch dann ausgeführt, wenn in *DBERROR* zuvor ein Fehlerkode gespeichert war.

Zum Auslesen des Systemdatums benutzt *DBDateTODAY* die Pascal-Prozedur *GetDate* der Unit *Dos*.

Querverweis *DBDateTIME*

Beispiel

```
PROGRAM DTODAY{.PAS};
USES DPACGBL,DPAC,XDATE,dos;
VAR Dt: DateTime;
BEGIN
 DBInit; { Engine aktivieren }
 Write('Heute ist der ',DBDateTODAY);
 DBDateSTOD(DBDateImpand(DBDateTODAY),Dt);
 Writeln(', das ist ein ',DBDateCDOW(Dt));
END. { OF PROGRAM }
```

DBDateYEAR XDATE.PAS

Funktion Gibt das Jahr einer Datumsangabe als Word-Wert zurück.

Syntax FUNCTION *DBDateYEAR (Date: DateTime): Word;*

Parameter In den Elementen der als *Date* übergebenen DateTime-Variablen steht eine Datumsangabe, aus der nur die Jahreszahl benötigt wird. Als Grenzen für die Jahresangaben sind die Werte *MinYear* und *MaxYear* erlaubt (siehe Unit *DPACGBL*).

Erläuterung *DBDateYEAR* holt aus den Werten der Datums-Struktur *Date* die Jahreszahl und gibt sie als Word zurück. Wird eine ungültige Datumsangabe erkannt, liefert die Funktion den Wert 0 zurück.

Hinweise Enthält der Parameter *Date* einen für die Funktion ungültigen Wert oder ist beim Aufruf von *DBDateMONTH* bereits ein Engine-Fehler bekannt, setzt die Funktion die globale Fehlervariable *DBERROR* auf den Fehlerkode

E_ISOUTOFRANGE bzw. behält den Fehler bei. In beiden Fällen ist das Ergebnis der Wert 0.

Querverweis *DBDateDAY, DBDateMONTH, DBDateCDOW, DBDateCMONTH*

Beispiel

```
PROGRAM DYEAR{.PAS};
USES DPACGBL,DPAC,XDATE,Dos;
VAR TblHdle : Byte;
    Date    : DateTime;
    Year    : Word;
BEGIN
 DBInit; { Engine aktivieren }
 IF NOT DBTblOpen(TblHdle,'TEST') THEN DBErrMsg;
 { Datum in Feld 2 als ASCII-Zeichen schreiben ... }
 DBERROR:= DBFldPutASCII(2,DBDateImpand(DBDateTODAY));
 { ... als DateTime wieder holen ... }
 DBERROR:= DBFldGetDate(2,Date);
 { ... und dann das Jahr ausgeben }
 WriteLn('Zwischen den Jahren 1901 und ',
         DBDateYEAR(Date),' liegen ',
         DBDateYEAR(Date)-1901,' Jahre.');
END. { OF PROGRAM }
```

DBEOF DPACINF.INC

Funktion Stellt fest, ob beim Positionieren das Tabellenende erreicht wurde.

Syntax FUNCTION *DBEOF: Boolean;*

Erläuterung Die Funktion *DBEOF* bezieht sich auf die aktuelle Tabelle. Sie liefert immer dann den Wert *TRUE*, wenn mit einer der Positionierfunktionen *DBRecNext*, *DBRecSkip* oder *DBRecGoto* versucht wurde, den Recordzeiger hinter den letzten logischen Record (bei unsortierter Reihenfolge hinter den Recordbereich) der Tabelle zu positionieren. Dabei kommt es zum Fehler *E_TBLCOMETOEOF*, der von der Funktion ausgewertet wird.

Hinweise Steht der Fehler *E_TBLCOMETOEOF* an, setzt die Funktion die globale Fehlervariable *DBERROR* auf den Wert *DBSUCCESS* (kein Fehler) zurück. Unmittelbar nach dem Auftreten des Fehlers *E_TBLCOMETOEOF* wird der aktuelle Record-Zwischen-Puffer geleert, d.h. er wird mit Leerzeichen gefüllt. Die Funktion *DBActRec* gibt dann das Handle *DBRecCount+1* zurück.

Ist keine Tabelle offen, liefert die Funktion den Wert *FALSE*.

Querverweis *DBBOF, DBActRec, DBRecCount, DBRecNext, DBRecSkip, DBRecGoto*

Beispiel

```
PROGRAM EOFILE{.PAS};
USES DPACGBL,DPAC;
VAR TblHdle: Byte;
BEGIN
 DBInit; { Engine aktivieren }
 IF DBTblOpen(TblHdle,'TEST') THEN
 { Tabelle von vorne her durchlaufen }
 WHILE NOT DBEOF AND (DBERROR=DBSUCCESS) DO BEGIN
   {...}
   DBRecNext; { einen Record vor }
   IF (DBERROR=E_TBLCOMETOEOF) THEN
     WriteLn('Tabellen-Ende erreicht.');
 END;
END. { OF PROGRAM }
```

DBErrMsg *DPACERR.INC*

Funktion Gibt im Engine-Modus *M_SHOWMESSAGE* eine Fehlermeldung aus.

Syntax PROCEDURE *DBErrMsg*;

Erläuterung *DBErrMsg* gibt im Modus *M_SHOWMESSAGE* eine Fehlermeldung aus, wenn der Fehlerkode der globalen Fehlervariablen *DBERROR* nicht *DBSUCCESS* (kein Fehler) ist. Ist der Modus *M_BEEPONERROR* aktiv, ertönt zusätzlich ein Fehlerton. Im Modus *M_HALTONERROR* stoppt die Funktion den Programmlauf bei einem Fehler. Bei kritischen Fehlern (Fehlerkode *E_TOOCRITERROR*) wird das Programm immer angehalten (siehe auch Kapitel 4.2). Das Halten geschieht nach der Ausgabe der Fehlermeldung und des Fehlertons. Der Aufruf von *DBErrMsg* bewirkt außerdem, daß *DBERROR* auf den Wert *DBSUCCESS* zurückgesetzt wird. Unabhängig vom Modus der Engine, erfolgt die interne Initialisierung des Fehlertextes. Der dem Fehlerkode zugeteilte Text ist dem Anhang C „Liste der Fehlermeldungen“ zu entnehmen.

Hinweise

Normalerweise wird die interne Ausgabeprozedur dazu verwendet, die Fehlermeldung auf dem Bildschirm auszugeben. Ist allerdings mit der Prozedur *DBInstErrMsg* eine anwenderspezifische Ausgabeprozedur installiert, so bekommt diese den Fehlertext zugewiesen. Die Ausgabe von Fehlertexten erfolgt nur, wenn die Unit *DPAC* nicht mit der *DEFINE*-Anweisung *NOERRORMSG* kompiliert wurde (siehe auch Funktion *DBErrStr*) und der Modus *M_SHOWMESSAGE* aktiv ist.

Querverweis

DBErrStr, DBShowErr, DBInstErrMsg, DBReset

Beispiel

```
PROGRAM ERRMSG{.PAS};
USES DPACGBL,DPAC;
VAR TblHdle: Byte;
BEGIN
 IF NOT DBTblOpen(TblHdle,'TEST') THEN DBErrMsg;
 { Ausgabe ist : "Error 40: Engine noch nicht initialisiert."}
END. { OF PROGRAM }
```

DBErrStr DPACERR.INC

Funktion

Gibt den aktuellen Fehlertext als String zurück.

Syntax

FUNCTION *DBErrStr: String;*

Erläuterung

DBErrStr gibt den Fehlertext als String zurück, der dem aktuellen Wert der globalen Fehlervariablen *DBERROR* zugeteilt ist. Der genaue Text ist dem Anhang C „Liste der Fehlermeldungen“ zu entnehmen.

Hinweise

Wurde die Unit *DPAC* mit der *DEFINE*-Anweisung *NOERRORMSG* kompiliert, erfolgte keine Aufnahme der Fehlertexte. In diesem Fall enthält der Rückgabestring nur die Angabe „Error“ und die Fehlernummer. *DBErrStr* verändert die globale Fehlervariable *DBERROR* nicht. Sie sollte immer dann eingesetzt werden, wenn nach der Ausgabe einer Fehlermeldung die Auswertung des *DBERROR*-Fehlerkodes notwendig ist.

Querverweis

DBErrMsg, DBShowErr, DBInstErrMsg, DBReset

Beispiel

```
PROGRAM ERRSTR{.PAS};
USES DPACGBL,DPAC;
VAR TblHdle: Byte;
BEGIN
 DBInit; { Engine aktivieren }
 IF NOT DBTblOpen(TblHdle,'GIBTSNIX.NIX') THEN BEGIN
  WriteLn(DBErrStr);
  { Fehler steht noch an, dann nähere Angabe des Fehlers }
  IF (DBERROR<>DBSUCCESS) THEN BEGIN
   WriteLn('=> Fehler beim Öffnen von Tabelle GIBTSNIX!');
   DBReset; { Keine weiteren Fehler anzeigen }
  END;
 END;
 {...}
END. { OF PROGRAM }
```

DBExit *DPAC.PAS*

Funktion — Verläßt die Engine-Umgebung von *dPAC*.

Syntax — PROCEDURE *DBExit*;

Erläuterung — *DBExit* hebt eine Initialisierung der Engine-Umgebung durch die Prozedur *DBInit* wieder auf. Dabei werden noch offene Dateien geschlossen, Tabellen in ihrem Headerbereich aktualisiert und der für die Verwaltung reservierte Speicherplatz wieder freigegeben. Hier erfolgt auch das Zurückschalten auf die internen Ausgabeprozeduren, die möglicherweise zuvor mit *DBInstNormMsg* oder mit *DBInstErrMsg* auf anwenderspezifische Prozeduren umgelenkt wurden.

Bei einer Erweiterung der DOS-Datei-Tabelle durch die Engine, trägt die Prozedur die Daten der ursprünglichen Datei-Tabelle wieder ins PSP ein. Beim Schließen der Tabellen erfolgt auch eine Aktualisierung der Feldbeschreibungen, wenn der Modus *M_FLDSDESCUPD* aktiv ist.

Die Prozedur wechselt im Modus *M_GOTOOLDPATH* auf das Verzeichnis zurück, das beim Aufruf von *DBInit* ermittelt wurde (siehe auch Kap. 4.2).

Hinweise — Diese Prozedur wird auch automatisch am Ende des Programmlaufs durch die eingebaute Exit-Prozedur aufgerufen, falls die Umgebung von *dPAC* nicht bereits mit *DBExit* verlassen wurde und eine Initialisierung mit

DBInit stattgefunden hat. Tritt während des Verlassens ein Fehler auf, so kann auf diesen durch nachträgliche Kontrolle der globalen Fehlervariablen *DBERROR* reagiert werden (falls nicht der Modus *M_HALTONERROR* aktiv ist).

Die Aktualisierung der Tabelle bezieht sich nicht auf den Record-Bereich; dieser muß zuvor mit einer der Recordfunktionen (*DBRec...*) aktuell gehalten werden. Im Fehlerfall wird die Umgebung nicht verlassen!

Querverweis *DBInit, DBAlreadyInit, DBClrMode, DBSetMode, DBTestMode*

Beispiel

```
PROGRAM TESTEXIT{.PAS};
USES DPACGBL,DPAC;
VAR TblHdle: Byte;
BEGIN
 DBInit; { Engine aktivieren }
 IF DBAlreadyInit THEN WriteLn('Engine ist aktiviert.');
 {...}
 DBExit; { Engine deaktivieren }
 IF (DBERROR=DBSUCCESS) THEN
  WriteLn('Engine ist deaktiviert.')
 ELSE WriteLn('Fehler beim Deinstallieren'#10#13,DBErrStr);
END. { OF PROGRAM }
```

DBFldBlank DPACINF.INF

Funktion Stellt fest, ob ein Feld leer ist.

Syntax FUNCTION *DBFldBlank (FldHdle: Byte): Boolean;*

Parameter *FldHdle* ist das Handle des Feldes, das geprüft werden soll. Das Feld-Handle bezieht sich auf die aktuelle Tabelle und den aktuellen Record-Zwischen-Puffer und muß im Bereich 1..*DBFldCount* liegen.

Erläuterung *DBFldBlank* gibt den Wert *TRUE* zurück, falls das zu prüfende Feld nur Leerzeichen besitzt; sonst *FALSE*. Eine Ausnahme bilden allerdings Memofelder und numerische Felder. Bei solchen Feldern gibt die Funktion auch *TRUE* zurück, wenn nur Nullen vorhanden sind.

Hinweise Bei ungültigen Daten bzw. fehlerhafter Ausführung liefert die Funktion *FALSE* und setzt die globale Fehlervariable *DBERROR* auf den entsprechenden Fehlerkode.

Die Funktion eignet sich gut, um die Existenz eines Memotextes in einem Memofeld (bzw. in der zugeordneten Memodatei) zu ermitteln. Ist Text vorhanden, liefert sie den Wert *FALSE*.

Querverweis *DBFld..., DBFldHdle, DBFldName, DBFldCount*

Beispiel

```
PROGRAM FLDBLANK{.PAS};
USES DPACGBL,DPAC;
VAR TblHdle: Byte;
    Name   : FldNStr;
BEGIN
 DBInit; { Engine aktivieren }
 IF DBTblOpen(TblHdle,'TEST') THEN BEGIN
  DBShowErr(DBFldName(1,Name)); { Feldname holen }
  IF DBFldBlank(1) THEN WriteLn('Feld ',Name,' ist leer.')
    ELSE WriteLn('Feld ',Name,' ist nicht leer.')
 END;
END. { OF PROGRAM }
```

DBFldCount DPACINF.INC

Funktion Ermittelt die Anzahl der Felder.

Syntax FUNCTION *DBFldCount: Byte;*

Erläuterung *DBFldCount* gibt die Anzahl der Felder der aktuellen Tabelle als Byte zurück. Die Zahl kann bei dBASE III/III Plus-Tabellen zwischen 1 und *MaxFldV3* (Default 128) liegen und bei dBASE IV-Tabellen maximal den Wert *MaxFldV4* (Default 255) einnehmen.

Hinweise Ist kein Arbeitsbereich eingerichtet, d.h. wurde keine Tabelle mit *DBTblOpen* geöffnet oder tritt während der Ausführung ein anderer Fehler auf, gibt die Funktion den Wert 0 zurück und setzt die globale Fehlervariable *DBERROR* auf den entsprechenden Fehlerkode.

Querverweis *DBFld..., DBFldDec, DBFldLen, DBFldMaxLen*

Beispiel

```
PROGRAM FLDCOUNT{.PAS};
USES DPACGBL,DPAC;
VAR TblHdle: Byte;
BEGIN
  DBInit; { Engine aktivieren }
  IF DBTblOpen(TblHdle,'TEST') THEN
    WriteLn('Die aktuelle Tabelle besitzt ',DBFldCount,
            ' Felder.');
END. { OF PROGRAM }
```

DBFldDec — *DPACINF.INC*

Funktion Ermittelt die Anzahl der Dezimalstellen eines Feldes.

Syntax FUNCTION *DBFldDec (FldHdle: Byte): Byte;*

Parameter *FldHdle* ist das Handle des Feldes, das geprüft werden soll. Das Feld-Handle bezieht sich auf die aktuelle Tabelle und muß im Bereich *1..DBFldCount* liegen.

Erläuterung *DBFldDec* gibt die Anzahl der Dezimalstellen für das zu prüfende Feld als Byte zurück. Das Ergebnis der Funktion liegt im Bereich *0..MaxDecV3* (Default 15) bei dBASE III/III Plus-Tabellen bzw. *0..MaxDecV4* (Default 18) bei dBASE IV-Tabellen.

Hinweise Bei ungültigen Daten bzw. fehlerhafter Ausführung liefert die Funktion den Wert 0 und setzt die globale Fehlervariable *DBERROR* auf den entsprechenden Fehlerkode.

In dBASE-Tabellen sollte bei den Feldtypen „C“, „D“, „L“ und „M“ sollte beim Funktionsergebnis immer eine 0 stehen. Ist dies nicht der Fall, kann es sein, daß die Daten im Headerbereich der dBASE-Tabelle zerstört sind.

Querverweis *DBFld.., DBFldCount, DBFldLen, DBFldMaxLen*

Beispiel

```
PROGRAM FLDDEC{.PAS};
USES DPACGBL,DPAC;
VAR TblHdle: Byte;
    Name   : FldNStr;
BEGIN
 DBInit; { Engine aktivieren }
 IF DBTblOpen(TblHdle,'TEST') THEN BEGIN
  DBShowErr(DBFldName(5,Name)); { Feldname holen }
  WriteLn('Feld ',Name,' besitzt ',DBFldDec(5),
          ' Dezimalstellen.');
 END;
END. { OF PROGRAM }
```

DBFldGetASCII *DPACFLD.INC*

Funktion Gibt den Wert eines beliebigen Feldes als String zurück.

Syntax FUNCTION *DBFldGetASCII (FldHdle: Byte; VAR ASC: String): Integer;*

Parameter *FldHdle* ist das Handle des Feldes, das gelesen werden soll. Das Feld-Handle bezieht sich auf die aktuelle Tabelle und den aktuellen Record-Zwischen-Puffer und muß im Bereich *1..DBFldCount* liegen. In der als *ASC* übergebenen String-Variablen speichert die Funktion den Wert des Feldes ab.

Erläuterung *DBFldGetASCII* liest den Wert des Feldes, das über *FldHdle* erreichbar ist, unverändert aus dem Record-Zwischen-Puffer. Das Funktionsergebnis entspricht dem Fehlerkode in der globalen Fehlervariablen *DBERROR* und hat bei erfolgreicher Ausführung den Wert *DBSUCCESS* (kein Fehler). In *ASC* wird ein String zurückgegeben, der die Länge des Feldes besitzt, und in dem der Wert des Feldes exakt so gespeichert ist, wie im Feld selbst. Mit dieser Funktion kann jeder beliebige dBASE-Datentyp gelesen werden.

Hinweise Bei ungültigen Daten bzw. fehlerhafter Ausführung bekommt *ASC* einen Leerstring '' zugewiesen und die globale Fehlervariable *DBERROR* den entsprechenden Fehlerkode, der zugleich Funktionsergebnis ist.

Querverweis *DBFldGet..., DBFldPut..., DBFldPutASCII*

Beispiel

```
PROGRAM GETASCII{.PAS};
USES DPACGBL,DPAC;
VAR TblHdle: Byte;
    S      : String;
BEGIN
 DBInit; { Engine aktivieren }
 IF DBTblOpen(TblHdle,'TEST') THEN BEGIN
  DBShowErr(DBFldGetASCII(5,S)); { Inhalt von Feld 5 }
  IF DBFldBlank(5) THEN WriteLn('Feld 5 ist leer.')
   ELSE WriteLn('Inhalt von Feld 5 ist «',S,'»');
 END;
END. { OF PROGRAM }
```

DBFldGetBool — DPACFLD.INC

Funktion Gibt den Wert eines logischen Feldes als Boolean zurück.

Syntax FUNCTION *DBFldGetBool (FldHdle: Byte; VAR B: Boolean): Integer;*

Parameter *FldHdle* ist das Handle des Feldes, das gelesen werden soll. Das Feld-Handle bezieht sich auf die aktuelle Tabelle und den aktuellen Record-Zwischen-Puffer und muß im Bereich *1..DBFldCount* liegen. Der Typ des Feldes muß „L“ (logisches Feld) sein. In der als *B* übergebenen Boolean-Variablen speichert die Funktion den Wert des Feldes ab.

Erläuterung *DBFldGetBool* liest den Wert des Feldes, das über *FldHdle* erreichbar ist, aus dem Record-Zwischen-Puffer und konvertiert ihn in die Variable *B*, die vom Typ Boolean ist. Das Funktionsergebnis entspricht dem Fehlerkode in der globalen Fehlervariablen *DBERROR* und hat bei erfolgreicher Ausführung den Wert *DBSUCCESS* (kein Fehler). Die Variable *B* wird auf *TRUE* gesetzt, wenn im Feld einer der folgenden Werte zu finden ist: „y“, „Y“, „t“ oder „T“. In allen anderen Fällen wird *B* der Wert *FALSE* zugewiesen.

Hinweise Bei ungültigen Daten bzw. fehlerhafter Ausführung bekommt *B* den Wert *FALSE* zugewiesen, und die globale Fehlervariable *DBERROR* erhält den entsprechenden Fehlerkode, der zugleich Funktionsergebnis ist.

Querverweis *DBFldGet..., DBFldPut..., DBFldPutBool*

Beispiel

```
PROGRAM GETBOOL{.PAS};
USES DPACGBL,DPAC;
VAR TblHdle: Byte;
    B      : Boolean;
BEGIN
 DBInit; { Engine aktivieren }
 IF DBTblOpen(TblHdle,'TEST') THEN BEGIN
  DBShowErr(DBFldGetBool(6,B)); { Inhalt von Feld 6 }
  IF B THEN WriteLn('Ausdruck ist WAHR.')
    ELSE WriteLn('Ausdruck ist FALSCH.');
 END;
END. { OF PROGRAM }
```

DBFldGetByte *DPACFLD.INC*

Funktion Gibt den Wert eines ganzzahligen numerischen Feldes als Byte zurück.

Syntax FUNCTION *DBFldGetByte (FldHdle: Byte; VAR B: Byte): Integer;*

Parameter *FldHdle* ist das Handle des Feldes, das gelesen werden soll. Das Feld- Handle bezieht sich auf die aktuelle Tabelle und den aktuellen Record- Zwischen-Puffer und muß im Bereich *1..DBFldCount* liegen. Der Typ des Feldes muß numerisch „N“ (oder „F“ bei dBASE IV) sein, und das Feld darf keine Dezimalstellen besitzen. In der als *B* übergebenen Byte-Variablen speichert die Funktion den Wert des Feldes ab.

Erläuterung *DBFldGetByte* liest den Wert des Feldes, das über *FldHdle* erreichbar ist, aus dem Record-Zwischen-Puffer und konvertiert ihn in die Variable *B*, die vom Typ Byte ist. Das Funktionsergebnis entspricht dem Fehlerkode in der globalen Fehlervariablen *DBERROR* und hat bei erfolgreicher Ausführung den Wert *DBSUCCESS* (kein Fehler).

Hinweise Bei ungültigen Daten bzw. fehlerhafter Ausführung bekommt *B* den Wert 0 zugewiesen und die globale Fehlervariable *DBERROR* den entsprechenden Fehlerkode, der zugleich Funktionsergebnis ist.

Die Funktion führt eine Bereichsüberprüfung durch und setzt *DBERROR* auf den Fehlerkode *E_ISOUTOFRANGE*, falls die Grenzen unter- oder überschritten wurden.

Querverweis *DBFldGet..., DBFldPut..., DBFldPutByte*

Beispiel

```
PROGRAM GETBYTE{.PAS};
USES DPACGBL,DPAC;
VAR TblHdle: Byte;
    B      : Byte;
BEGIN
 DBInit; { Engine aktivieren }
 IF DBTblOpen(TblHdle,'TEST') THEN BEGIN
  DBShowErr(DBFldGetByte(3,B)); { Inhalt von Feld 3 }
  WriteLn('Der Wert von Feld 3 ist ',B);
 END;
END. { OF PROGRAM }
```

DBFldGetChar — *DPACFLD.INC*

Funktion Gibt das erste Zeichen eines Zeichenfeldes zurück.

Syntax FUNCTION *DBFldGetChar (FldHdle: Byte; VAR C: Char): Integer;*

Parameter *FldHdle* ist das Handle des Feldes, das gelesen werden soll. Das Feld-Handle bezieht sich auf die aktuelle Tabelle und den aktuellen Record-Zwischen-Puffer und muß im Bereich *1..DBFldCount* liegen. In der als *C* übergebenen Char-Variablen speichert die Funktion den Wert des ersten Zeichens im Feld ab.

Erläuterung *DBFldGetChar* liest den Wert des Feldes, das über *FldHdle* erreichbar ist, aus dem Record-Zwischen-Puffer und konvertiert ihn in die Variable *C*, die vom Typ Char ist. Es wird immer das Zeichen zurückgegeben, das ganz links im Feld steht. Das Funktionsergebnis entspricht dem Fehlerkode in der globalen Fehlervariablen *DBERROR* und hat bei erfolgreicher Ausführung den Wert *DBSUCCESS* (kein Fehler).

Hinweise Bei ungültigen Daten bzw. fehlerhafter Ausführung bekommt *C* den Wert #0 zugewiesen und die globale Fehlervariable *DBERROR* den entsprechenden Fehlerkode, der zugleich Funktionsergebnis ist.

Der Datentyp des Feldes ist nicht entscheidend, es können Felder aller Feldtypen bearbeitet werden.

Querverweis *DBFldGet..., DBFldPut..., DBFldPutChar*

Beispiel

```
PROGRAM GETCHAR{.PAS};
USES DPACGBL,DPAC;
VAR TblHdle: Byte;
    C      : Char;
BEGIN
 DBInit; { Engine aktivieren }
 IF DBTblOpen(TblHdle,'TEST') THEN BEGIN
  { 1. Zeichen von Feld 1 holen }
  DBShowErr(DBFldGetChar(1,C));
  WriteLn('Das erste Zeichen in Feld 1 ist «',
         C,'»');
 END;
END. { OF PROGRAM }
```

DBFldGetDate *DPACFLD.INC*

Funktion Gibt den Wert eines Datum-Feldes als Pascal-Typ DateTime zurück.

Syntax FUNCTION *DBFldGetDate (FldHdle: Byte; VAR D: DateTime): Integer;*

Parameter *FldHdle* ist das Handle des Feldes, das gelesen werden soll. Das Feld- Handle bezieht sich auf die aktuelle Tabelle und den aktuellen Record- Zwischen-Puffer, und muß im Bereich *1..DBFldCount* liegen. Das Feld muß vom Typ „D" (Datums-Feld) sein. In den Elementen der als *D* übergebenen DateTime-Variablen speichert die Funktion den Wert des Feldes ab. Der Typ DateTime ist in der Turbo-Pascal Unit *DOS* vereinbart.

Erläuterung *DBFldGetDate* liest den Wert des Feldes, das über *FldHdle* erreichbar ist, aus dem Record-Zwischen-Puffer und konvertiert ihn in die Variable *D*, die vom Datentyp DateTime ist. Die Funktion führt dabei keine Bereichsüberprüfung durch und konvertiert die Werte so, wie sie im Feld stehen. Das Funktionsergebnis entspricht dem Fehlerkode in der globalen Fehlervariablen *DBERROR* und hat bei erfolgreicher Ausführung den Wert *DBSUCCESS* (kein Fehler).

Hinweise Bei ungültigen Daten bzw. fehlerhafter Ausführung bekommen alle Elemente der Variablen *D* den Wert 0 zugewiesen und die globale Fehlervariable *DBERROR* den entsprechenden Fehlerkode, der zugleich Funktionsergebnis ist.

Querverweis *DBFldGet..., DBFldPut..., DBFldPutDate*

Beispiel

```
PROGRAM GETDATE{.PAS};
USES DPACGBL,DPAC,Dos;  { Unit Dos für den Typ DateTime }
VAR TblHdle: Byte;
    D      : DateTime;
BEGIN
 DBInit; { Engine aktivieren }
 IF DBTblOpen(TblHdle,'TEST') THEN BEGIN
  DBShowErr(DBFldGetDate(2,D)); { Inhalt von Feld 2 }
  WITH D DO BEGIN
   Write('Datum aus Feld 2 ist : ');
   WriteLn(Day,'.',Month,'.',Year);
  END;
 END;
END. { OF PROGRAM }
```

DBFldGetDoub — *DPACFLD.INC*

Funktion Gibt den Double-Wert eines numerischen Feldes zurück.

Syntax FUNCTION *DBFldGetDoub (FldHdle: Byte; VAR D: Double): Integer;*

Parameter *FldHdle* ist das Handle des Feldes, das gelesen werden soll. Das Feld-Handle bezieht sich auf die aktuelle Tabelle und den aktuellen Record-Zwischen-Puffer, und muß im Bereich *1..DBFldCount* liegen. Der Typ des Feldes muß numerisch „N" (oder „F" bei dBASE IV) sein. In der als *D* übergebenen Double-Variablen speichert die Funktion den Wert des Feldes ab.

Erläuterung *DBFldGetDoub* liest den Wert des Feldes, das über *FldHdle* erreichbar ist, aus dem Record-Zwischen-Puffer und konvertiert ihn in die Variable *D*, die vom Typ Double ist. Das Funktionsergebnis entspricht dem Fehlerkode in der globalen Fehlervariablen *DBERROR* und hat bei erfolgreicher Ausführung den Wert *DBSUCCESS* (kein Fehler).

Hinweise Bei ungültigen Daten bzw. fehlerhafter Ausführung bekommt *D* den Wert 0.0 zugewiesen und die globale Fehlervariable *DBERROR* den entsprechenden Fehlerkode, der zugleich Funktionsergebnis ist.

Die Funktion führt eine Bereichsüberprüfung durch und setzt *DBERROR* auf den Fehlerkode *E_ISOUTOFRANGE*, falls die Grenzen unter- oder überschritten wurden. Der Fehlerkode *E_XX87NOTEXIST* wird gesetzt, wenn die Engine auf einem System mit mathematischem Koprozessor kompiliert wurde und nun auf einem System ohne Koprozessor läuft (siehe auch Kapitel 2.3).

Querverweis *DBFldGet..., DBFldPut..., DBFldPutDoub*

Beispiel

```
PROGRAM GETDOUB{.PAS};
{$N+} { Numerische Operationen mit XX87 erlauben }
USES DPACGBL,DPAC;
VAR TblHdle: Byte;
    D      : Double;
BEGIN
 DBInit; { Engine aktivieren }
 IF DBTblOpen(TblHdle,'TEST') THEN BEGIN
  DBShowErr(DBFldGetDoub(5,D)); { Inhalt von Feld 5 }
  WriteLn('Der Wert von Feld 5 ist ',D:8:2);
 END;
END. { OF PROGRAM }
```

DBFldGetInt *DPACFLD.INC*

Funktion Gibt den Wert eines ganzzahligen numerischen Feldes als Integer zurück.

Syntax FUNCTION *DBFldGetInt (FldHdle: Byte; VAR I: Integer): Integer;*

Parameter *FldHdle* ist das Handle des Feldes, das gelesen werden soll. Das Feld-Handle bezieht sich auf die aktuelle Tabelle und den aktuellen Record-Zwischen-Puffer, und muß im Bereich *1..DBFldCount* liegen. Der Typ des Feldes muß numerisch „N“ (oder „F“ bei dBASE IV) sein und das Feld darf keine Dezimalstellen besitzen. In der als *I* übergebenen Integer-Variablen speichert die Funktion den Wert des Feldes ab.

Erläuterung *DBFldGetInt* liest den Wert des Feldes, das über *FldHdle* erreichbar ist, aus dem Record-Zwischen-Puffer und konvertiert ihn in die Variable *I*, die vom Typ Integer ist. Das Funktionsergebnis entspricht dem Fehlerkode in der globalen Fehlervariablen *DBERROR* und hat bei erfolgreicher Ausführung den Wert *DBSUCCESS* (kein Fehler).

Hinweise

Bei ungültigen Daten bzw. fehlerhafter Ausführung bekommt *I* den Wert 0 zugewiesen und die globale Fehlervariable *DBERROR* den entsprechenden Fehlerkode, der zugleich Funktionsergebnis ist.

Die Funktion führt eine Bereichsüberprüfung durch und setzt die globale Fehlervariable *DBERROR* auf den Fehlerkode *E_ISOUTOFRANGE*, falls die Grenzen unter- oder überschritten wurden.

Querverweis *DBFldGet..., DBFldPut..., DBFldPutInt*

Beispiel

```
PROGRAM GETINT{.PAS};
USES DPACGBL,DPAC;
VAR TblHdle: Byte;
    I      : Integer;
BEGIN
 DBInit; { Engine aktivieren }
 IF DBTblOpen(TblHdle,'TEST') THEN BEGIN
  DBShowErr(DBFldGetInt(3,I)); { Inhalt von Feld 3 }
  WriteLn('Der Wert von Feld 3 ist ',I);
 END;
END. { OF PROGRAM }
```

DBFldGetLong DPACFLD.INC

Funktion Gibt den Wert eines ganzzahligen numerischen Feldes als LongInt zurück.

Syntax FUNCTION *DBFldGetLong (FldHdle: Byte; VAR L: LongInt): Integer;*

Parameter *FldHdle* ist das Handle des Feldes, das gelesen werden soll. Das Feld-Handle bezieht sich auf die aktuelle Tabelle und den aktuellen Record-Zwischen-Puffer, und muß im Bereich *1..DBFldCount* liegen. Der Typ des Feldes muß numerisch „N“ (oder „F“ bei dBASE IV) sein und das Feld darf keine Dezimalstellen besitzen. In der als *L* übergebenen LongInt-Variablen speichert die Funktion den Wert des Feldes ab.

Erläuterung *DBFldGetLong* liest den Wert des Feldes, das über *FldHdle* erreichbar ist, aus dem Record-Zwischen-Puffer und konvertiert ihn in die Variable *L*, die vom Typ LongInt ist. Das Funktionsergebnis entspricht dem Fehlerkode in der globalen Fehlervariablen *DBERROR* und hat bei erfolgreicher Ausführung den Wert *DBSUCCESS* (kein Fehler).

Hinweise

Bei ungültigen Daten bzw. fehlerhafter Ausführung bekommt *L* den Wert 0 zugewiesen und die globale Fehlervariable *DBERROR* den entsprechenden Fehlerkode, der zugleich Funktionsergebnis ist.

Die Funktion führt eine Bereichsüberprüfung durch und setzt *DBERROR* auf den Fehlerkode *E_ISOUTOFRANGE*, falls die Grenzen unter- oder überschritten wurden.

Querverweis *DBFldGet..., DBFldPut..., DBFldPutLong*

Beispiel

```
PROGRAM GETLONG{.PAS};
USES DPACGBL,DPAC;
VAR TblHdle: Byte;
    LI     : LongInt;
BEGIN
 DBInit; { Engine aktivieren }
 IF DBTblOpen(TblHdle,'TEST') THEN BEGIN
  DBShowErr(DBFldGetLong(4,LI)); { Inhalt von Feld 4 }
  WriteLn('Der Wert von Feld 4 ist ',LI);
 END;
END. { OF PROGRAM }
```

DBFldGetReal DPACFLD.INC

Funktion

Gibt den Wert eines numerischen Feldes als Realzahl zurück.

Syntax

FUNCTION *DBFldGetReal (FldHdle: Byte; VAR R: Real): Integer;*

Parameter

FldHdle ist das Handle des Feldes, das gelesen werden soll. Das Feld-Handle bezieht sich auf die aktuelle Tabelle und den aktuellen Record-Zwischen-Puffer, und muß im Bereich *1..DBFldCount* liegen. Der Typ des Feldes muß numerisch „N“ (oder „F“ bei dBASE IV) sein. In der als *R* übergebenen Real-Variablen speichert die Funktion den Wert des Feldes ab.

Erläuterung

DBFldGetReal liest den Wert des Feldes, das über *FldHdle* erreichbar ist, aus dem Record-Zwischen-Puffer und konvertiert ihn in die Variable *R*, die vom Typ Real ist. Das Funktionsergebnis entspricht dem Fehlerkode in der globalen Fehlervariablen *DBERROR* und hat bei erfolgreicher Ausführung den Wert *DBSUCCESS* (kein Fehler).

Hinweise

Bei ungültigen Daten bzw. fehlerhafter Ausführung bekommt *R* den Wert 0.0 zugewiesen und die globale Fehlervariable *DBERROR* den entsprechenden Fehlerkode, der zugleich Funktionsergebnis ist.

Die Funktion führt eine Bereichsüberprüfung durch und setzt *DBERROR* auf den Fehlerkode *E_ISOUTOFRANGE*, falls die Grenzen unter- oder überschritten wurden.

Querverweis *DBFldGet..., DBFldPut..., DBFldPutReal*

Beispiel

```
PROGRAM GETREAL{.PAS};
USES DPACGBL,DPAC;
VAR TblHdle: Byte;
    R      : Real;
BEGIN
 DBInit; { Engine aktivieren }
 IF DBTblOpen(TblHdle,'TEST') THEN BEGIN
  DBShowErr(DBFldGetReal(5,R)); { Inhalt von Feld 5 }
  WriteLn('Der Wert von Feld 5 ist ',R:5:2);
 END;
END. { OF PROGRAM }
```

DBFldGetStr DPACFLD.INC

Funktion

Gibt den Wert eines Zeichenfeldes als String zurück.

Syntax

FUNCTION *DBFldGetStr (FldHdle: Byte; VAR S: String): Integer;*

Parameter

FldHdle ist das Handle des Feldes, das gelesen werden soll. Das Feld-Handle bezieht sich auf die aktuelle Tabelle und den aktuellen Record-Zwischen-Puffer, und muß im Bereich *1..DBFldCount* liegen. Das Feld muß vom Typ „C" sein (Zeichenfeld). In der als *S* übergebenen String-Variablen speichert die Funktion den Wert des Feldes ab.

Erläuterung

DBFldGetStr liest den Wert des Feldes, das über *FldHdle* erreichbar ist, aus dem Record-Zwischen-Puffer und konvertiert ihn in die Variable *S*, die vom Typ String ist. Leerzeichen, die innerhalb des Feldes rechts stehen (nachfolgende Leerzeichen), werden entfernt. Das Funktionsergebnis entspricht dem Fehlerkode in der globalen Fehlervariablen *DBERROR* und hat bei erfolgreicher Ausführung den Wert *DBSUCCESS* (kein Fehler).

Hinweise — Bei ungültigen Daten bzw. fehlerhafter Ausführung bekommt *S* einen Leerstring '' zugewiesen und die globale Fehlervariable *DBERROR* den entsprechenden Fehlerkode, der zugleich Funktionsergebnis ist.

Querverweis — *DBFldGet..., DBFldPut..., DBFldPutStr*

Beispiel

```
PROGRAM GETSTR{.PAS};
USES DPACGBL,DPAC;
VAR TblHdle: Byte;
    S      : String;
BEGIN
 DBInit; { Engine aktivieren }
 IF DBTblOpen(TblHdle,'TEST') THEN BEGIN
  DBShowErr(DBFldGetStr(1,S)); { Inhalt von Feld 1 }
  IF DBFldBlank(1) THEN WriteLn('Feld 1 ist leer.')
   ELSE WriteLn('Inhalt von Feld 1 ist «',S,'»');
 END;
END. { OF PROGRAM }
```

DBFldHdle — DPACINF.INC

Funktion — Ermittelt das Feld-Handle für einen Feldnamen.

Syntax — FUNCTION *DBFldHdle (FldName: FldNStr; VAR FldHdle: Byte): Integer;*

Parameter — *FldName* ist der Name des Feldes in der aktuellen Tabelle, dessen Handle ermittelt werden soll. In *FldHdle* gibt die Funktion das gefundene Handle zurück. Der Typ *FldNStr* ist in der Unit *DPACGBL* vereinbart und kann max. *_LLBL* (Default 10) Zeichen aufnehmen.

Erläuterung — *DBFldHdle* sucht in der aktuellen Tabelle den Feldnamen *FldName* und gibt dessen Handle in *FldHdle* zurück. Die Funktion unterscheidet nicht zwischen Groß- und Kleinschreibung. Das Handle kann einen Wert im Bereich *1..DBFldCount* einnehmen, falls der Name gefunden wird; sonst wird *FldHdle* auf 0 gesetzt. Das Funktionsergebnis entspricht dem Fehlerkode in der globalen Fehlervariablen *DBERROR* und hat bei erfolgreicher Ausführung den Wert *DBSUCCESS* (kein Fehler).

Hinweise

Bei ungültigen Daten bzw. fehlerhafter Ausführung bekommt *FldHdle* den Wert 0 zugewiesen und die globale Fehlervariable *DBERROR* den entsprechenden Fehlerkode, der zugleich Funktionsergebnis ist.

Querverweis *DBFldName, DBFldGet..., DBFldCount*

Beispiel

```
PROGRAM GETHDLE{.PAS};
USES DPACGBL,DPAC;
VAR TblHdle: Byte;
    FldHdle: Byte;
BEGIN
 DBInit; { Engine aktivieren }
 IF DBTblOpen(TblHdle,'TEST') THEN BEGIN
  DBShowErr(DBFldHdle('logisch',FldHdle)); {Handle von Feld 6}
  WriteLn('Das Handle von Feld «LOGISCH» ist ',FldHdle);
 END;
END. { OF PROGRAM }
```

DBFldLen — *DPACINF.INC*

Funktion

Ermittelt die Feldlänge eines Feldes.

Syntax

FUNCTION *DBFldLen (FldHdle: Byte): Byte;*

Parameter

FldHdle ist das Handle des Feldes, das geprüft werden soll. Das Feld-Handle bezieht sich auf die aktuelle Tabelle, und muß im Bereich *1..DBFldCount* liegen.

Erläuterung

DBFldLen gibt die Feldlänge für das zu prüfende Feld als Byte zurück. Das Ergebnis der Funktion liegt bei erfolgreicher Ausführung, je nach Feldtyp, im Bereich *1.._LCHAR* (Länge eines Zeichenfeldes, Default ist 254); sonst wird 0 zurückgegeben.

Hinweise

Bei ungültigen Daten bzw. fehlerhafter Ausführung liefert die Funktion den Wert 0 und setzt die globale Fehlervariable *DBERROR* auf den entsprechenden Fehlerkode.

Die Länge, die ein bestimmter Feldtyp maximal einnehmen darf, ist dem Kapitel 3 zu entnehmen. Nach dem Bestimmen des Feldtyps mit *DBFldType*, kann die maximale Feldlänge auch mit *DBFldMaxLen* bestimmt werden (siehe Beispiel).

Querverweis *DBFld..., DBFldCount, DBFldDec, DBFldMaxLen*

Beispiel

```
PROGRAM FLDLEN{.PAS};
USES DPACGBL,DPAC;
VAR TblHdle: Byte;
    Name   : FldNStr;
    Ver4   : Boolean;  { ist TRUE, wenn dBASE IV-Tabelle }
BEGIN
 DBInit; { Engine aktivieren }
 IF DBTblOpen(TblHdle,'TEST') THEN BEGIN
  DBShowErr(DBFldName(5,Name)); {Feldname holen}
  Ver4:= (DBTblVersion in [DBLV4,DBLV4M]); {dBASE IV-Tabelle?}
  WriteLn('Maximale Länge von ',Name,' ist ',
          DBFldMaxLen(DBFldType(5),Ver4));
  WriteLn('Länge von ',Name,' ist ',DBFldLen(5));
 END;
END. { OF PROGRAM }
```

DBFldMaxLen *DPACINF.INC*

Funktion Ermittelt die maximale Feldlänge für einen Feldtyp.

Syntax FUNCTION *DBFldMaxLen (ftyp: Char; vers4: Boolean): Byte;*

Parameter *ftyp* ist der Feldtyp, für den die maximale Länge ermittelt wird. Ist der Parameter *vers4* auf *TRUE* gesetzt, ermittelt die Funktion die Länge für Feldtypen der Version dBASE IV, andernfalls für dBASE III/III Plus.

Erläuterung *DBFldMaxLen* gibt die maximale Feldlänge für den Feldtyp *ftyp* als Byte zurück. Das Ergebnis der Funktion liegt bei erfolgreicher Ausführung, je nach Feldtyp, im Bereich *1.._LCHAR* (Länge eines Zeichenfeldes, Default ist 254); sonst wird 0 zurückgegeben. Gültige Feldtypen sind „C", „D", „L", „M", und „N". Besitzt der Parameter *vers4* den Wert *TRUE*, kommt noch der Typ „F" hinzu.

Hinweise Bei ungültigen Feldtypen liefert die Funktion den Wert 0. Dies geschieht z.B. auch, wenn *vers4* auf *FALSE* gesetzt ist und der Typ „F" geprüft wird. Besitzt die globale Fehlervariable *DBERROR* vor dem Aufruf einen Wert ungleich *DBSUCCESS*, wird ebenfalls 0 zurückgegeben und die Funktion nicht ausgeführt. Die Länge, die ein bestimmter Feldtyp maximal einnehmen darf, kann auch dem Kapitel 3 entnommen werden.

Querverweis *DBFld..., DBFldCount, DBFldLen, DBFldDec, DBFldType*

Beispiel

```
PROGRAM MAXLEN{.PAS};
USES DPACGBL,DPAC;
VAR TblHdle: Byte;
    Name   : FldNStr;
    C      : Char;
BEGIN
 DBInit; { Engine aktivieren }
 IF DBTblOpen(TblHdle,'TEST') THEN BEGIN
  C:= DBFldType(3);               { Feldtyp holen  }
  DBShowErr(DBFldName(3,Name)); { Feldname holen }
  WriteLn(' Maximale Länge von Feld «',Name,»
          '» (Feldtyp ',C,') ist');
  WriteLn(' - bei dBASE III/III Plus: ',DBFldMaxLen(C,_NO));
  WriteLn(' - bei dBASE IV            : ',DBFldMaxLen(C,_YES));
 END;
END. { OF PROGRAM }
```

DBFldMDX — *DPACINF.INC*

Funktion Prüft, ob ein Feld als MDX-Feld deklariert wurde (dBASE IV).

Syntax FUNCTION *DBFldMDX (FldHdle: Byte): Boolean;*

Parameter *FldHdle* ist das Handle des Feldes, das geprüft werden soll. Das Handle bezieht sich auf die aktuelle Tabelle, und muß im Bereich *1..DBFldCount* liegen.

Erläuterung Ab dBASE-Version IV ist es möglich, Felder als MDX-Felder (mehrfach indizierte Felder) zu deklarieren. Ist in einer dBASE IV- Tabelle ein solches Feld vorhanden, kann es mit dieser Funktion lokalisiert werden. *DBFldMDX* gibt den Wert *TRUE* zurück, wenn das Feld, das über *FldHdle* in der aktuellen Tabelle erreichbar ist, als Schlüsselfeld in einer MDX-Datei deklariert wurde.

Hinweise

Bei ungültigen Daten bzw. fehlerhafter Ausführung liefert die Funktion den Wert *FALSE* und setzt die globale Fehlervariable *DBERROR* auf den entsprechenden Fehlerkode.

Die Funktion liefert auch Werte bei Tabellen der Version III und III Plus, diese sind jedoch nicht aussagekräftig.

Beispiel

```
PROGRAM FLDMDX{.PAS};
USES DPACGBL,DPAC;
VAR TblHdle: Byte;
    Name   : FldNStr;
BEGIN
 DBInit; { Engine aktivieren }
 IF DBTblOpen(TblHdle,'TEST') THEN BEGIN
  DBClrMode(M_ORGDBASEVER); { Intern vergebene dBASE-Version }
  { dBASE IV-Tabelle? }
  IF (DBTblVersion in [DBLV4,DBLV4M]) THEN BEGIN
    { Feldname holen }
    DBShowErr(DBFldName(3,Name));
    IF DBFldMDX(3) THEN
      WriteLn('Feld «',Name,'» mehrfach indiziert.')
    ELSE
      WriteLn('Feld «',Name,'» nicht mehrfach indiziert.')
  END
    ELSE
      WriteLn('Auswertung sinnlos (keine dBIV-Tabelle).');
 END;
END. { OF PROGRAM }
```

DBFldName *DPACINF.INC*

Funktion

Ermittelt den Feldnamen eines Feldes.

Syntax

FUNCTION *DBFldName (FldHdle: Byte; VAR Lbl: FldNStr): Integer;*

Parameter

FldHdle ist das Handle des Feldes, dessen Name ermittelt werden soll. Das Feld-Handle bezieht sich auf die aktuelle Tabelle, und muß im Bereich *1..DBFldCount* liegen. In *Lbl* speichert die Funktion den Namen des Feldes in Großbuchstaben ab. Der Typ *FldNStr* ist in der Unit *DPACGBL* vereinbart und kann maximal *_LLBL* (Default 10) Zeichen aufnehmen.

Erläuterung *DBFldName* ermittelt den Namen des Feldes, das in der aktuellen Tabelle über das Handle *FldHdle* erreichbar ist. Die Funktion gibt den Namen in der Variablen *Lbl* als String zurück. Der Feldname wird immer in Großbuchstaben umgewandelt. Das Funktionsergebnis entspricht dem Fehlerkode in der globalen Fehlervariablen *DBERROR* und hat bei erfolgreicher Ausführung den Wert *DBSUCCESS*.

Hinweise Bei ungültigen Daten bzw. fehlerhafter Ausführung bekommt *Lbl* einen Leerstring '' zugewiesen und die globale Fehlervariable *DBERROR* den entsprechenden Fehlerkode, der zugleich Funktionsergebnis ist.

Querverweis *DBFldHdle, DBFldGet..., DBFldPutName*

Beispiel

```
PROGRAM GETNAME{.PAS};
USES DPACGBL,DPAC;
VAR TblHdle: Byte;
    Name   : FldNStr;
BEGIN
 DBInit; { Engine aktivieren }
 IF DBTblOpen(TblHdle,'TEST') THEN BEGIN
  DBShowErr(DBFldName(1,Name)); { Feldname von Feld 1 }
  WriteLn('Feld 1 hat den Bezeichner «',Name,'»');
 END;
END. { OF PROGRAM }
```

DBFldPutASCII *DPACFLD.INC*

Funktion Schreibt einen String-Wert in ein Feld beliebigen Typs.

Syntax FUNCTION *DBFldPutASCII (FldHdle: Byte; ASC: String): Integer;*

Parameter *FldHdle* ist das Handle des Feldes, in das der String *ASC* geschrieben werden soll. Das Feld-Handle bezieht sich auf die aktuelle Tabelle und den aktuellen Record-Zwischen-Puffer, und muß im Bereich *1..DBFldCount* liegen. Der Typ des Feldes kann beliebig sein.

Erläuterung *DBFldPutASCII* schreibt in das Feld, das über *FldHdle* im Record-Zwischen-Puffer erreichbar ist, unverändert den String-Wert *ASC*. Das Funktionsergebnis entspricht dem Fehlerkode in der globalen Fehlervariablen *DBERROR* und hat bei erfolgreicher Ausführung den Wert *DBSUCCESS* (kein Fehler). Mit dieser Funktion können Feldwerte für jeden beliebigen dBASE-Datentyp geschrieben werden.

Im Modus *M_STRICTCHECK* kontrolliert die Funktion, ob das Feld den neuen Feldwert, von der Größe her, aufnehmen kann und setzt bei zu großen Werten den Fehler *E_ISOUTOFRANGE*; ansonsten begrenzt sie den Wert auf die Größe des Feldes.

Ist der Modus *M_FLDREPLACES* aktiv, erfolgt das Löschen des alten Feldinhaltes vor dem Schreiben des neuen; andernfalls wird der alte Feldinhalt linksbündig mit dem neuen überschrieben (s. a. Kap. 4.2).

Hinweise

Bei ungültigen Daten bzw. fehlerhafter Ausführung bekommt die globale Fehlervariable *DBERROR* den entsprechenden Fehlerkode zugewiesen, der zugleich Funktionsergebnis ist. Der Feldwert des Feldes bleibt in diesem Fall unverändert.

Da die Funktion den String unverändert in das Feld kopiert, hat der Anwender selbst darauf zu achten, daß *ASC* dem jeweiligen Feldtyp entsprechende Werte besitzt.

Ein Record der Tabelle wird durch diese Funktion nicht geändert. Nach dem Ändern eines Feldwertes mit den *DBFldPut...*-Funktionen kann mit *DBRecAppend* oder *DBRecUpdate* der Inhalt eines Record-Zwischen-Puffers in die Tabelle geschrieben werden.

Querverweis *DBFldPut..., DBFldGet..., DBFldGetASCII, DBRecAppend, DBRecUpdate*

Beispiel

```
PROGRAM PUTASCII{.PAS};
USES DPACGBL,DPAC;
VAR TblHdle: Byte;
    S      : String;
BEGIN
 DBInit; { Engine aktivieren }
 IF DBTblOpen(TblHdle,'TEST') THEN BEGIN
  S:= 'Konrad Zuse';
  WriteLn('Feld 1 mit «',S,'» belegen.');
  DBShowErr(DBFldPutASCII(1,S)); { Schreibe in Feld 1 }
  DBRecUpdate; { Record auf Platte aktualisieren }
 END;
END. { OF PROGRAM }
```

DBFldPutBool DPACFLD.INC

Funktion Schreibt einen Boolean-Wert in ein logisches Feld.

Syntax FUNCTION *DBFldPutBool (FldHdle: Byte; B: Boolean): Integer;*

Parameter *FldHdle* ist das Handle des Feldes, in das der Boolean-Wert *B* geschrieben werden soll. Das Feld-Handle bezieht sich auf die aktuelle Tabelle und den aktuellen Record-Zwischen-Puffer, und muß im Bereich *1..DBFldCount* liegen. Das Feld muß vom Typ „L“ sein (Logischer Typ).

Erläuterung *DBFldPutBool* schreibt in das Feld, das über *FldHdle* im Record-Zwischen-Puffer erreichbar ist, den Boolean-Wert *B*. Der Wert wird von der Funktion zuvor in den entsprechenden dBASE-Datentyp konvertiert. Das Funktionsergebnis entspricht dem Fehlerkode in der globalen Fehlervariablen *DBERROR* und hat bei erfolgreicher Ausführung den Wert *DBSUCCESS* (kein Fehler).

Die Funktion arbeitet unabhängig vom Modus *M_FLDREPLACES* und überschreibt den alten Feldinhalt immer mit dem neuen (siehe auch Kap. 4.2).

Hinweise Bei ungültigen Daten bzw. fehlerhafter Ausführung bekommt die globale Fehlervariable *DBERROR* den entsprechenden Fehlerkode zugewiesen, der zugleich Funktionsergebnis ist. Der Wert des Feldes bleibt hier unverändert.

Ein Record der Tabelle wird durch diese Funktion nicht geändert. Nach dem Ändern eines Feldwertes mit den *DBFldPut...*-Funktionen kann mit *DBRecAppend* oder *DBRecUpdate* der Inhalt eines Record-Zwischen-Puffers in die Tabelle geschrieben werden.

Querverweis *DBFldPut..., DBFldGet..., DBFldGetBool, DBRecAppend, DBRecUpdate*

Beispiel

```
PROGRAM PUTBOOL{.PAS};
USES DPACGBL,DPAC;
VAR TblHdle: Byte;
    B      : Boolean;
BEGIN
 DBInit; { Engine aktivieren }
 IF DBTblOpen(TblHdle,'TEST') THEN BEGIN
  B:= _YES; WriteLn('Feld 6 mit «',B,'» belegen.');
  DBShowErr(DBFldPutBool(6,B)); { Schreibe in Feld 6 }
  DBRecUpdate; { Record auf Platte aktualisieren }
 END;
END. { OF PROGRAM }
```

DBFldPutByte *DPACFLD.INC*

Funktion Schreibt einen Byte-Wert in ein ganzzahliges numerisches Feld.

Syntax FUNCTION *DBFldPutByte (FldHdle: Byte; B: Byte): Integer;*

Parameter *FldHdle* ist das Handle des Feldes, in das der Byte-Wert *B* geschrieben werden soll. Das Feld-Handle bezieht sich auf die aktuelle Tabelle und den aktuellen Record-Zwischen-Puffer, und muß im Bereich *1..DBFldCount* liegen. Der Typ des Feldes muß numerisch „N“ (oder „F“ bei dBASE IV) sein und das Feld darf keine Dezimalstellen besitzen.

Erläuterung *DBFldPutByte* schreibt in das Feld, das über FldHdle im Record-Zwischen-Puffer erreichbar ist, den Byte-Wert *B*. Der Wert wird von der Funktion zuvor in den entsprechenden dBASE-Datentyp konvertiert. Das Funktionsergebnis entspricht dem Fehlerkode in der globalen Fehlervariablen *DBERROR* und hat bei erfolgreicher Ausführung den Wert *DBSUCCESS* (kein Fehler).

Im Modus *M_STRICTCHECK* kontrolliert die Funktion, ob das Feld den neuen Feldwert von der Größe her aufnehmen kann und setzt bei zu großen Werten den Fehler *E_ISOUTOFRANGE*; sonst begrenzt sie den Wert auf die Größe des Feldes.

Die Funktion arbeitet unabhängig vom Modus *M_FLDREPLACES* und überschreibt den alten Feldinhalt in jedem Fall mit dem neuen (siehe auch Kapitel 4.2).

Hinweise Bei ungültigen Daten bzw. fehlerhafter Ausführung bekommt die globale Fehlervariable *DBERROR* den entsprechenden Fehlerkode zugewiesen, der zugleich Funktionsergebnis ist. Der Wert des Feldes bleibt in diesem Fall unverändert.

Ein Record der Tabelle wird durch diese Funktion nicht geändert. Nach dem Ändern eines Feldwertes mit den *DBFldPut...*-Funktionen kann mit *DBRecAppend* oder *DBRecUpdate* der Inhalt eines Record-Zwischen-Puffers in die Tabelle geschrieben werden.

Querverweis *DBFldPut..., DBFldGet..., DBFldGetByte, DBRecAppend, DBRecUpdate*

Beispiel

```
PROGRAM PUTBYTE{.PAS};
USES DPACGBL,DPAC;
VAR TblHdle: Byte;
    B    : Byte;
BEGIN
 DBInit; { Engine aktivieren }
 IF DBTblOpen(TblHdle,'TEST') THEN BEGIN
  B:= 100; WriteLn('Feld 3 mit «',B,'» belegen.');
  DBShowErr(DBFldPutByte(3,B)); { Schreibe in Feld 3 }
  DBRecUpdate; { Record auf Platte aktualisieren }
 END;
END. { OF PROGRAM }
```

DBFldPutChar — *DPACFLD.INC*

Funktion Schreibt ein einzelnes Zeichen in ein Zeichenfeld.

Syntax FUNCTION *DBFldPutChar (FldHdle: Byte; C: Char): Integer;*

Parameter *FldHdle* ist das Handle des Feldes, in das der Char-Wert *C* geschrieben werden soll. Das Feld-Handle bezieht sich auf die aktuelle Tabelle und den aktuellen Record-Zwischen-Puffer, und muß im Bereich *1..DBFldCount* liegen. Das Feld muß vom Typ „C" sein (Zeichenfeld).

Erläuterung *DBFldPutChar* schreibt in das Feld, das über FldHdle im Record-Zwischen-Puffer erreichbar ist, den Char-Wert *C*. Der Wert wird unverändert an die erste Position (erstes Zeichen links) im Feld geschrieben. Die Feldlänge kann aber durchaus auch größer als Eins sein. Das Funktionsergebnis entspricht dem Fehlerkode in der globalen Fehlervariablen *DBERROR* und hat bei erfolgreicher Ausführung den Wert *DBSUCCESS* (kein Fehler).

Ist der Modus *M_FLDREPLACES* aktiv, erfolgt das Löschen des alten Feldinhaltes vor dem Schreiben des neuen; andernfalls wird der alte Feldinhalt linksbündig mit dem neuen überschrieben (s. a. Kap. 4.2).

Hinweise Bei ungültigen Daten bzw. fehlerhafter Ausführung bekommt die globale Fehlervariable *DBERROR* den entsprechenden Fehlerkode zugewiesen, der zugleich Funktionsergebnis ist. Der Feldwert des Feldes bleibt in diesem Fall unverändert.

Da die Funktion das Zeichen unverändert in das Feld kopiert, hat der Anwender selbst darauf zu achten, daß *C* dem jeweiligen Feldtyp entsprechende Werte besitzt.

Ein Record der Tabelle wird durch diese Funktion nicht geändert. Nach dem Ändern eines Feldwertes mit den *DBFldPut...*-Funktionen kann mit *DBRecAppend* oder *DBRecUpdate* der Inhalt eines Record-Zwischen-Puffers in die Tabelle geschrieben werden.

Querverweis *DBFldPut..., DBFldGet..., DBFldGetChar, DBRecAppend, DBRecUpdate*

Beispiel

```
PROGRAM PUTCHAR{.PAS};
USES DPACGBL,DPAC;
VAR TblHdle: Byte;
    C       : Char;
BEGIN
 DBInit; { Engine aktivieren }
 IF DBTblOpen(TblHdle,'TEST') THEN BEGIN
  C:= 'A'; WriteLn('Feld 1 mit «',C,'» belegen.');
  DBShowErr(DBFldPutChar(1,C)); { Schreibe in Feld 1 }
  DBRecUpdate; { Record auf Platte aktualisieren }
 END;
END. { OF PROGRAM }
```

DBFldPutDate DPACFLD.INC

Funktion Schreibt einen Datumswert vom Typ DateTime in ein Datums-Feld.

Syntax FUNCTION *DBFldPutDate (FldHdle: Byte; D: DateTime): Integer;*

Parameter *FldHdle* ist das Handle des Feldes, in das geschrieben werden soll. Das Feld-Handle bezieht sich auf die aktuelle Tabelle und den aktuellen Record-Zwischen-Puffer und muß im Bereich *1..DBFldCount* liegen. Das Feld muß vom Typ „D“ (Datums-Feld) sein. Die Struktur-Elemente der als *D* übergebenen DateTime-Variablen werden konvertiert im Feld abgelegt. Der Typ DateTime ist in der Turbo-Pascal Unit *DOS* vereinbart.

Erläuterung *DBFldPutDate* schreibt in das Feld, das über *FldHdle* im Record-Zwischen-Puffer erreichbar ist, den DateTime-Wert *D*. Die Werte der Elemente in der Variablen *D* werden zuvor in den dBASE-Datentyp „D“ (Datum) konvertiert. Das Funktionsergebnis entspricht dem Fehlerkode in der globalen Fehlervariablen *DBERROR* und hat bei erfolgreicher Ausführung den Wert *DBSUCCESS* (kein Fehler).

Im Modus *M_STRICTCHECK* kontrolliert die Funktion, ob das Feld den neuen Feldwert von der Größe her aufnehmen kann und setzt bei zu großen Werten den Fehler *E_ISOUTOFRANGE*; sonst begrenzt sie den Wert auf die Größe des Feldes. Die Funktion arbeitet unabhängig vom Modus *M_FLDREPLACES* und überschreibt den alten Feldinhalt in jedem Fall mit dem neuen (siehe auch Kapitel 4.2).

Für die Daten in der als *D* übergebenen DateTime-Variablen gelten folgende Bereiche:

D.Day	*MinDay..MaxDay*	(Tag)
D.Month	*MinMonth..MaxMonth*	(Monat)
D.Year	*MinYear..MaxYear*	(Jahr)

Die Konstanten *MinYear* und *MaxYear* sind in der Unit *DPACGBL* vereinbart und wurden auf die Werte 0100 bzw. 9999 voreingestellt. Die Konstanten *MinMonth*, *MaxMonth* bzw. *MinDay* und *MaxDay* wurden auf die Grenzwerte von Monat und Tag gesetzt. Bei Unter- bzw. Überschreitung der oben aufgeführten Bereiche erhält *DBERROR* den Fehlerkode *E_ISOUTOFRANGE*; Schaltjahre werden bei der Kontrolle jedoch berücksichtigt.

Hinweise Bei ungültigen Daten, bzw. fehlerhafter Ausführung, bekommt die globale Fehlervariable *DBERROR* den entsprechenden Fehlerkode zugewiesen, der zugleich Funktionsergebnis ist. Der Wert des Feldes bleibt in diesem Fall unverändert.

Ein Record der Tabelle wird durch diese Funktion nicht geändert. Nach dem Ändern eines Feldwertes mit den *DBFldPut...*-Funktionen kann mit *DBRecAppend* oder *DBRecUpdate* der Inhalt eines Record-Zwischen-Puffers in die Tabelle geschrieben werden.

Querverweis *DBFldPut..., DBFldGet..., DBFldGetDate, DBRecAppend, DBRecUpdate*

Beispiel

```
PROGRAM PUTDATE{.PAS};
USES DPACGBL,DPAC,Dos; { Unit Dos für den Typ DateTime }
VAR TblHdle   : Byte;
    PD        : DateTime;
    y,m,d,dow : Word;
BEGIN
 DBInit; { Engine aktivieren }
 IF DBTblOpen(TblHdle,'TEST') THEN BEGIN
  GetDate(y,m,d,dow); { Aktuelles Datum holen}
  WITH PD DO BEGIN
   Day:= d; Month:= m; Year:= y; { Im Typ DateTime speichern }
  END;
  WriteLn('Feld 2 mit «',d,'.',m,'.',y,'» belegen.');
  DBShowErr(DBFldPutDate(2,PD)); { Schreibe in Feld 2 }
  DBRecUpdate; { Record auf Platte aktualisieren }
 END;
END. { OF PROGRAM }
```

DBFldPutDoub *DPACFLD.INC*

Funktion — Schreibt einen Double-Wert in ein numerisches Feld.

Syntax — FUNCTION *DBFldPutDoub (FldHdle: Byte; D: Double): Integer;*

Parameter — *FldHdle* ist das Handle des Feldes, in das der Double-Wert *D* geschrieben werden soll. Das Feld-Handle bezieht sich auf die aktuelle Tabelle und den aktuellen Record-Zwischen-Puffer, und muß im Bereich *1..DBFldCount* liegen. Der Typ des Feldes muß numerisch „N“ (oder „F“ bei dBASE IV) sein.

Erläuterung — *DBFldPutDoub* schreibt in das Feld, das über *FldHdle* im Record-Zwischen-Puffer erreichbar ist, den Double-Wert *D*. Der Wert wird zuvor in den entsprechenden dBASE-Datentyp konvertiert. Das Funktionsergebnis entspricht dem Fehlerkode in der globalen Fehlervariablen *DBERROR* und hat bei erfolgreicher Ausführung den Wert *DBSUCCESS* (kein Fehler). Im Modus *M_STRICTCHECK* kontrolliert die Funktion, ob das Feld den neuen Feldwert von der Größe her aufnehmen kann und setzt bei zu großen Werten den Fehler *E_ISOUTOFRANGE*; sonst begrenzt sie den Wert auf die Größe des Feldes.

Die Funktion arbeitet unabhängig vom Modus *M_FLDREPLACES* und überschreibt den alten Feldinhalt in jedem Fall mit dem neuen (siehe auch Kapitel 4.2).

Hinweise

Bei ungültigen Daten bzw. fehlerhafter Ausführung bekommt die globale Fehlervariable *DBERROR* den entsprechenden Fehlerkode zugewiesen, der zugleich Funktionsergebnis ist. Der Wert des Feldes bleibt in diesem Fall unverändert.

Der Fehlerkode *E_XX87NOTEXIST* wird gesetzt, wenn die Engine auf einem System mit mathematischem Koprozessor kompiliert wurde und nun auf einem System ohne Koprozessor läuft (siehe auch Kapitel 2.3). Ein Record der Tabelle wird durch diese Funktion nicht geändert. Nach dem Ändern eines Feldwertes mit den *DBFldPut..*-Funktionen kann mit *DBRecAppend* oder *DBRecUpdate* der Inhalt eines Record-Zwischen-Puffers in die Tabelle geschrieben werden.

Querverweis *DBFldPut..., DBFldGet..., DBFldGetDoub, DBRecAppend, DBRecUpdate*

Beispiel

```
PROGRAM PUTDOUB{.PAS};
{$N+}  { Numerische Operationen mit XX87 erlauben }
USES DPACGBL,DPAC;
VAR TblHdle: Byte;
    D      : Double;
BEGIN
 DBInit; { Engine aktivieren }
 IF DBTblOpen(TblHdle,'TEST') THEN BEGIN
  D:= 12.35; WriteLn('Feld 5 mit «',D:5:2,'» belegen.');
  DBShowErr(DBFldPutDoub(5,D)); { Schreibe in Feld 5 }
  DBRecUpdate; { Record auf Platte aktualisieren }
 END;
END. { OF PROGRAM }
```

DBFldPutInt DPACFLD.INC

Funktion Schreibt einen Integer-Wert in ein ganzzahliges numerisches Feld.

Syntax FUNCTION *DBFldPutInt (FldHdle: Byte; I: Integer): Integer;*

Parameter *FldHdle* ist das Handle des Feldes, in das der Integer-Wert *I* geschrieben werden soll. Das Feld-Handle bezieht sich auf die aktuelle Tabelle und den aktuellen Record-Zwischen-Puffer, und muß im Bereich *1..DBFldCount* liegen. Der Typ des Feldes muß numerisch „N" (oder „F" bei dBASE IV) sein und das Feld darf keine Dezimalstellen besitzen.

Erläuterung *DBFldPutInt* schreibt in das Feld, das über *FldHdle* im Record-Zwischen-Puffer erreichbar ist, den Integer-Wert *I*. Der Wert wird von der Funktion zuvor in den entsprechenden dBASE-Datentyp konvertiert. Das Funktionsergebnis entspricht dem Fehlerkode in der globalen Fehlervariablen *DBERROR* und hat bei erfolgreicher Ausführung den Wert *DBSUCCESS* (kein Fehler).

Im Modus *M_STRICTCHECK* kontrolliert die Funktion, ob das Feld den neuen Feldwert von der Größe her aufnehmen kann und setzt bei zu großen Werten den Fehler *E_ISOUTOFRANGE*; sonst begrenzt sie den Wert auf die Größe des Feldes.

Die Funktion arbeitet unabhängig vom Modus *M_FLDREPLACES* und überschreibt den alten Feldinhalt stets mit dem neuen (vgl. auch Kap. 4.2).

Hinweise Bei ungültigen Daten bzw. fehlerhafter Ausführung bekommt die globale Fehlervariable *DBERROR* den entsprechenden Fehlerkode zugewiesen, der auch Funktionsergebnis ist. Der Wert des Feldes bleibt in diesem Fall unverändert.

Ein Record der Tabelle wird durch diese Funktion nicht geändert. Nach dem Ändern eines Feldwertes mit den *DBFldPut..*-Funktionen kann mit *DBRecAppend* oder *DBRecUpdate* der Inhalt eines Record-Zwischen-Puffers in die Tabelle geschrieben werden.

Querverweis *DBFldPut..., DBFldGet..., DBFldGetInt, DBRecAppend, DBRecUpdate*

Beispiel

```
PROGRAM PUTINT{.PAS};
USES DPACGBL,DPAC;
VAR TblHdle: Byte;
    I      : Integer;
BEGIN
 DBInit; { Engine aktivieren }
 IF DBTblOpen(TblHdle,'TEST') THEN BEGIN
  I:= 32767; WriteLn('Feld 3 mit «',I,'» belegen.');
  DBShowErr(DBFldPutInt(3,I)); { Schreibe in Feld 3 }
  DBRecUpdate; { Record auf Platte aktualisieren }
 END;
END. { OF PROGRAM }
```

DBFldPutLong DPACFLD.INC

Funktion

Schreibt einen LongInt-Wert in ein ganzzahliges numerisches Feld.

Syntax

FUNCTION *DBFldPutLong (FldHdle: Byte; L: LongInt): Integer;*

Parameter

FldHdle ist das Handle des Feldes, in das der LongInt-Wert *L* geschrieben werden soll. Das Feld-Handle bezieht sich auf die aktuelle Tabelle und den aktuellen Record-Zwischen-Puffer und muß im Bereich *1..DBFldCount* liegen. Der Typ des Feldes muß numerisch „N" (oder „F" bei dBASE IV) sein und das Feld darf keine Dezimalstellen besitzen.

Erläuterung

DBFldPutLong schreibt in das Feld, das über *FldHdle* im Record-Zwischen-Puffer erreichbar ist, den LongInt-Wert *L*. Der Wert wird von der Funktion zuvor in den entsprechenden dBASE-Datentyp konvertiert. Das Funktionsergebnis entspricht dem Fehlerkode in der globalen Fehlervariablen *DBERROR* und hat bei erfolgreicher Ausführung den Wert *DBSUCCESS* (kein Fehler).

Im Modus *M_STRICTCHECK* kontrolliert die Funktion, ob das Feld den neuen Feldwert von der Größe her aufnehmen kann und setzt bei zu großen Werten den Fehler *E_ISOUTOFRANGE*; sonst begrenzt sie den Wert auf die Größe des Feldes.

Die Funktion arbeitet unabhängig vom Modus *M_FLDREPLACES* und überschreibt den alten Feldinhalt in jedem Fall mit dem neuen (siehe auch Kapitel 4.2).

Hinweise

Bei ungültigen Daten bzw. fehlerhafter Ausführung bekommt die globale Fehlervariable *DBERROR* den entsprechenden Fehlerkode zugewiesen, der zugleich Funktionsergebnis ist. Der Wert des Feldes bleibt in diesem Fall unverändert.

Ein Record der Tabelle wird durch diese Funktion nicht geändert. Nach dem Ändern eines Feldwertes mit den *DBFldPut..*-Funktionen kann mit *DBRecAppend* oder *DBRecUpdate* der Inhalt eines Record-Zwischen-Puffers in die Tabelle geschrieben werden.

Querverweis

DBFldPut..., DBFldGet..., DBFldGetLong, DBRecAppend, DBRecUpdate

Beispiel

```
PROGRAM PUTLONG{.PAS};
USES DPACGBL,DPAC;
VAR TblHdle: Byte;
    L      : LongInt;
BEGIN
 DBInit; { Engine aktivieren }
 IF DBTblOpen(TblHdle,'TEST') THEN BEGIN
  L:= 2147483647; WriteLn('Feld 4 mit «',L,'» belegen.');
  DBShowErr(DBFldPutLong(4,L)); { Schreibe in Feld 4 }
  DBRecUpdate; { Record auf Platte aktualisieren }
 END;
END. { OF PROGRAM }
```

DBFldPutName *DPACFLD.INC*

Funktion Gibt einem Feld einen neuen Feldnamen.

Syntax FUNCTION *DBFldPutName (FldHdle: Byte; Lbl: FldNStr): Integer;*

Parameter *FldHdle* ist das Handle des Feldes, dessen Name geändert werden soll. Das Feld-Handle bezieht sich auf die aktuelle Tabelle und muß im Bereich *1..DBFldCount* liegen. *Lbl* enthält den neuen Namen für das Feld. Der Typ *FldNStr* ist in der Unit *DPACGBL* vereinbart und kann max. *_LLBL* (Default 10) Zeichen aufnehmen.

Erläuterung *DBFldPutName* ändert den Feldnamen des Feldes, das über *FldHdle* erreichbar ist. Dazu muß der Funktion in der als *Lbl* übergebenen String-Variablen der neue Feldbezeichner mitgeteilt werden. Dieser muß den dBASE-Konventionen für Feldbezeichner entsprechen (siehe auch Kapitel 3.2) und kann ungeachtet der Groß- und Kleinschreibung angegeben sein (die Funktion wandelt den Feldnamen immer in Großbuchstaben um). Das Funktionsergebnis entspricht dem Fehlerkode in der globalen Fehlervariablen *DBERROR* und hat bei erfolgreicher Ausführung den Wert *DBSUCCESS* (kein Fehler). Der neue Feldname wird auf seine Gültigkeit und auf doppeltes Vorkommen in der Feldnamenliste kontrolliert. Im Modus *M_FLDNAMEGERM* können als Buchstaben auch deutsche Umlaute benutzt werden (siehe auch Kapitel 4.2).

Hinweise

Bei ungültigen Daten bzw. fehlerhafter Ausführung bekommt die globale Fehlervariable *DBERROR* den entsprechenden Fehlerkode zugewiesen, der zugleich Funktionsergebnis ist. Der Name des Feldes bleibt in diesem Fall unverändert.

Die Änderung des Feldnamens wirkt sich nicht unmittelbar auf die Tabelle aus. Um auch den geänderten Namen beim nächsten Öffnen der Tabelle vorzufinden, muß diese im Modus *M_FLDSDESCUPD* aktualisiert werden (siehe auch Kapitel 4.2). Im unten aufgeführten Beispiel wird diese Situation gezeigt.

Querverweis *DBFldHdle, DBFldName, DBTblClose, DBTblUpdate, DBSetMode*

Beispiel

```
PROGRAM PUTNAME{.PAS};
USES DPACGBL,DPAC;
VAR TblHdle: Byte;
    Name   : FldNStr;
BEGIN
 DBInit; { Engine aktivieren }
 IF DBTblOpen(TblHdle,'TEST') THEN BEGIN
  DBShowErr(DBFldName(1,Name)); { Bezeichner von Feld 1 }
  WriteLn('Feldname «',Name,'» in «ZEICHEN» umbenennen.');
  Name:= 'zeichen';
  {Neuer Bezeichner für Feld 1 }
  DBShowErr(DBFldPutName(1,Name));
 END;
 { Beim Schließen der Tabelle neuen Feldnamen schreiben }
 DBSetMode(M_FLDSDESCUPD);
 IF DBTblClose(TblHdle) THEN;
END. { OF PROGRAM }
```

DBFldPutReal — *DPACFLD.INC*

Funktion Schreibt einen Real-Wert in ein numerisches Feld.

Syntax FUNCTION *DBFldPutReal (FldHdle: Byte; R: Real): Integer;*

Parameter *FldHdle* ist das Handle des Feldes, in das der Real-Wert *R* geschrieben werden soll. Das Feld-Handle bezieht sich auf die aktuelle Tabelle und den aktuellen Record-Zwischen-Puffer und muß im Bereich *1..DBFldCount* liegen. Der Typ des Feldes muß numerisch „N“ (oder „F“ bei dBASE IV) sein.

Erläuterung *DBFldPutReal* schreibt in das Feld, das über *FldHdle* im Record-Zwischen-Puffer erreichbar ist, den Real-Wert *R*. Der Wert wird von der Funktion zuvor in den entsprechenden dBASE-Datentyp konvertiert. Das Funktionsergebnis entspricht dem Fehlerkode in der globalen Fehlervariablen *DBERROR* und hat bei erfolgreicher Ausführung den Wert *DBSUCCESS* (kein Fehler).

Im Modus *M_STRICTCHECK* kontrolliert die Funktion, ob das Feld den neuen Feldwert von der Größe her aufnehmen kann und setzt bei zu großen Werten den Fehler *E_ISOUTOFRANGE*; sonst begrenzt sie den Wert auf die Größe des Feldes.

Die Funktion arbeitet unabhängig vom Modus *M_FLDREPLACES* und überschreibt den alten Feldinhalt in jedem Fall mit dem neuen (siehe auch Kapitel 4.2).

Hinweise Bei ungültigen Daten bzw. fehlerhafter Ausführung bekommt die globale Fehlervariable *DBERROR* den entsprechenden Fehlerkode zugewiesen, der zugleich Funktionsergebnis ist. Der Wert des Feldes bleibt in diesem Fall unverändert.

Ein Record der Tabelle wird durch diese Funktion nicht geändert. Nach dem Ändern eines Feldwertes mit den *DBFldPut..*-Funktionen kann mit *DBRecAppend* oder *DBRecUpdate* der Inhalt eines Record-Zwischen-Puffers in die Tabelle geschrieben werden.

Querverweis *DBFldPut..., DBFldGet..., DBFldGetReal, DBRecAppend, DBRecUpdate*

Beispiel

```
PROGRAM PUTREAL{.PAS};
USES DPACGBL,DPAC;
VAR TblHdle: Byte;
    R      : Real;
BEGIN
 DBInit; { Engine aktivieren }
 IF DBTblOpen(TblHdle,'TEST') THEN BEGIN
  R:= 66.01; WriteLn('Feld 1 mit «',R:5:2,'» belegen.');
  DBShowErr(DBFldPutReal(5,R)); { Schreibe in Feld 5 }
  DBRecUpdate; { Record auf Platte aktualisieren }
 END;
END. { OF PROGRAM }
```

DBFldPutStr *DPACFLD.INC*

Funktion

Schreibt einen String in ein Zeichenfeld.

Syntax

FUNCTION *DBFldPutStr (FldHdle: Byte; S: String): Integer;*

Parameter

FldHdle ist das Handle des Feldes, in das der String *S* geschrieben werden soll. Das Feld-Handle bezieht sich auf die aktuelle Tabelle und den aktuellen Record-Zwischen-Puffer, und muß im Bereich *1..DBFldCount* liegen. Das Feld muß vom Typ „C" (Zeichenfeld) sein.

Erläuterung

DBFldPutStr schreibt in das Feld, das über *FldHdle* im Record-Zwischen-Puffer erreichbar ist, den String-Wert *S*. Der Wert gelangt unverändert in das Feld. Das Funktionsergebnis entspricht dem Fehlerkode in der globalen Fehlervariablen *DBERROR* und hat bei erfolgreicher Ausführung den Wert *DBSUCCESS* (kein Fehler).

Im Modus *M_STRICTCHECK* kontrolliert die Funktion, ob das Feld den neuen Feldwert von der Größe her aufnehmen kann und setzt bei zu großen Werten den Fehler *E_ISOUTOFRANGE*; sonst begrenzt sie den Wert auf die Größe des Feldes.

Ist der Modus *M_FLDREPLACES* aktiv, erfolgt das Löschen des alten Feldinhaltes vor dem Schreiben des neuen; andernfalls wird der alte Feldinhalt linksbündig mit dem neuen überschrieben (s. a. Kap. 4.2).

Hinweise

Bei ungültigen Daten bzw. fehlerhafter Ausführung bekommt die globale Fehlervariable *DBERROR* den entsprechenden Fehlerkode zugewiesen, der zugleich Funktionsergebnis ist. Der Wert des Feldes bleibt in diesem Fall unverändert.

Ein Record der Tabelle wird durch diese Funktion nicht geändert. Nach dem Ändern eines Feldwertes mit den *DBFldPut..*-Funktionen kann mit *DBRecAppend* oder *DBRecUpdate* der Inhalt eines Record-Zwischen-Puffers in die Tabelle geschrieben werden.

Querverweis

DBFldGet..., DBFldPut..., DBFldGetStr, DBRecAppend, DBRecUpdate

Beispiel

```
PROGRAM PUTSTR{.PAS};
USES DPACGBL,DPAC;
VAR TblHdle: Byte;
    S      : String;
BEGIN
 DBInit; { Engine aktivieren }
 IF DBTblOpen(TblHdle,'TEST') THEN BEGIN
  S:= 'Niklaus Wirth'; WriteLn('Feld 1 mit «',S,'» belegen.');
  DBShowErr(DBFldPutStr(1,S)); { Schreibe in Feld 1 }
  DBRecUpdate;     { Record auf Platte aktualisieren }
 END;
END. { OF PROGRAM }
```

DBFldReplace *DPACFLD.INC*

Funktion
Ersetzt einen Feldinhalt in der aktuellen Tabelle durch den Feldinhalt im aktuellen Record-Zwischen-Puffer.

Syntax
FUNCTION *DBFldReplace (RecHdle: LongInt; FldHdle: Byte): Integer;*

Parameter
FldHdle gibt das Handle des Feldes sowohl in der aktuellen Tabelle, als auch das im aktuellen Record-Zwischen-Puffer an, und muß im Bereich *1..DBFldCount* liegen. Der Record, auf den sich die Operation auswirkt, muß über das Handle *RecHdle* (Bereich *1..DBRecCount*) erreichbar sein.

Erläuterung
DBFldReplace schreibt direkt in das Feld, das über *FldHdle* im Record der Tabelle erreichbar ist, den Wert des Feldes, das an derselben Feldstelle im Record-Zwischen-Puffer gespeichert ist. Der Feldwert aus dem Record-Zwischen-Puffer gelangt unverändert in den Record *RecHdle* der Tabelle. Das Funktionsergebnis entspricht dem Fehlerkode in der globalen Fehlervariablen *DBERROR* und hat bei erfolgreicher Ausführung den Wert *DB-SUCCESS* (kein Fehler).

Im Gegensatz zu den *DBFldPut..*-Funktionen erfolgt hier ein direktes Schreiben in den Record auf Disk/Platte. Offene Indexdateien werden nicht aktualisiert!

Die Funktion arbeitet unabhängig vom Modus *M_FLDREPLACES* und überschreibt den alten Feldinhalt in jedem Fall mit dem neuen (siehe auch Kapitel 4.2).

Hinweise

Bei ungültigen Daten bzw. fehlerhafter Ausführung bekommt die globale Fehlervariable *DBERROR* den entsprechenden Fehlerkode zugewiesen, der zugleich Funktionsergebnis ist. Der Wert des Feldes im Record der Tabelle bleibt in diesem Fall unverändert. Der Suchbegriff kann mit Hilfe einer *DBPut..*-Funktion in den Record-Zwischen-Puffer geschrieben werden.

Querverweis *DBFldGet..., DBFldPut...*

Beispiel

```
PROGRAM REPLACE{.PAS};
USES DPACGBL,DPAC;
CONST chars = 'Zeichen';
VAR TblHdle : Byte;
BEGIN
 DBInit; { Engine aktivieren }
 WriteLn('Feldinhalt von Feld 1 wird ersetzt durch «'
          ,chars,'»');
 IF DBTblOpen(TblHdle,'TEST') THEN BEGIN
  { Zeichenkette in Feld schreiben }
  DBShowErr(DBFldPutStr(1,chars));
  { Record 1 mit Feldinhalt 1 ersetzen }
  DBShowErr(DBFldReplace(1,1));
 END;
END. { OF PROGRAM }
```

DBFldSearch DPACFLD.INC

Funktion

Sucht in einem Feld der Tabelle nach einem Wert, der in dem Feld eines Record-Zwischen-Puffers steht.

Syntax

FUNCTION *DBFldSearch (BufHdle,FldHdle: Byte; mode: SearchT): Integer;*

Parameter

BufHdle bezeichnet den Record-Zwischen-Puffer, in dem der Wert steht, der in der Tabelle gesucht werden soll. *FldHdle* bezeichnet sowohl das Feld im Record-Zwischen-Puffer *BufHdle*, in dem der Wert abgelegt ist, als auch das Feld in dem oder den Record(s) der Tabelle, wo gesucht wird. *mode* schließlich legt den Suchmodus fest: mit *FIRST* beginnt der Suchvorgang beim ersten Record, mit *NEXT* beim Record, der auf den aktuellen folgt. Alle genannten Parameter beziehen sich auf die aktuelle Tabelle.

Erläuterung *DBFldSearch* sucht in der aktuellen Tabelle nach dem Wert, der im Record-Zwischen-Puffer *BufHdle* im Feld *FldHdle* eingetragen ist. Der Wert (Suchbegriff) muß zuvor mit einer der *DBFldPut..*-Funktionen in das Feld des Puffers geschrieben werden. Dabei ist die Groß- und Kleinschreibung zu berücksichtigen. Wie gesucht wird, läßt sich mit dem Parameter *mode* festlegen (siehe oben).

Im Modus *M_SEARCHEXACT* sucht die Funktion den vollständigen Feldwert in der Tabelle; ansonsten schneidet sie nachfolgende Leerzeichen im Feld ab und sucht nach einer Entsprechung für diesen Teilbegriff. Ist der Modus *M_WITHDELETED* aktiviert, werden bei der Suche auch Werte in gelöscht markierten Records gefunden; sonst ignoriert die Funktion solche Records.

Verläuft die Suche erfolgreich, erhält die globale Variable *found* den Wert *TRUE* und der Record, in dem der Suchbegriff steht, wird zum aktuellen Record und gelangt in den aktuellen Record-Zwischen-Puffer. Gibt es keine Entsprechung, ist *found* mit *FALSE* belegt und der Record-Zwischen-Puffer ändert sich nicht.

Das Funktionsergebnis entspricht dem Fehlerkode in der globalen Fehlervariablen *DBERROR* und hat bei erfolgreicher Ausführung den Wert *DBSUCCESS* (kein Fehler).

Hinweise Bei ungültigen Daten bzw. fehlerhafter Ausführung (z.B. Erreichen des Tabellen-Endes beim Suchen) bekommt die globale Fehlervariable *DBERROR* den entsprechenden Fehlerkode zugewiesen, der zugleich Funktionsergebnis ist. Der Inhalt des aktuellen Record-Zwischen-Puffers bleibt in diesem Fall unverändert, und die Variable *found* erhält den Wert *FALSE*.

Position des internen Recordzeigers und Handle des aktuellen Records werden durch die Suche verändert!

Die Funktion richtet für die Suche einen Puffer ein, der mindestens so groß wie ein Record der Tabelle ist und maximal so groß wie die Konstante *SBufSize* (vereinbart in *DPACGBL*). Die benötigte Größe ist abhängig von der Anzahl der Records und der Recordgröße. Damit eine erfolgreiche Suche möglich ist, muß der geforderte Speicherplatz vorhanden sein, sonst bricht die Funktion mit einem Fehler ab.

Querverweis *DBTbl...*, *DBFldPut...*, *DBFldGet...*, *DBRecBufOpen*

Beispiel

```
PROGRAM FLDSRCH{.PAS};
USES DPACGBL,DPAC;
VAR TblHdle: Byte;
    FldHdle: Byte;
BEGIN
 DBInit; { Engine aktivieren }
 IF DBTblOpen(TblHdle,'TEST') THEN BEGIN
  { Im Feld 1 nach Teilbegriff «Hallo» in der ganzen }
  { Tabelle suchen (beginne mit Record 1: FIRST)      }
  { Zuerst «Hallo» in Feld 1 geschrieben, erst dann   }
  { kann mit der Suche begonnen werden.               }
  FldHdle:= 1;
  DBShowErr(DBFldPutStr(FldHdle,'Hallo'));
  DBERROR:= DBFldSearch(DBActBuf,FldHdle,FIRST);

  { War Suche erfolgreich, dann ist found=TRUE }
  IF not found THEN
    WriteLn('Suchbegriff «Hallo» nicht gefunden ')
  ELSE
    WriteLn('Begriff «Hallo» in Record ',DBActRec,
            ' gefunden.');
 END;
END. { OF PROGRAM }
```

DBFldTestName — *DPACINF.INC*

Funktion — Prüft, ob ein Feldname gültige Zeichen enthält.

Syntax — FUNCTION *DBFldTestName (FldName: FldNStr): Boolean;*

Parameter — *FldName* ist ein String des Typs *FldNStr* und enthält den Feldnamen, der überprüft werden soll. Der Typ *FldNStr* ist in der Unit *DPACGBL* vereinbart und kann max. *_LLBL* (Default 10) Zeichen aufnehmen.

Erläuterung — *DBFldTestName* überprüft den übergebenen Feldnamen *FldName* auf seine Gültigkeit. Für die Prüfung werden die dBASE-Namenskonventionen für Feldbezeichner zugrunde gelegt:

- Erstes Zeichen muß ein Buchstabe sein.
- Es dürfen nur Buchstaben, Ziffern und „_“ - Zeichen vorkommen.

- ❑ Die Länge des Namens darf maximal *_LLBL* (Default 10) Zeichen sein.

Der letzte Punkt ist durch den String-Typ *FldNStr* erfüllt, da längere Strings vom Pascal-System automatisch abgeschnitten werden. Die Funktion gibt den Wert *TRUE* zurück, wenn der Feldname gültig ist; sonst *FALSE.*

Hinweise Im Modus *M_FLDNAMEGERM* sind als Buchstaben auch deutsche Umlaute zugelassen (siehe auch Kapitel 4.2).

Querverweis *DBFld..., DBFldName, DBFldPutName*

Beispiel

```
PROGRAM TESTNAME{.PAS};
USES DPACGBL,DPAC;
VAR TblHdle: Byte;
    Name   : FldNStr;
BEGIN
 DBInit; { Engine aktivieren }
 IF DBTblOpen(TblHdle,'TEST') THEN BEGIN
  Name:= 'Ökonomie'; { Zu prüfender Feldbezeichner }
   (*** Ergibt TRUE als Ergebnis ***)
  DBSetMode(M_FLDNAMEGERM); { Deutsche Umlaute erlaubt! }
  WriteLn('Modus: deutsche Umlaute erlaubt.');
  IF DBFldTestName(Name) THEN    { Bezeichner testen }
    WriteLn('Feldname «',Name,'» ist gültig.');
   (*** Ergibt FALSE als Ergebnis ***)
  DBClrMode(M_FLDNAMEGERM); {Keine deutschen Umlaute erlaubt}
  WriteLn(#10#13'Modus: deutsche Umlaute nicht erlaubt.');
  IF NOT DBFldTestName(Name) THEN { Bezeichner testen }
    WriteLn('Feldname «',Name,'» ist ungültig.');
 END;
END. { OF PROGRAM }
```

DBFldType *DPACINF.INC*

Funktion Ermittelt den Datentyp eines Feldes.

Syntax FUNCTION *DBFldType (FldHdle: Byte): Char;*

Parameter *FldHdle* ist das Handle des Feldes, für das der Feldtyp ermittelt werden soll. Das Feld-Handle bezieht sich auf die aktuelle Tabelle, und muß im Bereich *1..DBFldCount* liegen.

Erläuterung *DBFldType* gibt den Feldtyp für das zu prüfende Feld als Char zurück. Das Ergebnis der Funktion ist bei erfolgreicher Ausführung einer der folgenden Werte: 'C', 'D', 'L', 'M', oder 'N' bei dBASE III/III Plus- Tabellen und zusätzlich 'F' bei dBASE IV-Tabellen.

Hinweise Ist die Engine-Umgebung noch nicht initialisiert oder wurde noch kein Arbeitsbereich eingerichtet, liefert die Funktion den Wert 'U' (für undefiniert) und setzt die globale Fehlervariable *DBERROR* auf den Fehlerkode *E_NOTINSTALLED* bzw. *E_WRONGWKGAREA*.

Gültige Feldtypen können auch dem Kapitel 3 entnommen werden.

Querverweis *DBFldLen, DBFldDec, DBFldName, DBFldMDX*

Beispiel

```
PROGRAM FLDTYPE{.PAS};
USES DPACGBL,DPAC;
VAR TblHdle: Byte;
BEGIN
 DBInit; { Engine aktivieren }
 IF DBTblOpen(TblHdle,'TEST') THEN
  WriteLn('Feld 1 hat den Datentyp «',DBFldType(1),'»');
END. { OF PROGRAM }
```

DBGetBlockSize DPACINF.INC

Funktion Ermittelt die eingestellte Blockgröße für Memofelder (dBASE IV).

Syntax FUNCTION *DBGetBlockSize: Byte;*

Erläuterung Die Funktion gibt eine Zahl zwischen 1 und 32 zurück. Multipliziert mit dem Wert 512 gibt sie die Blockgröße in Bytes an, die in der Engine-Umgebung für Memofelder eingestellt wurde. Die ermittelte Zahl ist nach dem Aufruf von *DBInit* immer 1 und entspricht somit dem Wert, der in dBASE III/III Plus-Tabellen fest eingestellt ist.

Hinweise

Falls die Engine-Umgebung noch nicht initialisiert wurde, liefert die Funktion die Zahl 0 und setzt die globale Fehlervariable *DBERROR* auf den Fehlerkode *E_NOTINSTALLED*.

Das Ergebnis der Funktion ist nicht zu verwechseln mit dem der Routine *DBTblBlockSize*. Dort wird nur die für die aktuelle Tabelle gültige Größe angegeben.

Die Blockgröße kann mit der Prozedur *DBSetBlockSize* eingestellt werden, wirkt sich aber nur auf dBASE IV-Tabellen aus. dBASE IV-Memodateien, die nach dem Ändern der Blockgröße mit den Funktionen *DBTblCreate* und *DBMmoCreate* angelegt werden, weisen die neue Größe auf.

Querverweis

DBSetBlockSize, DBTblBlockSize, DBTblCreate, DBMmoCreate

Beispiel

```
PROGRAM BLOCKSIZ{.PAS};
USES DPACGBL,DPAC;
BEGIN
 DBInit; { Engine aktivieren }
 WriteLn('Aktuelle Blockgröße für Memofelder ist ',
         DBGetBlockSize*512,' Bytes.');
END. { OF PROGRAM }
```

DBIndClose *DPACIND.INC*

Funktion

Schließt einen offenen Index im aktuellen Arbeitsbereich.

Syntax

FUNCTION *DBIndClose (IndHdle: Byte): Boolean;*

Parameter

IndHdle bezeichnet das gültige Handle des Indexes, der geschlossen werden soll, und muß im Bereich *1..DBIndCount* liegen.

Erläuterung

Diese Funktion übernimmt das Schließen eines Indexes der aktuellen Tabelle, der zuvor mit *DBIndOpen* geöffnet wurde und über das Handle *IndHdle* erreichbar ist. Dabei wird die Indexdatei geschlossen und der gesamte für diesen Index zugeteilte Speicherbereich freigegeben. Bei erfolgreicher Ausführung gibt die Funktion den Wert *TRUE* zurück.

Hinweise

Kann der Index nicht geschlossen werden, liefert die Funktion den Wert *FALSE* und setzt die globale Fehlervariable *DBERROR* auf den entsprechenden Fehlerkode.

Sind bei der Ausführung mehrere Indexe geöffnet, wird der nächste verfügbare Index zum Primärindex. Ist der gerade geschlossene Index nicht der Primärindex, ändert sich das aktuelle Index-Handle nicht. In beiden Fällen folgt jedoch der Recordzeiger dem neuen Primärindex. Erst wenn kein Index mehr offen ist, folgt der Recordzeiger wieder der unsortierten Reihenfolge.

Querverweis *DBInd..., DBActInd, DBIndCloseAll, DBIndCount, DBIndOpen*

Beispiel

```
PROGRAM INDCLOSE{.PAS};
USES DPACGBL,DPAC;
VAR TblHdle: Byte;
    IndHdle: Byte;

{$F+}  { Wichtig! als FAR kodiert }
FUNCTION MakeKey: KeyStr;
 VAR S: String;
 BEGIN
  { Erstes Feld ist Schlüsselausdruck }
  DBERROR:= DBFldGetASCII(1,S); MakeKey:= S;
 END;
{$F-}

BEGIN
 DBInit;    { Engine aktivieren }
 { Tabelle TEST.DBF öffnen...   }
 IF NOT DBTblOpen(TblHdle,'TEST') THEN DBErrMsg;
 {..Indexdatei erstellen/öffnen }
 IF NOT DBIndCreate(IndHdle,'TEST',MakeKey) THEN DBErrMsg;
 WriteLn('Offene Indexe für Tabelle «TEST» : ',DBIndCount);
 IF NOT DBIndClose(IndHdle) THEN DBErrMsg;
 WriteLn('Offene Indexe für Tabelle «TEST» : ',DBIndCount);
END. { OF PROGRAM }
```

DBIndCloseAll — DPACIND.INC

Funktion Schließt alle offenen Indexe für den aktuellen Arbeitsbereich.

Syntax PROCEDURE *DBIndCloseAll*;

Erläuterung

Diese Funktion übernimmt das Schließen aller zur aktuellen Tabelle gehörenden Indexe, die zuvor mit *DBIndOpen* geöffnet wurden. Dabei werden die Indexdateien geschlossen und der gesamte für die Indexe zugeteilte Speicherbereich freigegeben. Nach erfolgreicher Ausführung folgt der Recordzeiger wieder der unsortierten Reihenfolge.

Hinweise

Ist die Engine-Umgebung noch nicht initialisiert oder wurde noch kein Arbeitsbereich eingerichtet, setzt die Prozedur die globale Fehlervariable *DBERROR* auf den Fehlerkode *E_NOTINSTALLED* bzw. *E_WRONGWKGAREA*. Fehler, die beim Schließen eines Indexes entstehen, werden ignoriert.

Querverweis

DBInd..., DBIndClose, DBIndOpen

Beispiel

```
PROGRAM ICLSEALL{.PAS};
USES DPACGBL,DPAC;
VAR TblHdle: Byte;
    IndHdle: Byte;

{$F+} { Wichtig! als FAR kodiert }
FUNCTION MakeKey: KeyStr;
 VAR S: String;
 BEGIN
  { Erstes Feld ist Schlüsselausdruck }
  DBERROR:= DBFldGetASCII(1,S); MakeKey:= S;
 END;
{$F-}

BEGIN
 DBInit;    { Engine aktivieren }
 { Tabelle TEST.DBF öffnen...    }
 IF NOT DBTblOpen(TblHdle,'TEST') THEN DBErrMsg;
 { ... 2 Indexdateien erstellen/öffnen }
 IF NOT DBIndCreate(IndHdle,'IND1',MakeKey) THEN DBErrMsg;
 IF NOT DBIndCreate(IndHdle,'IND2',MakeKey) THEN DBErrMsg;
 Writeln('Anzahl offener Indexe vor DBIndCloseAll ist ',
         DBIndCount);
 DBIndCloseAll; { Alle offenen Indexdateien schließen }
 Writeln('Anzahl offener Indexe nach DBIndCloseAll ist ',
         DBIndCount);
END. { OF PROGRAM }
```

DBIndCount DPACINF.INC

Funktion

Ermittelt die Anzahl der offenen Indexe für den aktuellen Arbeitsbereich.

Syntax

FUNCTION *DBIndCount: Byte;*

Erläuterung

Diese Funktion gibt die Anzahl aller für die aktuelle Tabelle offenen Indexe als Byte-Wert zurück. Die Zahl kann bei erfolgreicher Ausführung einen Wert im Bereich *0..MaxIndex* einnehmen.

Hinweise

Ist die Engine-Umgebung noch nicht initialisiert oder wurde noch kein Arbeitsbereich eingerichtet, liefert die Funktion den Wert 0 und setzt die globale Fehlervariable *DBERROR* auf den Fehlerkode *E_NOTINSTALLED* bzw. *E_WRONGWKGAREA.*

Querverweis

DBInd..., DBIndClose, DBIndOpen, DBIndSelect

Beispiel

```
PROGRAM INDCOUNT{.PAS};
USES DPACGBL,DPAC;
VAR TblHdle: Byte;
    IndHdle: Byte;

{$F+}  { Wichtig! als FAR kodiert }
FUNCTION MakeKey: KeyStr;
 VAR S: String;
 BEGIN
  { Erstes Feld ist Schlüsselausdruck }
  DBERROR:= DBFldGetASCII(1,S); MakeKey:= S;
 END;
{$F-}

BEGIN
 DBInit;    { Engine aktivieren }
 { Tabelle TEST.DBF öffnen...   }
 IF NOT DBTblOpen(TblHdle,'TEST') THEN DBErrMsg;
 {..Indexdatei öffnen }
 IF DBIndOpen(IndHdle,'TEST',MakeKey) THEN;
 WriteLn('Offene Indexe für Tabelle «TEST» : ',DBIndCount);
END. { OF PROGRAM }
```

DBIndCreate *DPACIND.INC*

Funktion

Legt einen neuen Index zur aktuellen Tabelle an.

Syntax

FUNCTION *DBIndCreate (VAR IndHdle: Byte; IndName:TblStr; UserFunc: FuncKeyType): Boolean;*

Parameter

In der als *IndHdle* übergebenen Byte-Variablen speichert die Funktion das Handle ab, mit dem später auf den Index bezug genommen wird. *IndName* ist der Name des Indexes, der den DOS-üblichen Konventionen für Dateinamen entsprechen muß. Wird keine Extension angegeben, fügt die Funktion *INDExt* an (Default '.IND', vereinbart in Unit *DPACGBL*). *UserFunc* ist ein Funktions-Parameter vom Typ *FuncKeyType* (vereinbart in Unit *DPACGBL*). Er zeigt auf die vom Anwender definierte Schlüsselfunktion, deren Funktionskopf dem von *FuncKeyType* entspricht und als *FAR {$F+}* deklariert sein muß. Funktionen vom Typ *FuncKeyType* liefern bei ihrem Aufruf einen String vom Typ *KeyStr* zurück (siehe auch Beispiel).

Erläuterung

Die Funktion *DBIndCreate* versucht mit obigen Parametern einen Index zur aktuellen dBASE-Tabelle zu erzeugen. Dabei müssen mindestens folgende Bedingungen erfüllt sein:

- ❑ Ein weiteres Index- und Datei-Handle muß verfügbar sein.
- ❑ Die Engine darf den Index nicht bereits in ihrer Verwaltung haben.
- ❑ Für die Erstellung und Verwaltung des Indexes muß genügend Speicherplatz vorhanden sein.

Sind alle diese Bedingungen erfüllt, kann der Index erzeugt werden. Eine bereits existierende Indexdatei mit gleichem Namen, wird ohne Warnung überschrieben.

Die Indizierung erfolgt indexsequentiell, d.h. der Inhalt der Tabelle bleibt erhalten, es ändert sich nur die logische Reihenfolge der Records. Aus der Tabelle wird dazu aus allen Records der Schlüsselausdruck, nach dem die Tabelle sortiert werden soll, mit zugehörigem Record-Handle herauskopiert, sortiert und in aufsteigender Reihenfolge in der Indexdatei gespeichert. Während des Sortiervorganges ruft *DBIndCreate* die vom Anwender definierte Schlüsselfunktion auf, die bei jedem Aufruf gleich lange Strings zurückliefern muß.

Wenn die Engine im Modus *M_WITHUNIQUES* arbeitet, werden auch Schlüsselausdrücke mit in den Index aufgenommen, die in mehreren Records vorkommen; sonst wird jeweils nur der erste Record verwendet, in dem der Ausdruck steht. Bei erfolgreicher Ausführung liefert die Funktion den Wert *TRUE*, und der neu angelegte Index wird zum Primärindex. In *IndHdle* wird dann das Handle des Indexes zurückgegeben, eine Zahl im Bereich *1..MaxIndex*. Der Recordzeiger steht danach auf dem ersten logischen Record, welcher auch in den aktuellen Record-Zwischen-Puffer kopiert wird. Im Modus *M_SHOWMESSAGE* zeigt die *DBIndCreate* das Indizieren am Bildschirm an.

Hinweise

Kann der Index nicht angelegt werden, bzw. wurden falsche Daten übergeben, liefert die Funktion den Wert *FALSE* und setzt die globale Fehlervariable *DBERROR* auf den entsprechenden Fehlerkode. *IndHdle* erhält dann den Wert 0.

Für die Erstellung einer Schlüsselfunktion und des darin gebildeten Schlüsselausdrucks sollte man folgendes beachten:

- ❑ Eine Schlüsselfunktion muß immer als *FAR {$F+}* kodiert sein und darf *auf keinen Fall* in einer anderen Routine eingeschachtelt sein (siehe Beispiel).
- ❑ Die Schlüsselfunktion muß bei jedem ihrer Aufrufe einen String fester Länge liefern. Sind die zurückgegebenen Ausdrücke unterschiedlich lang, liefert die Engine den Fehlerkode *E_WRONGKEYSIZE*. Am besten eignet sich die Funktion *DBFldGetASCII* für die Schlüsselbildung.
- ❑ Eine Schlüsselfunktion darf nur „passiv" arbeiten, d.h. sie sollte z.B. nicht die Recordposition in der Tabelle ändern oder Feldwerte manipulieren.
- ❑ Der Schlüsselausdruck sollte der Übersichtlichkeit halber nur aus dem oder den Feldern eines Records gebildet werden. Von Vorteil sind auch „eindeutige" Ausdrücke, d.h. ein Ausdruck kann nur jeweils in einem Record vorkommen. Dadurch verbessert sich der Zugriff auf die Daten im Index.

ACHTUNG: Die erzeugte Indexdatei weist nicht das Format einer dBASE-Indexdatei auf und kann somit auch nicht unter dBASE geöffnet werden.

Querverweis *DBInd..., DBIndOpen, DBIndSelect, DBIndUnique, DBClrMode, DBSetMode, DBTestMode*

Beispiel

```
PROGRAM ICREATE{.PAS};
USES DPACGBL,DPAC;
VAR TblHdle: Byte;
    IndHdle: Byte;

{$F+}  { Wichtig! als FAR kodiert }
FUNCTION MakeKey: KeyStr;
 VAR S: String;
 BEGIN
  { Erstes Feld ist Schlüsselausdruck }
  DBERROR:= DBFldGetASCII(1,S); MakeKey:= S;
 END;
{$F-}

BEGIN
 DBInit;    { Engine aktivieren }
 { Tabelle TEST.DBF öffnen...    }
 IF NOT DBTblOpen(TblHdle,'TEST') THEN DBErrMsg;
 {..Indexdatei erstellen/öffnen }
 IF NOT DBIndCreate(IndHdle,'TEST',MakeKey) THEN DBErrMsg;
 WriteLn('Indexdatei «TEST.IND» wurde soeben erstellt.');
END. { OF PROGRAM }
```

DBIndFind *DPACIND.INC*

Funktion Sucht im Primärindex nach einem Schlüsselausdruck.

Syntax FUNCTION *DBIndFind (Search: KeyStr): Integer;*

Parameter *Search* ist vom Typ *KeyStr* (String vereinbart in Unit *DPACGBL*) und bildet den Ausdruck, nach dem im Primärindex gesucht werden soll.

Erläuterung Die Funktion *DBIndFind* durchsucht den Primärindex der aktuellen Tabelle nach der Zeichenkette, die der Anwender im Parameter *Search* übergibt. Der erste Record, in dem eine Entsprechung gefunden wird, ist dann der aktuelle Record und sein Inhalt gelangt in den aktuellen Record-Zwischen-Puffer. In diesem Fall bekommt die globale Variable *found* den Wert *TRUE*. Falls *DBIndFind* den Suchbegriff nicht findet, positioniert sie den Recordzeiger hinter das Ende des Recordbereichs und „leert" den Record-Zwischen-Puffer (*found* ist dann *FALSE*).

Ist der Suchbegriff kürzer als die Länge der Schlüssel im Index, füllt die Funktion den Suchstring bis zur Schlüssellänge mit Leerzeichen auf. Groß- und Kleinschreibung werden bei der Suche ebenso berücksichtigt, wie Umlaute und „ß". Im Modus *M_WITHDELETED* werden auch Ausdrücke in gelöscht markierten Records gefunden, sonst nicht.

Ist der Modus *M_SEARCHEXACT* aktiv, muß eine eindeutige Entsprechung des Suchbegriffs im Index gefunden werden. Ist *M_SEARCHEXACT* nicht aktiv und wird die gesuchte Zeichenkette nicht gefunden, ist der Record, in dem ein Begriff gefunden wurde und der dem gesuchten am nächsten kommt (der nächstgrößere Wert), der neue aktuelle Record.

Das Ergebnis der Funktion und der Wert in der globalen Fehlervariablen *DBERROR* sind identisch und bei erfolgreicher Ausführung *DBSUCCESS* (kein Fehler).

Hinweise

Ist die Engine-Umgebung noch nicht initialisiert oder wurde noch kein Arbeitsbereich eingerichtet, liefert die Funktion den Wert *E_NOTINSTALLED* bzw. *E_WRONGWKGAREA*. Der Wert *E_INDNOTACTIVE* wird zurückgegeben, wenn kein Primärindex aktiv ist.

Die globale Variable *found* erhält nur dann den Wert *TRUE*, wenn eine exakte Entsprechung des Suchbegriffs gefunden wurde. Dies trifft auch dann zu, wenn der Modus *M_SEARCHEXACT* nicht aktiv ist.

Positioniert die Funktion den Recordzeiger hinter das Ende des Recordbereichs, gibt sie den Wert *E_TBLCOMETOEOF* zurück. In diesem Fall wurde nichts gefunden (auch keine Teilentsprechung) und die globale Variable *found* besitzt den Wert *FALSE*.

Wird der Suchbegriff im Modus *M_WITHDELETED* in einem gelöscht markierten Record gefunden und ist der Modus *M_SEARCHEXACT* nicht aktiv, setzt die Funktion den Recordzeiger auf den nächsten nicht markierten Record in Indexreihenfolge; ansonsten hinter den Recordbereich.

Querverweis *DBInd..., DBIndKeyLen, DBIndOpen, DBIndSelect*

Beispiel

```
PROGRAM INDFIND{.PAS};
USES DPACGBL,DPAC;
VAR TblHdle: Byte;
    IndHdle: Byte;
    Result : Integer;
    S      : String;

{$F+}  { Wichtig! als FAR kodiert }
FUNCTION MakeKey: KeyStr;
 BEGIN
  { Erstes Feld ist Schlüsselausdruck }
  DBERROR:= DBFldGetASCII(1,S); MakeKey:= S;
 END;
{$F-}

BEGIN
 DBInit;     { Engine aktivieren }
 { Tabelle TEST.DBF öffnen...    }
 IF NOT DBTblOpen(TblHdle,'TEST') THEN DBErrMsg;
 {..Indexdatei erstellen/öffnen }
 IF NOT DBIndCreate(IndHdle,'TEST',MakeKey) THEN DBErrMsg;
 { Neuen Record anhängen }
 DBERROR:= DBFldPutStr(1,'Anton Huber'); DBRecUpdate;

 { Nach Eintrag «Armin» suchen }
 Result:= DBIndFind('Armin');
 IF (Result=DBSUCCESS) THEN BEGIN
  DBERROR:= DBFldGetASCII(1,S);
  WriteLn('1. Gefunden wurde [',S,'] in Record ',DBActRec);
  IF found THEN WriteLn('Suchbegriff exakt gefunden.')
   ELSE WriteLn('Suchbegriff nicht gefunden.')
 END;

 { Nach Eintrag «Armin» exakt suchen }
 DBSetMode(M_SEARCHEXACT);
 Result:= DBIndFind('Armin');
 IF found THEN BEGIN
  DBERROR:= DBFldGetASCII(1,S);
  WriteLn('2. Gefunden wurde [',S,'] in Record ',DBActRec);
 END ELSE Writeln('2. Nichts gefunden!'#10#13);
END. { OF PROGRAM }
```

DBIndKeyLen *DPACINF.INC*

Funktion Ermittelt die Schlüssellänge eines Indexeintrages im ausgewählten Index.

Syntax FUNCTION *DBIndKeyLen (IndHdle: Byte): Byte;*

Parameter *IndHdle* ist das gültige Handle des Indexes, für dessen Einträge die Länge der Schlüssel bestimmt werden soll. Es bezieht sich auf die aktuelle Tabelle, und muß im Bereich *1..DBIndCount* liegen.

Erläuterung *DBIndKeyLen* gibt die Länge eines Schlüssels des Indexes als Byte-Wert zurück, der über das Handle *IndHdle* im aktuellen Arbeitsbereich verfügbar ist. Diese Schlüssellänge ist für alle Einträge im Index konstant. Sie kann bei erfolgreicher Ausführung einen Wert im Bereich *1..MaxKeyLen* einnehmen. Ein korrektes Ergebnis der Funktion ist für den ausgewählten Index auch identisch mit der Länge des Rückgabestrings der Schlüsselfunktion (siehe im Beispiel Funktion MakeKey).

Hinweise Bei fehlerhafter Ausführung ist das Ergebnis 0. Ist die Engine-Umgebung noch nicht initialisiert oder wurde noch kein Arbeitsbereich eingerichtet, setzt die Funktion die globale Fehlervariable *DBERROR* auf den Wert *E_NOTINSTALLED* bzw. *E_WRONGWKGAREA*. *DBERROR* bekommt den Fehlerkode *E_WRONGINDHDLE* zugewiesen, wenn kein gültiges Handle übergeben wurde. Die Eintragsgröße im Index läßt sich bestimmen, indem man zum Funktionsergebnis einfach die Zahl 5 addiert.

Querverweis *DBInd..., DBIndCreate, DBIndOpen, DBIndSelect*

Beispiel

```
PROGRAM IKEYLEN{.PAS};
USES DPACGBL,DPAC;
VAR TblHdle: Byte;
    IndHdle: Byte;

{$F+} { Wichtig! als FAR kodiert }
FUNCTION MakeKey: KeyStr;
 VAR S: String;
 BEGIN
  { Erstes Feld ist Schlüsselausdruck }
  DBERROR:= DBFldGetASCII(1,S); MakeKey:= S;
 END;
{$F-}

BEGIN
 DBInit;    { Engine aktivieren }
 { Tabelle TEST.DBF öffnen...   }
 IF NOT DBTblOpen(TblHdle,'TEST') THEN DBErrMsg;
 {..Indexdatei erstellen/öffnen }
 IF NOT DBIndCreate(IndHdle,'TEST',MakeKey) THEN DBErrMsg;
 WriteLn('Die Indexdatei «TEST.IND» besitzt Einträge, die ',
        DBIndKeyLen(IndHdle),' Bytes groß sind.');
 { Ergebnis ist normalerweise 15 Bytes }
END. { OF PROGRAM }
```

DBIndName *DPACINF.INC*

Funktion Ermittelt den Namen einer offenen Indexdatei.

Syntax FUNCTION *DBIndName (IndHdle: Byte): TblStr;*

Parameter *IndHdle* ist das Handle des Indexes dessen Dateiname bestimmt werden soll. Es bezieht sich auf die aktuelle Tabelle, und muß im Bereich *1..DBIndCount* liegen.

Erläuterung *DBIndName* ermittelt den Namen eines Indexes, der für die aktuelle Tabelle geöffnet wurde und über das Handle *IndHdle* erreichbar ist. Ist *IndHdle* ein gültiges Handle, gibt die Funktion den vollständigen Namen des Indexes bzw. der Indexdatei als Ergebnis zurück, ansonsten einen Leerstring ''. Besitzt die Tabelle keinen offenen Index, ist das Ergebnis der String 'NOS' (Recordzeiger folgt keiner Sortierreihenfolge).

Hinweise

Liefert die Funktion einen Leerstring '', setzt sie die globale Fehlervariable *DBERROR* auf den entsprechenden Fehlerkode *E_NOTINSTALLED*, wenn die Engine-Umgebung nicht initialisiert ist und auf *E_WRONGWKGAREA*, wenn keine Tabelle offen ist. Der Fehlerkode *E_WRONGINDHDLE* wird gesetzt, falls *IndHdle* ungültig war.

Querverweis *DBInd..., DBIndOpen, DBIndSelect*

Beispiel

```
PROGRAM INDNAME{.PAS};
USES DPACGBL,DPAC;
VAR TblHdle: Byte;
    IndHdle: Byte;

{$F+}  { Wichtig! als FAR kodiert }
FUNCTION MakeKey: KeyStr;
 VAR S: String;
 BEGIN
  { Erstes Feld ist Schlüsselausdruck }
  DBERROR:= DBFldGetASCII(1,S); MakeKey:= S;
 END;
{$F-}

BEGIN
 DBInit;     { Engine aktivieren }
 { Tabelle TEST.DBF öffnen...     }
 IF NOT DBTblOpen(TblHdle,'TEST') THEN DBErrMsg;
 {..Indexdatei erstellen/öffnen }
 IF NOT DBIndCreate(IndHdle,'TEST',MakeKey) THEN DBErrMsg;
 WriteLn('Der Name der aktuellen Indexdatei ist ',
        DBIndName(IndHdle));
END. { OF PROGRAM }
```

DBIndOpen DPACIND.INC

Funktion Öffnet einen bestehenden Index.

Syntax FUNCTION *DBIndOpen (VAR IndHdle: Byte; IndName: TblStr; UserFunc: FuncKeyType): Boolean;*

Parameter

In der als *IndHdle* übergebenen Byte-Variablen speichert die Funktion das Handle ab, mit dem später auf den Index Bezug genommen wird. *IndName* ist der Name des Indexes, der den DOS-üblichen Konventionen für Dateinamen entsprechen muß. Wird keine Extension angegeben, fügt die Funktion *INDExt* an (Default '.IND', vereinbart in Unit *DPACGBL*). *UserFunc* ist ein Funktions-Parameter vom Typ *FuncKeyType* (vereinbart in Unit *DPACGBL*). Er zeigt auf die vom Anwender definierte Schlüsselfunktion, deren Funktionskopf dem von *FuncKeyType* entspricht und als *FAR {$F+}* deklariert sein muß. Funktionen vom Typ *FuncKeyType* liefern bei ihrem Aufruf einen String vom Typ *KeyStr* zurück (siehe auch Beispiel).

Erläuterung

Die Funktion *DBIndOpen* versucht mit obigen Parametern einen bestehenden Index für die aktuelle dBASE-Tabelle zu öffnen. Dabei müssen mindestens folgende Bedingungen erfüllt sein:

- ❑ Ein weiteres Index- und Datei-Handle muß verfügbar sein.
- ❑ Die Engine darf den Index nicht bereits in ihrer Verwaltung haben.
- ❑ Die Indexdatei muß auf Disk/Platte verfügbar sein. Sie wird durch die Funktion zum Schreiben und Lesen geöffnet (also keine Indexdateien die den „READ ONLY" Status besitzen).
- ❑ Für die Verwaltung und eventuellen Änderungen des Indexes muß genügend Speicherplatz vorhanden sein.

Sind alle diese Bedingungen erfüllt, kann der Index geöffnet werden. Die Indizierung erfolgt indexsequentiell, d.h. der Inhalt der Tabelle bleibt erhalten, es ändert sich nur die logische Reihenfolge der Records. Die Funktion gibt der Engine einen Zeiger auf die vom Anwender definierte Schlüsselfunktion weiter, die bei jedem Aufruf gleich lange Strings zurückliefern muß. Die Schlüsselfunktion wird immer dann aufgerufen, wenn es während des Programmlaufs nötig ist, Änderungen am Index vorzunehmen.

War bei der Erstellung des Indexes der Modus *M_WITHUNIQUES* aktiv, werden auch weiterhin Schlüsselausdrücke mit in den Index aufgenommen, die in mehreren Records vorkommen; sonst wird jeweils nur der erste Record verwendet, in dem der Ausdruck steht. Der aktuelle Status von *M_WITHUNIQUES* wird beim Öffnen einer bestehenden Indexdatei nicht mit berücksichtigt. Bei erfolgreicher Ausführung liefert die Funktion den Wert *TRUE*, und der geöffnete Index wird zum Primärindex. In *IndHdle* wird dann das Handle des Indexes zurückgegeben, eine Zahl im Bereich *1..MaxIndex*. Der Recordzeiger steht danach auf dem ersten logischen Record, welcher auch in den aktuellen Record-Zwischen-Puffer kopiert wird.

Hinweise

Kann der Index nicht geöffnet werden bzw. wurden falsche Daten übergeben, liefert die Funktion den Wert *FALSE* und setzt die globale Fehlervariable *DBERROR* auf den entsprechenden Fehlerkode; *IndHdle* erhält dann den Wert 0. Im Modus *M_SHOWMESSAGE* zeigt die Funktion das Indizieren am Bildschirm an.

Die Schlüssellänge im Index und die zurückgegebene Stringlänge der Schlüsselfunktion *UserFunc* müssen identisch sein, sonst bricht die Funktion mit dem Fehlerkode *E_NOVALIDINDEX* ab. Um gleiche Einträge im Index zu erhalten, sollte man bestrebt sein, sowohl bei der Erstellung als auch beim Öffnen eines Indexes dieselbe Schlüsselfunktion zu verwenden. Weitere Informationen zu Schlüsselfunktionen sind den Hinweisen zur Funktion *DBIndCreate* zu entnehmen.

Offene Indexe werden automatisch aktualisiert, sobald ein Record angehängt oder verändert wird.

ACHTUNG: Die Indexdatei weist nicht das Format einer dBASE-Indexdatei auf und kann somit auch nicht unter dBASE geöffnet werden.

Querverweis

DBInd..., DBIndCreate, DBIndClose, DBIndSelect

Beispiel

```
PROGRAM INDOPEN{.PAS};
USES DPACGBL,DPAC;
VAR TblHdle: Byte;
    IndHdle: Byte;

{$F+}  { Wichtig! als FAR kodiert }
FUNCTION MakeKey: KeyStr;
 VAR S: String;
 BEGIN
  { Erstes Feld ist Schlüsselausdruck }
  DBERROR:= DBFldGetASCII(1,S); MakeKey:= S;
 END;
{$F-}

BEGIN
 DBInit;    { Engine aktivieren }
 { Tabelle TEST.DBF öffnen...   }
 IF NOT DBTblOpen(TblHdle,'TEST') THEN DBErrMsg;
 {..Indexdatei erstellen/öffnen }
 IF NOT DBIndOpen(IndHdle,'TEST',MakeKey) THEN DBErrMsg;
 WriteLn('Indexdatei «TEST.IND» wurde soeben geöffnet.');
END. { OF PROGRAM }
```

DBIndRebuild *DPACIND.INC*

Funktion — Erstellt alle im momentanen Arbeitsbereich offene Indexe neu.

Syntax — FUNCTION *DBIndRebuild: Boolean;*

Erläuterung — Alle zur aktuellen Tabelle offene Indexe werden durch *DBIndRebuild* neu indiziert, d.h. sie werden neu erstellt. Ist dabei ein Index im Modus *M_WITHUNIQUES* abgelegt, so bleibt für ihn dieser Status erhalten. Die aktuelle Einstellung von *M_WITHUNIQUES* wird beim Reindizieren nicht berücksichtigt. Nachdem alle Indexe neu erstellt sind, setzt die Funktion den Recordzeiger auf den ersten Record des Primärindexes. Im Modus *M_SHOWMESSAGE* zeigt *DBIndRebuild* das Indizieren am Bildschirm an. Bei erfolgreicher Ausführung liefert die Funktion den Wert *TRUE*, sonst *FALSE*.

Hinweise — Ist die Engine-Umgebung noch nicht initialisiert oder noch kein Arbeitsbereich eingerichtet, liefert die Funktion den Wert *FALSE* und setzt die globale Fehlervariable *DBERROR* auf den Fehlerkode *E_NOTINSTALLED* bzw. *E_WRONGWKGAREA*.

Querverweis — *DBInd..., DBIndOpen, DBIndCreate, DBIndClose, DBIndUnique*

Beispiel

```
PROGRAM REBUILD{.PAS};
USES DPACGBL,DPAC;
VAR TblHdle : Byte;
    IndHdle : Byte;
    OK      : Boolean;

{$F+} { Wichtig! als FAR kodiert }
FUNCTION MakeKey: KeyStr;
 VAR S: String;
 BEGIN
  { Erstes Feld ist Schlüsselausdruck }
  DBERROR:= DBFldGetASCII(1,S); MakeKey:= S;
 END;
{$F-}

BEGIN
 DBInit;    { Engine aktivieren }
 { Tabelle TEST.DBF öffnen...   }
 IF NOT DBTblOpen(TblHdle,'TEST') THEN DBErrMsg;
 { ... Indexdatei öffnen und reindizieren }
 IF DBTblExist('TEST.IND') THEN BEGIN
  IF NOT DBIndOpen(IndHdle,'TEST',MakeKey) THEN DBErrMsg;
 END ELSE WriteLn('Indexdatei «TEST.IND» existiert nicht.');
 OK:= DBIndRebuild;
END. { OF PROGRAM }
```

DBIndSelect *DPACIND.INC*

Funktion Wählt aus den offenen Indexen im momentanen Arbeitsbereich den Primärindex aus (oder schaltet auf unsortierte Reihenfolge um).

Syntax PROCEDURE *DBIndSelect (IndHdle: Byte);*

Parameter *IndHdle* ist das Handle des Indexes, der als Primärindex ausgewählt werden soll. Es bezieht sich auf die aktuelle Tabelle, und muß im Bereich *0..DBIndCount* liegen. Wird für *IndHdle* der Wert 0 übergeben, folgt der Recordzeiger wieder der unsortierten Reihenfolge.

Erläuterung Jeder Index der aktuellen Tabelle bekommt beim Öffnen mit *DBIndOpen* ein Handle zugewiesen. Über dieses Handle wird der Index von *dPAC* verwaltet, es ist sozusagen die „Adresse" des Indexes. Sind mehrere Indexe für eine Tabelle geöffnet, kann mit dieser Prozedur der Index mit dem Handle *IndHdle* zum Primärindex ausgewählt werden. Der Recordzeiger folgt dann der Reihenfolge dieses Indexes, bis ein anderer Index die Stellung des Primärindexes einnimmt.

Einen Sonderfall bildet allerdings der Parameter *IndHdle=0*, da hier wieder zurück auf die nichtsortierte Reihenfolge geschaltet wird.

Hinweise Ist die Engine-Umgebung noch nicht initialisiert oder noch kein Arbeitsbereich eingerichtet, setzt die Prozedur die globale Fehlervariable *DBERROR* auf den Fehlerkode *E_NOTINSTALLED* bzw. *E_WRONGWKGAREA*. Sollte *IndHdle* ein ungültiges Handle sein (außer *IndHdle=0*), bleibt das Handle des Primärindexes erhalten und *DBERROR* erhält *E_WRONGINDHDLE* als Fehlerkode. Besitzt die aktuelle Tabelle keinen offenen Index, verläuft die Ausführung der Funktion fehlerfrei, falls *IndHdle=0* ist.

Offene Indexe werden automatisch aktualisiert, sobald ein Record angehängt oder verändert wird. Die Aktualisierung erfolgt auch dann, wenn die unsortierte Reihenfolge gewählt wurde. Das Handle des aktuellen Records wird durch *DBIndSelect* nicht verändert.

Querverweis *DBInd..., DBIndOpen, DBIndCreate, DBIndClose, DBActInd, DBIndCount*

Beispiel

```
PROGRAM ISELECT{.PAS};
USES DPACGBL,DPAC;
VAR TblHdle             : Byte;
    IndHdle1,IndHdle2 : Byte;

{$F+}  { Wichtig! als FAR kodiert }
FUNCTION MakeKey: KeyStr;
 VAR S: String;
 BEGIN
  { Erstes Feld ist Schlüsselausdruck }
  DBERROR:= DBFldGetASCII(1,S); MakeKey:= S;
 END;
{$F-}

BEGIN
 DBInit;    { Engine aktivieren }
 { Tabelle TEST.DBF öffnen...    }
 IF NOT DBTblOpen(TblHdle,'TEST') THEN DBErrMsg;
 { ... 2 Indexdateien erstellen/öffnen }
 IF NOT DBIndCreate(IndHdle1,'IND1',MakeKey) THEN DBErrMsg;
 IF NOT DBIndCreate(IndHdle2,'IND2',MakeKey) THEN DBErrMsg;
 Writeln('Aktueller Index vor  Select ist ',DBActInd);
 DBIndSelect(IndHdle1);
 Writeln('Aktueller Index nach Select ist ',DBActInd);
END. { OF PROGRAM }
```

DBIndUnique *DPACINF.INC*

Funktion: Ermittelt für einen offenen Index, ob dieser gleiche Schlüsselausdrücke zuläßt.

Syntax: FUNCTION *DBIndUnique (IndHdle: Byte): Boolean;*

Parameter: *IndHdle* ist das Handle des Indexes, für den ermittelt werden soll, ob dieser Schlüsseleinträge gleichen Wertes zuläßt. Es bezieht sich auf die aktuelle Tabelle, und muß im Bereich *1..DBIndCount* liegen.

Erläuterung: *DBIndUnique* ermittelt den „Unique"-Status eines Indexes, der für die aktuelle Tabelle geöffnet wurde und über das Handle *IndHdle* erreichbar ist. Ist *IndHdle* ein gültiges Handle, gibt die Funktion *TRUE* zurück, falls der Index gleiche Schlüsselausdrücke zuläßt. Dies ist nur dann der Fall, wenn der Modus *M_WITHUNIQUES* aktiv war, als der Index erstellt wurde.

Hinweise

Kommt es während der Operation zu einem Fehler, gibt die Funktion *FALSE* zurück. Ist z.B. die Engine-Umgebung noch nicht initialisiert oder noch kein Arbeitsbereich eingerichtet, erhält die globale Fehlervariable *DBERROR* den Fehlerkode *E_NOTINSTALLED* bzw. *E_WRONGWKGAREA*; bei ungültigem Index-Handle den Fehlerkode *E_WRONGINDHDLE*. Besitzt die aktuelle Tabelle jedoch keinen offenen Index, bleibt die Ausführung fehlerfrei und das Funktionsergebnis ist ebenfalls *FALSE*.

Querverweis

DBInd..., DBSetMode, DBClrMode, DBTestMode, DBIndOpen, DBIndCreate

Beispiel

```
PROGRAM IUNIQUE{.PAS};
USES DPACGBL,DPAC;
VAR TblHdle : Byte;
    IndHdle : Byte;

{$F+} { Wichtig! als FAR kodiert }
FUNCTION MakeKey: KeyStr;
 VAR S: String;
 BEGIN
  { Erstes Feld ist Schlüsselausdruck }
  DBERROR:= DBFldGetASCII(1,S); MakeKey:= S;
 END;
{$F-}

BEGIN
 DBInit;    { Engine aktivieren }
 { Tabelle TEST.DBF öffnen...   }
 IF NOT DBTblOpen(TblHdle,'TEST') THEN DBErrMsg;
 { Indexdatei erstellen/öffn. (gleiche Schlüssel erlaubt) }
 { -> für eindeutige Schlüssel folgende Zeile im Programm }
 {    mit aufnehmen:                                      }
 {  DBClrMode(M_WITHUNIQUES);                             }
 IF NOT DBIndCreate(IndHdle,'TEST',MakeKey) THEN DBErrMsg;
 IF DBIndClose(IndHdle) THEN
  IF NOT DBIndOpen(IndHdle,'TEST',MakeKey) THEN DBErrMsg;
 IF DBIndUnique(IndHdle) THEN
  Writeln('Aktueller Index erlaubt doppelte Schlüssel.')
 ELSE
  Writeln
  ('Aktueller Index erlaubt nur eindeutige Schlüssel.');
END. { OF PROGRAM }
```

DBInit *DPAC.PAS*

Funktion Initialisiert die Engine-Umgebung von *dPAC*.

Syntax PROCEDURE *DBInit*;

Erläuterung *DBInit* initialisiert die Umgebung für die Engine *dPAC*. Dabei werden alle Vorkehrungen getroffen, um die Routinen der Engine einsetzen zu können. Die Prozedur generiert Datenstrukturen, setzt Variablen auf ihre Grundwerte und liest das aktuelle Verzeichnis ein. Zur Initialisierung benötigt *DBInit* den Mindest-Speicher an Bytes, der mit der Variablen *MINMEMSize* (Default 25000) in der Unit *DPACGBL* festgelegt ist. Im Modus *M_EXPNDHANDLE* wird durch *DBInit* die DOS-Datei-Tabelle auf *MaxFiles* (Default 64) Einträge erweitert (siehe auch Kapitel 4.2).

Hinweise Die Initialisierung findet nur statt, wenn kein Fehler vorliegt und die Umgebung noch nicht initialisiert bzw. vorher mit *DBExit* verlassen wurde. Tritt während der Ausführung ein Fehler auf, so kann auf diesen durch nachträgliche Kontrolle der globalen Fehlervariablen *DBERROR* reagiert werden.

Querverweis *DBExit, DBClrMode, DBSetMode, DBTestMode*

Beispiel

```
PROGRAM INIT{.PAS};
USES DPACGBL,DPAC;
BEGIN
 DBInit; { Engine aktivieren }
 IF (DBERROR=DBSUCCESS) THEN
  WriteLn('dPAC ',PROGVERSION,' initialisiert.')
 ELSE DBErrMsg;
 {...}
END. { OF PROGRAM }
```

DBInstErrMsg *DPAC.PAS*

Funktion Installiert eine vom Anwender definierte Fehlerausgabe-Prozedur.

Syntax PROCEDURE *DBInstErrMsg (UserProc: ProcMsgType)*;

Parameter	*UserProc* ist ein prozeduraler Parameter vom Typ *ProcMsgType* (vereinbart in Unit *DPACGBL*). Er zeigt auf die vom Anwender definierte Fehlerausgabe-Routine, deren Prozedurkopf dem Typ *ProcMsgType* entspricht und als *FAR {$F+}* deklariert sein muß (siehe auch Beispiel).
Erläuterung	Diese Prozedur installiert die vom Anwender definierte Prozedur, deren Adresse im Parameter *UserProc* übergeben wird, als Fehlerausgabe-Prozedur. Für alle folgenden Fehlerausgaben, die von *dPAC* aus erfolgen, ruft die Engine die Anwender-Prozedur auf und übergibt ihr die Ausgabe-Parameter. *DBInstErrMsg* unterliegt keiner Aufrufbeschränkung und installiert immer die aktuell übergebene Prozedur als Fehlerausgabe-Prozedur.
Hinweise	Die Prozedur führt keine Fehlerbehandlung durch. Die Erklärung zum Typ *ProcMsgType* ist im Kapitel 5.2 zu finden. Ein Zurückschalten auf die eingebaute Ausgabeprozedur ist nur mit den Prozeduren *DBExit* und *DBInstOrgMsg* möglich.
Querverweis	*DBExit, DBInstNormMsg, DBInstOrgMsg*

Beispiel

```
PROGRAM INSTERR{.PAS};
USES DPACGBL,DPAC,crt,  { Crt für Bildschirmbehandlung      }
     Windows;           { Befindet sich auch auf Programm- }
VAR TblHdle: Byte;      { Disk (WINDOWS.PAS)                }
    c      : Char;
    TblName: TblStr;

{$F+}
PROCEDURE OwnErrMsg(xp,yp: Byte; S: String; mode: Byte);
{ Eigene Routine zur Ausgabe des Fehlerstrings in e. Fenster }
VAR OldWin: Byte;
BEGIN
 OldWin:=ScreenPtr;
 SelWindow(2);        { Fehlerfenster anwählen }
 ClrScr; Write(#7,' ',S,' (',TblName,')');
 SelWindow(Oldwin); { Auf altes Fenster umschalten }
END;
{$F-}

BEGIN { Hauptprogramm }
 TblName:= 'GIBTSNIX.NIX';
 DBInit; { Engine aktivieren }
 DBInstErrMsg(OwnErrMsg); { Eigene Fehlerausgabe }
 OpenWindowHeader(1,1,80,22,' Arbeitsfenster von '+
      PROGNAME+' Version '+PROGVERSION+' ');
 OpenWindowFrame(1,23,80,25,NormFarbe,04,einfach,
       ' Fehlermeldungen ');
 SelWindow(1);  { Auf Arbeitsfenster schalten }
 DBClrMode(M_HALTONERROR); {Nach Fehler weiter machen }
 Writeln(#10#13' Test: Die Tabelle ',TblName,' öffnen.');
 IF NOT DBTblOpen(TblHdle,TblName) THEN DBErrMsg;
 Writeln(#10#13' Nach der Fehlermeldung geht es im ersten ',
   'Fenster weiter mit der Bearbeitung ');
 Write(#10#13' Drücken Sie eine Taste '); c:= ReadKey;
END. { OF PROGRAM }
```

DBInstNormMsg *DPAC.PAS*

Funktion Installiert eine vom Anwender definierte Ausgabe-Prozedur für allgemeine Meldungen.

Syntax PROCEDURE *DBInstNormMsg (UserProc: ProcMsgType);*

Parameter *UserProc* ist ein prozeduraler Parameter vom Typ *ProcMsgType* (vereinbart in Unit *DPACGBL*). Er zeigt auf die vom Anwender definierte Ausgabe-Routine, deren Prozedurkopf dem Typ *ProcMsgType* entspricht und als *FAR {$F+}* deklariert sein muß.

Erläuterung Diese Prozedur installiert die vom Anwender definierte Prozedur, deren Adresse im Parameter *UserProc* übergeben wird, als Ausgabe-Prozedur für allgemeine Meldungen. Für alle folgenden Bildschirmausgaben, die von *dPAC* aus erfolgen, ruft die Engine die Anwender-Prozedur auf und übergibt ihr die Ausgabe-Parameter. *DBInstNormMsg* unterliegt keiner Aufrufbeschränkung und installiert immer die aktuell übergebene Prozedur als Ausgabe-Prozedur.

Hinweise Die Prozedur führt keine Fehlerbehandlung durch. Die Erklärung zum Typ *ProcMsgType* ist im Kapitel 5.2 zu finden. Ein Zurückschalten auf die eingebaute Ausgabeprozedur ist nur mit den Prozeduren *DBExit* und *DBInstOrgMsg* möglich. Ein Beispiel für die Installation einer benutzerdefinierten Ausgabeprozedur ist in der Beschreibung zur Prozedur *DBInstErrMsg* zu finden.

Querverweis *DBInstErrMsg, DBInstOrgMsg*

DBInstOrgMsg *DPAC.PAS*

Funktion Installiert die internen Routinen für Fehlerausgabe und allgemeine Meldungen.

Syntax PROCEDURE *DBInstOrgMsg;*

Erläuterung *DBInstOrgMsg* gibt dem Anwender die Möglichkeit, die Installation benutzerdefinierter Ausgaberoutinen wieder rückgängig zu machen. Die Engine benutzt dann die eingebauten Prozeduren für die weitere Ausgabe von Fehlermeldungen und allgemeinen Meldungen.

Hinweise Die Prozedur führt keine Fehlerbehandlung durch. Beim Verlassen der Engine-Umgebung durch *DBExit*, erfolgt automatisch das Zurückschalten auf die eingebauten Ausgabe-Routinen. Ein Beispiel für die Installation eigener Ausgaberoutinen ist in der Beschreibung zur Prozedur *DBInstErrMsg* zu finden.

Querverweis *DBInstErrMsg, DBInstNormMsg, DBExit*

Beispiel

```
PROGRAM ORGMSG{.PAS};
USES DPACGBL,DPAC;
VAR TblHdle: Byte;
BEGIN
 DBInit; { Engine aktivieren }
 IF NOT DBTblOpen(TblHdle,'TEST') THEN DBErrMsg;
 { ... Wenn hier z.B. mit DBInstErrMsg oder  }
 {     DBInstNormMsg eigene Ausgabe-Routinen }
 {     installiert wurden, kann dies mit der }
 {     folgenden Zeile wieder rückgängig ge- }
 {     macht werden:                         }

 DBInstOrgMsg;

END. { OF PROGRAM }
```

DBMaxFiles *DPACINF.INC*

Funktion Ermittelt die Anzahl der maximal offenen Dateien.

Syntax FUNCTION *DBMaxFiles: Word;*

Erläuterung Diese Funktion gibt die Anzahl der maximal offenen Dateien zurück, die bei der Engine-Initialisierung durch *DBInit* ermittelt wurde. Die Zahl kann im Bereich 0..250 liegen. Bei einem Aufruf der Funktion vor dem ersten Aufruf von *DBInit* ist das Ergebnis immer 0.

Hinweise Die Größe des Rückgabewerts hängt im wesentlichen von der Einstellung des Schalters *M_EXPNDHANDLE* ab. Ist dieser Modus aktiv, erweitert *DBInit* die DOS-Datei-Tabelle und erhöht somit die Anzahl maximal offener Dateien (siehe auch Kapitel 4.2). Die oberste Grenze für die Anzahl der offenen Dateien läßt sich mit Hilfe der Funktion *DBSysFiles* ermitteln (siehe auch dort).

Querverweis *DBOpenFiles, DBSysFiles*

Beispiel

```
PROGRAM MAXFILES{.PAS};
USES DPACGBL,DPAC;
VAR TblHdle: Byte;
BEGIN
 Writeln('Anzahl max. offener Dateien: ',DBMaxFiles); {ist 0}
 DBInit; { Engine aktivieren }
 Writeln('Anzahl max. offener Dateien: ',DBMaxFiles);
END. { OF PROGRAM }
```

DBMmoClrBuffer *XMEMO.PAS*

Funktion Leert den internen Memopuffer der aktuellen Tabelle.

Syntax PROCEDURE *DBMmoClrBuffer;*

Erläuterung Für jede mit *DBTblOpen* geöffnete Tabelle, die mindestens ein Memofeld besitzt, wird ein Memopuffer angelegt, in dem jeweils der Text eines Memofeldes Platz findet. *DBMmoClrBuffer* entfernt einen Text, der im Puffer der aktuellen Tabelle steht. Die Prozedur gibt den Speicherplatz, den der Text belegt, wieder frei und kennzeichnet den Puffer als „leer".

Hinweise Ist die Engine-Umgebung noch nicht initialisiert oder noch kein Arbeitsbereich eingerichtet, setzt die Prozedur die globale Fehlervariable *DBERROR* auf den Fehlerkode *E_NOTINSTALLED* bzw. *E_WRONGWKGAREA*. Ein Anwenden der Routine auf eine Tabelle ohne Memofeld, führt zu keinem Fehler. Der Memopuffer wird auch automatisch beim Lesen eines neuen Memotextes durch die Funktion *DBMmoRead* geleert.

Querverweis *DBMmo..., DBMmoEdit, DBMmoRead, DBMmoWrite*

Beispiel

```
PROGRAM CLRBUF{.PAS};
USES DPACGBL,DPAC,XMEMO;
VAR TblHdle : Byte;
    Free    : LongInt;
BEGIN
 DBInit; { Engine aktivieren }
 IF NOT DBTblOpen(TblHdle,'TEST') THEN DBErrMsg;
 { Text, der Feld 7 zugewiesen ist, in den Memo-Puffer lesen }
 { und Memotext zur Editierung bereit geben                  }
 IF NOT (DBMmoRead(7) AND DBMmoEdit(7)) THEN DBErrMsg;
 Free:= MemAvail; Writeln('Freier Speicher vor Aktion ',Free);
 DBMmoClrBuffer;
 Dec(Free,MemAvail);
 Writeln('Frei gewordener Speicher nach Aktion ',Abs(Free));
END. { OF PROGRAM }
```

DBMmoCreate *XMEMO.PAS*

Funktion Erzeugt eine neue (leere) dBASE-Memodatei.

Syntax FUNCTION *DBMmoCreate (MmoName: TblStr; Verstyp: VersT): Boolean;*

Parameter *MmoName* ist der Name der Memodatei, der den DOS-üblichen Konventionen für Dateinamen entsprechen muß. Wird keine Extension angegeben, fügt die Funktion *MMOExt* an (Default '.DBT', vereinbart in Unit *DPACGBL*). *Verstyp* gibt die dBASE-Version der Tabelle an, für die die Memodatei erstellt werden soll: *DB3TYP*, *DB3PTYP* (für dBASE III/III Plus) oder *DB4TYP* (dBASE IV).

Erläuterung *DBMmoCreate* legt eine neue (leere) dBASE-Memodatei an und gibt ihr den Namen der im Parameter *MmoName* übergeben wurde. Die Erzeugung der Datei bzw. des Header-Blocks erfolgt in dem Format, das mit dem Parameter *Verstyp* (siehe oben) angefordert wurde. Die Datei ist *MinMmoSize* Bytes (Default 512) groß, erhält im Byte 0 den nächsten verfügbaren Block und ab Byte 8 den gemeinsamen Namen von Daten- und Memodatei. Bei dBASE IV-Memodateien trägt die Funktion zusätzlich in Byte 21 die Größe der Blöcke ein, die zuvor mit *DBSetBlockSize* eingestellt wurde (bei dBASE III/III Plus-Memodateien steht dort immer die Zahl 2). Als Ergebnis wird *TRUE* zurückgegeben, falls die Operation erfolgreich war.

Hinweise

Ist die Engine-Umgebung noch nicht initialisiert oder treten während der Operation Fehler auf, gibt die Funktion *FALSE* zurück und setzt die globale Fehlervariable *DBERROR* auf den entsprechenden Fehlerkode. Existiert auf Disk/Platte bereits eine Datei gleichen Namens, wird sie ohne Vorwarnung durch die neue überschrieben. *DBMmoCreate* kontrolliert auch nicht, ob schon eine Tabelle durch die Engine verwaltet wird, deren Memodatei denselben Namen wie die neue besitzt.

Querverweis *DBSetBlockSize, DBGetBlockSize, DBMmoEdit*

Beispiel

```
PROGRAM MMOCREAT{.PAS};
USES DPACGBL,DPAC,XMEMO,DPACUTIL;
VAR TblHdle : Byte;
    version : VersT;
BEGIN
 DBInit; { Engine aktivieren }
 { Anlegen einer Memodatei, wenn keine existiert! }
 IF NOT DBTblOpen(TblHdle,'TEST') THEN BEGIN
  IF (DBERROR=E_MMOFNOTEXIST) THEN BEGIN
   DBERROR:= DBSUCCESS;
   DBClrMode(M_WITHMMOCHCK); { Ohne Memodatei öffnen! }
   IF NOT DBTblOpen(TblHdle,'TEST') THEN DBErrMsg;
   WriteLn('Leere Memodatei «',GetName(DBTblName(1))+MMOExt,'»',
          ' erzeugen.');
   version:= TblType; { Versionstyp der Tabelle feststellen }
   IF NOT DBMmoCreate('TEST',version) THEN DBErrMsg;
  END;
 END ELSE IF DBTblWithMmo THEN  { Mit Memodatei? }
   WriteLn('Memodatei existiert bereits.');
END. { OF PROGRAM }
```

DBMmoEdit XMEMO.PAS

Funktion Editieren eines Memotextes mit dem eingebauten Texteditor.

Syntax FUNCTION *DBMmoEdit (FldHdle : Byte): Boolean;*

Parameter

FldHdle ist das Handle des Feldes, dessen Memotext bearbeitet werden soll. Das Feld-Handle bezieht sich auf die aktuelle Tabelle und den aktuellen

Record-Zwischen-Puffer und muß im Bereich *1..DBFldCount* liegen. Das Feld muß vom Typ „M" (Memofeld) sein.

Erläuterung *DBMmoEdit* kann zur einfachen Bearbeitung von neuen und bereits vorhandenen Memotexten der aktuellen Tabelle verwendet werden. Dazu müssen zumindest folgende Bedingungen erfüllt sein:

- Die Memodatei muß geöffnet sein. Das Öffnen einer Tabelle muß also im Modus *M_WITHMMOCHCK* erfolgen.
- *FldHdle* muß den Typ „M" haben.
- Es muß genügend Speicher für die Bearbeitung des Memotextes vorhanden sein.

Mit der Funktion *DBMmoRead* kann ein Memotext in den Puffer der aktuellen Tabelle gelesen werden. Ist die Blocknummer 0, also befindet sich kein Text im Puffer, so erfolgt die Editierung eines neuen Memotextes, andernfalls die Bearbeitung des Textes im Puffer. Die Funktion erkennt automatisch die unterschiedlichen dBASE-Formate und behandelt die Texte demgemäß. *DBMmoEdit* stellt dem Anwender einen Wordstar-kompatiblen Editor zur Verfügung. Eine Befehlsliste ist im Punkt „Hinweise" zu dieser Funktion zu finden. Der Editor besitzt eine obere und eine untere Statuszeile. Die obere dient zur Orientierung im Text und zeigt die aktuelle Spalten- und Zeilenzahl an und ob der Einfügemodus aktiv ist. Die untere Statuszeile wird nur im Modus *M_DISPLAYINFO* eingeblendet und gibt Informationen über die Namen von Tabelle und Feld, und zeigt an, welcher Record gerade in Bearbeitung ist. Handelt es sich bei dem aktuellen Text um einen neuen Memotext, erscheint in der unteren Statuszeile die Angabe „NEU". Drückt der Anwender nach der Bearbeitung die Tastenkombination [Strg]+[K]+[S], signalisiert er der Funktion den Text abzuspeichern, worauf diese den Wert *TRUE* zurück gibt; sonst *FALSE*.

Wird der Editor mit einer anderen Tastenkombination verlassen, erscheint eine Abbruchmeldung, die vom Anwender quittiert werden muß. Gibt man den Speicherbefehl, setzt *DBMmoEdit* intern ein Flag und behält den Text im Memopuffer. Bei einer anschließenden Aktualisierung des Records wird dann das Flag ausgewertet und der Text gelangt in die Memodatei, falls es gesetzt ist.

Hinweise Bei ungültigen Daten bzw. fehlerhafter Ausführung liefert die Funktion den Wert *FALSE* und setzt die globale Fehlervariable *DBERROR* auf den entsprechenden Fehlerkode.

Wichtig: Damit der Memotext auch in die Memodatei gelangt, ist die Aktualisierung des Records mit *DBRecUpdate* unbedingt notwendig. Der Memotext bleibt solange im Puffer der Tabelle, bis ein neuer gelesen, mit *DBMmoClrBuffer* der Text entfernt oder die Tabelle geschlossen wird.
Die Höhe und Breite des Editor-Fensters kann mit den folgenden globalen Variablen festgelegt werden:

- *MMOX1POS,MMOY1POS* = linke obere Ecke (x,y)
- *MMOX2POS,MMOY2POS* = rechte untere Ecke (x,y)

In *MMOBOXCOLOR* ist die aktuelle Farbe des Fensterrahmens und in *MMOINFCOLOR* die Farbe der Statuszeile gespeichert. In der nun folgenden Liste sind die Wordstar-kompatiblen Editor-Befehle aufgeführt (alternative Tastenkombinationen sind immer durch Komma getrennt). Wird die Engine so kompiliert, daß auch eine Mausunterstützung eingebaut ist, werden durch die Maus-Bewegungen die Pfeil-Tasten simuliert, die linke Maustaste entspricht [↵] bzw. [Enter], die rechte [Esc].

Cursor-Steuerung

[Strg]+[S], [←]	Cursor links
[Strg]+[A], [Strg]+[←]	Wort zurück
[Strg]+[D], [→]	Cursor rechts
[Strg]+[F], [Strg]+[→]	Wort vor
[Strg]+[E], [↑]	Zeile zurück
[Strg]+[R], [Bild↑]	Seite zurück
[Strg]+[X], [↓]	Zeile vor
[Strg]+[C], [Bild↓]	Seite vor
[Strg]+[I], [Tab]	Tabulator-Schritt (zur nächsten durch 8 teilbaren Spalte)

Cursor-Steuerung mit [Strg]+[Q]

[Strg]+[Q]+[S], [Pos1]	an den Zeilenanfang
[Strg]+[Q]+[D], [Ende]	an das Zeilenende
[Strg]+[Q]+[E], [Strg]+[Pos1]	an den Seitenanfang
[Strg]+[Q]+[X], [Strg]+[Ende]	an das Seitenende
[Strg]+[Q]+[R], [Strg]+[Bild↑]	an den Textanfang
[Strg]+[Q]+[C], [Strg]+[Bild↓]	an das Textende

Löschfunktionen

[Strg]+[H], [⇦]	Zeichen links vom Cursor löschen
[Strg]+[G], [Entf]	Zeichen unter dem Cursor löschen
[Strg]+[T]	Nächstes Wort löschen
[Strg]+[Y]	Ganze Zeile löschen
[Strg]+[Q]+[Y]	Löscht bis zum Zeilenende

Einfügen

[Strg]+[M], [↵] bzw. [Enter]	Fügt eine neue Zeile ein, Cursor geht in eine neue Zeile (nur im Einfügemodus).
[Strg]+[N]	Fügt eine neue Zeile ein, Cursor bleibt aber in der aktuellen

Suchen

[Strg]+[Q]+[F]	Sucht eine Zeichenfolge im Text (Optionen: ***u w b***)
[Strg]+[Q]+[A]	Suchen und Ersetzen einer Zeichenfolge (Optionen: ***g n u w b***)

Die Such-Optionen:

[U]	(*upper*)	Keine Unterscheidung zwischen Groß- und Kleinschreibung
[W]	(*word*)	Findet nur komplette Wörter
[B]	(*back*)	Durchsucht die Datei rückwärts
[G]	(*global*)	Sucht im gesamten Text
[N]	(*no*)	Ersetzt gefundene Zeichenfolgen ohne Rückfrage

Blockoperationen

[Strg]+[K]+[R]	Lesen eines Blocks von Disk/Platte
[Strg]+[K]+[W]	Schreiben eines Blocks auf Disk/Platte bzw. auf den Drucker, wenn bei „Datei:" die Druckerschnittstelle angegeben wird (z.B. LPT1, LPT2, COM1, etc.)
[Strg]+[K]+[Y]	Löschen eines Blocks
[Strg]+[K]+[C]	Kopieren eines Blocks
[Strg]+[K]+[V]	Verschieben eines Blocks

Sonstiges

Strg+W	Rollt den Bildschirm eine Zeile nach unten
Strg+Q	Rollt den Bildschirm eine Zeile nach oben
Strg+V, Einfg	Umschalten Einfügen/Überschreiben
Strg+K+S	Speichern des Memotextes
Esc	Beenden des Editiervorganges

Querverweis *DBMmo..., DBMmoRead, DBMmoWrite, DBMmoClrBuffer, DBMmoCreate, DBTblOpen, DBRecUpdate*

Beispiel

```
PROGRAM MMOEDIT{.PAS};
USES DPACGBL,DPAC,XMEMO;
VAR TblHdle: Byte;
BEGIN
 DBInit; { Engine aktivieren }
 IF (DBTblOpen(TblHdle,'TEST')) THEN BEGIN
  { Memofeld lesen, editieren und ggf. Record updaten }
  IF (DBMmoRead(7) AND DBMmoEdit(7)) THEN DBRecUpdate;
 END;
END. { OF PROGRAM }
```

DBMmoInUse *DPACINF.INC*

Funktion Ermittelt die Menge des genutzten Textes in einer Memodatei in Blöcken und als Prozentwert.

Syntax FUNCTION *DBMmoInUse (VAR Blocks: LongInt): Byte;*

Parameter In der LongInt-Variablen *Blocks* speichert die Funktion die Zahl der genutzten Blöcke ab.

Erläuterung Der Text eines Memofeldes der Tabelle wird in der zugehörigen Memodatei gespeichert. Die Aufteilung des Textes erfolgt in Blöcken, die bei dBASE III/III Plus 512 Bytes groß sind und in dBASE IV bis zu 16384 Bytes Speicher belegen können. Die für die aktuelle Tabelle eingestellte Größe läßt sich mit der Funktion *DBTblBlockSize* bestimmen. Durch mehrfaches Editieren eines Memofeldes, kann es vorkommen, daß die Memodatei ungenutzte Blöcke enthält (siehe Kapitel 3.5 und 3.6).

Mit *DBMmoInUse* kann die Menge des genutzten Textes in der Memodatei festgestellt werden. Die Funktion gibt den (ganzzahligen) Prozentteil des genutzten Textes und die Anzahl der tatsächlich mit Text belegten Blöcke zurück. Die Angaben beziehen sich auf die Gesamtblockzahl bzw. die Blockgröße der Memoblöcke in der aktuellen Tabelle. Ist kein Memotext vorhanden, wird die Zahl 100 zurückgegeben und die Variable *Blocks* auf 0 gesetzt.

Hinweise

Im Fehlerfall ist sowohl das Funktionsergebnis als auch der Parameter *Blocks* 0. Ist die Engine-Umgebung noch nicht initialisiert oder noch kein Arbeitsbereich eingerichtet, setzt die Funktion die globale Fehlervariable *DBERROR* auf den Fehlerkode *E_NOTINSTALLED* bzw. *E_WRONGWKGAREA*. Ein Anwenden der Routine auf eine Tabelle ohne Memofeld, führt zum Fehler *E_MMOZEROFIELD*. Ist die Memodatei nicht geöffnet, bekommt *DBERROR* den Fehler *E_MMOFILECLOSE* zugewiesen. Die Tabelle sollte also für die Ausführung dieser Funktion in jedem Fall im Modus *M_WITHMMOCHCK* geöffnet werden.

Querverweis *DBMmo..., DBMmoPack, DBTblCopy, DBTblPack*

Beispiel

```
PROGRAM MMOINUSE{.PAS};
USES DPACGBL,DPAC;
VAR TblHdle: Byte;
    percent: Byte;
    Blocks : LongInt;
BEGIN
 DBInit; { Engine aktivieren }
 IF NOT DBTblOpen(TblHdle,'TEST') THEN DBErrMsg;
 IF DBTblWithMmo THEN BEGIN
  percent:= DBMmoInUse(Blocks);
  WriteLn('«Engine Memo-Info der Tabelle TEST»');
  WriteLn('Aktuelle  Blockgröße der Memo-Textblöcke ',
          (DBTblBlockSize*MinMmoSize):4);
  WriteLn('Anzahl belegter  Blöcke in der Memodatei ',
          Blocks:4);
  WriteLn('Ungenutzter Text-Anteil in der Memodatei ',
          (100-percent):4,'%');
 END ELSE WriteLn('Tabelle besitzt kein Memofeld');
END. { OF PROGRAM }
```

DBMmoPack *XMEMO.PAS*

Funktion — Entfernt alle ungenutzten Text-Blöcke aus der Memodatei im aktuellen Arbeitsbereich.

Syntax — FUNCTION *DBMmoPack: Word;*

Erläuterung — Durch mehrfaches Editieren eines Memofeldes, kann es vorkommen, daß die Memodatei ungenutzte Text-Blöcke enthält (siehe Kapitel 3.5 und 3.6). Mit *DBMmoPack* können diese Blöcke aus der Memodatei entfernt werden, die zur aktuellen Tabelle gehört. Die Voraussetzungen für ein erfolgreiches Packen sind:

- ❑ Aktuelle Tabelle und zugehörige Memodatei zum Lesen und Schreiben geöffnet.
- ❑ Genügend freier Hauptspeicher für das Zwischenspeichern von Records und mind. einem Block in der aktuellen Blockgröße.
- ❑ Eine weitere Datei muß geöffnet werden können.
- ❑ Auf Disk/Platte muß mind. noch der Platz für eine temporäre Datei in der Größe der aktuellen Memodatei vorhanden sein.

Es wird immer nur die Memodatei der aktuellen Tabelle gepackt. Zur Zwischenspeicherung erstellt die Funktion eine temporäre Datei auf Disk/Platte, die nach erfolgreicher Ausführung wieder gelöscht wird. Die Texte der Memofelder, die in gelöscht markierten Records stehen, werden ebenfalls mitkopiert. *DBMmoPack* überwacht auch die unterschiedlichen Formate der dBASE III/III Plus- und IV-Memodateien und paßt diese automatisch der aktuellen Tabellen-Version an. Bei dBASE IV-Tabellen läßt sich vor dem Packen die Blockgröße mit *DBSetBlockSize* einstellen. Die neue Memodatei besitzt dann Blöcke in der eingestellten Größe. Bei aktivem Modus *M_SHOWMESSAGE* gibt die Funktion während des Kopierens laufend den Prozentteil der neuen Memodatei im Vergleich zur alten an.

DBMmoPack liefert bei erfolgreicher Ausführung die neue Größe der Memodatei in Prozent (ganzzahlig), verglichen mit der alten Memodatei-Größe.

Hinweise — Ist die Engine-Umgebung noch nicht initialisiert oder noch kein Arbeitsbereich eingerichtet, gibt die Funktion 0 zurück und setzt die globale Fehlervariable *DBERROR* auf den Fehlerkode *E_NOTINSTALLED* bzw.

E_WRONGWKGAREA. Treten während der Ausführung andere Fehler auf, enthält *DBERROR* den entsprechenden Fehlerkode und das Funktionsergebnis ist ebenfalls 0.

Die Tabelle muß im Modus *M_WITHMMOCHCK* geöffnet werden, so daß auch die Memodatei mitgeöffnet wird.

Durch die Erhöhung der Blockgröße mit *DBSetBlockSize*, kann die neue Memodatei größer als die vorhandene sein. Das Funktionsergebnis ist in diesem Fall größer als 100.

Vor dem Packen sollte mit *DBMmoInUse* überprüft werden, ob es sinnvoll ist, diese Funktion aufzurufen. Ein Aufruf der Routinen *DBTblCopy* und *DBTblPack* beinhaltet automatisch die Ausführung von *DBMmoPack*, wenn die Tabelle mindistens ein Memofeld besitzt.

Querverweis *DBMmo..., DBMmoInUse, DBSetBlockSize, DBTblCopy, DBTblPack*

Beispiel

```
PROGRAM MMOPACK{.PAS};
USES DPACGBL,DPAC,XMEMO;
VAR TblHdle: Byte;
    Result : Word;
    Blocks : LongInt;
BEGIN
 DBInit; { Engine aktivieren }
 IF NOT DBTblOpen(TblHdle,'TEST') THEN DBErrMsg;
 { Memodatei nur packen, wenn 40% ungenutzter Text ist. }
 IF (DBMMoInUse(Blocks)<60) THEN BEGIN
  Result:= DBMmoPack; WriteLn;
  IF (DBERROR=DBSUCCESS) THEN BEGIN
   IF (Result<100) THEN
    WriteLn('Memodatei wurde um ',100-Result,'%',' kleiner.')
   ELSE
    WriteLn('Memodatei wurde um ',Result-100,'%',' größer.');
  END;
 END ELSE WriteLn('Packen der Memodatei lohnt sich nicht.');
END. { OF PROGRAM }
```

DBMmoRead XMEMO.PAS

Funktion Liest einen Memotext aus der Memodatei in den Memopuffer der aktuellen Tabelle.

Syntax FUNCTION *DBMmoRead (FldHdle: Byte): Boolean;*

Parameter *FldHdle* ist das Handle des Feldes, dessen Text in den Memopuffer gelesen werden soll. Das Feld-Handle bezieht sich auf die aktuelle Tabelle und den aktuellen Record-Zwischen-Puffer und muß im Bereich *1..DBFldCount* liegen. Das Feld selbst muß vom Typ „M“ (Memofeld) sein.

Erläuterung Um einen vorhandenen Memotext bearbeiten zu können, muß dieser zunächst in einen Puffer gelesen werden. *DBMmoRead* liest den Text im Feld *FldHdle* aus der Memodatei in den Memopuffer der aktuellen Tabelle. Vor dem Lesen löscht die Funktion den Memopuffer (siehe auch Routine *DBMmoClrBuffer*). Auf einen im Puffer gespeicherten Text kann also danach nicht mehr zugegriffen werden. Steht im Feld kein Verweis auf die Memodatei (Blocknummer 0), leert *DBMmoRead* auch den Memopuffer, führt aber sonst keine weitere Aktion aus. *DBMmoRead* überwacht die unterschiedlichen Formate der dBASE III/III Plus- und IV-Memodateien und behandelt die Texte dementsprechend. Bei erfolgreicher Ausführung gibt die Funktion den Wert *TRUE* zurück.

Hinweise Ist die Engine-Umgebung noch nicht initialisiert oder noch kein Arbeitsbereich eingerichtet, gibt die Funktion *FALSE* zurück und setzt die globale Fehlervariable *DBERROR* auf den Fehlerkode *E_NOTINSTALLED* bzw. *E_WRONGWKGAREA*. Treten während der Ausführung andere Fehler auf, enthält *DBERROR* den entsprechenden Fehlerkode, und das Funktionsergebnis ist ebenfalls *FALSE*.

Das Öffnen der Tabelle muß im Modus *M_WITHMMOCHCK* geschehen, damit die Memodatei mitgeöffnet wird.

Querverweis *DBMmo..., DBMmoWrite, DBMmoView, DBMmoEdit, DBTblOpen*

Beispiel

```
PROGRAM MMOREAD{.PAS};
USES DPACGBL,DPAC,XMEMO;
VAR TblHdle: Byte;
BEGIN
 DBInit; { Engine aktivieren }
 IF NOT DBTblOpen(TblHdle,'TEST') THEN DBErrMsg;
 { Memofeld (Feld 7) lesen und anschauen }
 IF DBMmoRead(7) THEN DBMmoView(7);
END. { OF PROGRAM }
```

DBMmoView *XMEMO.PAS*

Funktion — Zeigt den Inhalt des Memopuffers der aktuellen Tabelle im Editor-Fenster an.

Syntax — PROCEDURE *DBMmoView*;

Erläuterung — *DBMmoView* bringt den Text, der im Memopuffer der aktuellen Tabelle steht, im Editor-Fenster zur Anzeige. Der Text kann nur angesehen, aber nicht verändert werden. Mit der Funktion *DBMmoRead* gelangt der Memotext aus der Memodatei in den Puffer der aktuellen Tabelle. Für die Bewegung im Text und die Text-Suche stehen dem Anwender dieselben Befehle wie bei der Funktion *DBMmoEdit* zur Verfügung (siehe dazu „Hinweise" zu dieser Funktion). Verlassen wird das Fenster mit der Taste [Esc]. Im Modus *M_DISPLAYINFO* blendet die Prozedur eine Statuszeile ein, die Informationen über die Namen von Tabelle und Feld gibt und anzeigt, welcher Record gerade in Bearbeitung ist. Handelt es sich bei dem aktuellen Text um einen neuen Memotext, erscheint in der unteren Statuszeile die Angabe „NEU".

Hinweise — Ist die Engine-Umgebung noch nicht initialisiert oder noch kein Arbeitsbereich eingerichtet, setzt die Prozedur die globale Fehlervariable *DBERROR* auf den Fehlerkode *E_NOTINSTALLED* bzw. *E_WRONGWKGAREA*. Treten während der Ausführung andere Fehler auf, enthält *DBERROR* den entsprechenden Fehlerkode.

Die Höhe und Breite des Editor-Fensters kann mit den folgenden globalen Variablen festgelegt werden:

- *MMOX1POS,MMOY1POS* = linke obere Ecke (x,y)
- *MMOX2POS,MMOY2POS* = rechte untere Ecke (x,y)

In *MMOBOXCOLOR* ist die aktuelle Farbe des Fensterrahmens und in *MMOINFCOLOR* die Farbe der Statuszeile gespeichert.

Querverweis — *DBMmo..., DBMmoRead, DBMmoEdit, DBTblOpen*

Beispiel

```
PROGRAM MMOVIEW{.PAS};
USES DPACGBL,DPAC,XMEMO,crt;
VAR TblHdle: Byte;
BEGIN
 DBInit; { Engine aktivieren }
 IF NOT DBTblOpen(TblHdle,'TEST') THEN DBErrMsg;
 { MEMOVIEW-Fenster festlegen/keine Info zeigen }
 MMOX1POS:= 1;  MMOY1POS:= 2;
 MMOX2POS:= 80; MMOY2POS:= 10;
 DBClrMode(M_DISPLAYINFO);
 gotoxy (1,1); ClrEoL;
 WriteLn('Inhalt von Record 1/Memofeld (7)');
 { Memofeld (Feld 7) lesen und anschauen }
 IF DBMmoRead(7) THEN DBMmoView;
END. { OF PROGRAM }
```

DBMmoWrite *XMEMO.PAS*

Funktion Schreibt einen Memotext aus dem Memopuffer der aktuellen Tabelle in die zugehörige Memodatei.

Syntax FUNCTION *DBMmoWrite (FldHdle: Byte): Boolean;*

Parameter *FldHdle* ist das Handle des Feldes, in das der Inhalt des Memopuffers geschrieben werden soll. Das Feld-Handle bezieht sich auf die aktuelle Tabelle und den aktuellen Record-Zwischen-Puffer, und muß im Bereich *1..DBFldCount* liegen. Das Feld selbst muß vom Typ „M" (Memofeld) sein.

Erläuterung *DBMmoWrite* schreibt den Text aus dem Memopuffer der aktuellen Tabelle in die Memodatei. Die Funktion benutzt dazu das Memofeld mit dem Handle *FldHdle*, um dort die Blocknummer zu aktualisieren. Wurde zuvor aus diesem Feld Text gelesen, schreibt ihn *DBMmoWrite* wieder an die alte Stelle zurück, falls seine Daten den alten Block größenmäßig nicht überschreiten. Benötigt der Text jedoch mehr Speicher, wird er an die Stelle des nächsten verfügbaren Blocks geschrieben und die Blocknummer im Feld angepaßt. Bei erfolgreicher Ausführung gibt die Funktion den Wert *TRUE* zurück.

Hinweise Im Fehlerfall gibt die Funktion den Wert *FALSE* zurück und setzt die globale Fehlervariable *DBERROR* auf den entsprechenden Fehlerkode. Das Öffnen der Tabelle muß im Modus *M_WITHMMOCHCK* geschehen, damit die Memodatei mitgeöffnet wird.

Wichtig: In den nächsten verfügbaren Block gelangt der Text auch, wenn das Handle des Textes im Puffer nicht mit dem Parameter *FldHdle* übereinstimmt. Dies trifft zu, wenn z.B. mit dem Befehl *DBMmoRead*(7) der Text aus Feld 7 in den Memopuffer gelesen wurde und anschließend mit *DBMmoWrite*(8) in das Feld 8 geschrieben werden soll (siehe „Beispiel"). So kann z.B. auf einfache Weise der Inhalt eines Memofeldes in ein anderes kopiert werden. Beachten Sie jedoch, daß in diesem Fall ein vorhandener Text in Feld 8 mit dem aus Feld 7 überschrieben wird.

Querverweis *DBMmo..., DBMmoRead, DBMmoEdit, DBTblOpen*

Beispiel

```
PROGRAM MMOWRITE{.PAS};
USES DPACGBL,DPAC,XMEMO;
VAR TblHdle: Byte;
    OK     : Boolean;
BEGIN
 DBInit; { Engine aktivieren }
 IF NOT DBTblOpen(TblHdle,'TEST') THEN DBErrMsg;
 { Text aus Memofeld 7 lesen und nach Memofeld 8
   schreiben. WICHTIG! Danach DBRecUpdate }
 IF DBMmoRead(7) THEN OK:= DBMmoWrite(8);
 IF (DBERROR=DBSUCCESS) THEN
   WriteLn('Memotext aus Feld 7 nach Feld 8 kopiert')
 ELSE
   WriteLn('Fehler beim Kopieren des Memotextes.');
 IF OK THEN DBRecUpdate;
END. { OF PROGRAM }
```

DBOpenFiles *DPACINF.INC*

Funktion Ermittelt die Anzahl der offenen Dateien.

Syntax FUNCTION *DBOpenFiles: Word;*

Erläuterung Diese Funktion ermittelt die Anzahl der bereits geöffneten Dateien. Jedes Öffnen einer Datei durch die Engine bzw. durch eine der Engine-Routinen inkrementiert den internen Dateien-Zähler. Auf diesen Wert greift *DBOpenFiles* zu und gibt ihn als Word-Wert zurück. Der Rückgabewert liegt im Bereich *0..DBMaxFiles*.

Hinweise *DBOpenFiles* führt keine Fehlerbehandlung durch. Das Öffnen zusätzlicher Dateien im Anwender-Programm sollte mit den Routinen *DoText* und *DoFile* (Verwendung siehe in Unit *DPACFILE*) realisiert werden, da sie den internen Dateien-Zähler korrekt initialisieren.

Querverweis *DBTblOpen, DBMaxFiles, DBSysFiles*

Beispiel

```
PROGRAM OPENFILE{.PAS};
USES DPACGBL,DPAC;
VAR TblHdle: Byte;
BEGIN
 DBInit; { Engine aktivieren }
 { Ausgabe 0 }
 WriteLn(' Anzahl offener Dateien : ',DBOpenFiles);
 IF DBTblOpen(TblHdle,'TEST') THEN
 { Ausgabe normalerweise 2, da Memodatei mitgeöffnet wird }
   WriteLn(' Anzahl offener Dateien : ',DBOpenFiles);
END. { OF PROGRAM }
```

DBRecAdd — *DPACREC.INC*

Funktion Fügt an die angegebene Zieltabelle den aktuellen Record der aktuellen Tabelle.

Syntax FUNCTION *DBRecAdd (ToTbl: Byte): Boolean;*

Parameter *ToTbl* ist das Handle der Tabelle, an die der aktuelle Record der aktuellen Tabelle angehängt werden soll. Das Handle der Zieltabelle muß ein gültiges Handle im Bereich *1..MaxHdle* sein.

Erläuterung *DBRecAdd* fügt den aktuellen Record der aktuellen Tabelle an die Tabelle mit dem Handle *ToTbl* an. Die Zieltabelle muß zum Lesen und Schreiben geöffnet sein und im Modus *M_STRICTCHECK* eine zur Quelltabelle kompatible Datenstruktur aufweisen. Sind im Record Memofelder vorhanden, kopiert die Routine im Modus *M_WITHMMOCHCK* die Texte mit (falls vorhanden) und aktualisiert die Blocknummern im Zielrecord; sonst erhalten diese Felder die Blocknummer 0. Bei erfolgreicher Ausführung gibt die Funktion *TRUE* zurück.

Hinweise Im Fehlerfall gibt die Funktion den Wert *FALSE* zurück und setzt die globale Fehlervariable *DBERROR* auf den entsprechenden Fehlerkode. Nach dem Aufruf der Funktion steht der Recordzeiger der Zieltabelle auf dem angehängten Record. Die Record-Position der Quelltabelle ändert sich nur, wenn es sich um dieselbe Quell- und Zieltabelle handelt.

Querverweis *DBRec..., DBRecAppend, DBRecUpdate, DBFldPut..., DBTblOpen, DBTblSelect*

Beispiel

```
PROGRAM RECADD{.PAS};
USES DPACGBL,DPAC;
VAR TblHdle: Byte;
    OK     : Boolean;
BEGIN
 DBInit; { Engine aktivieren }
 IF NOT DBTblOpen(TblHdle,'TEST') THEN DBErrMsg;
 IF NOT DBTblOpen(TblHdle,'DEMO') THEN DBErrMsg;
 { Füge an Tabelle «TEST» den ersten Record aus }
 { der Tabelle «DEMO» mit Memofelder!           }
 WriteLn('Memotexte mitkopieren.');
 WriteLn('Record 1 aus «DEMO» an «TEST» anhängen.');
 OK:= DBRecAdd(Pred(DBActArea));
 DBClrMode(M_WITHMMOCHCK);
 WriteLn('Memotexte nicht mitkopieren.');
 WriteLn('Record 1 aus «DEMO» an «TEST» anhängen.');
 OK:= DBRecAdd(Pred(DBActArea));
END. { OF PROGRAM }
```

DBRecAppend *DPACREC.INC*

Funktion Fügt einen Record an das Tabellenende hinzu.

Syntax PROCEDURE *DBRecAppend (typ: RecOutputT);*

Parameter *typ* bezeichnet die Art des Record-Zwischen-Puffers, der an die aktuelle Tabelle angefügt werden soll. Der Parameter ist vom Typ *RecOutputT* (vereinbart in Unit *DPACGBL*) und kann zwei Werte annehmen: *BUFHDLE* für das Anfügen eines Records mit dem Inhalt des aktuellen Record-Zwischen-Puffers, *BUFBLANK* für das eines leeren Records.

Erläuterung *DBRecAppend* fügt einen Record an das Ende der aktuellen Tabelle hinzu. Wie angefügt werden soll, bestimmt der Anwender mit dem Parameter *typ*. Ein Anfügen ist nur möglich, wenn die Tabelle neue Records aufnehmen kann (testen mit *DBTblIsActive*). Der angefügte Record wird zum aktuellen Record. Gibt es zur Tabelle offene Indexe, werden diese automatisch aktualisiert.

Hinweise Bei fehlerhafter Ausführung wird der globalen Fehlervariablen *DBERROR* der entsprechende Fehlerkode zugewiesen. Nach erfolgreichem Anfügen eines Records steht der Recordzeiger auf dem angefügten Record und die Funktion *DBRecBufIsChanged* gibt *FALSE* zurück, falls beim Parameter *typ* der Wert *BUFHDLE* verwendet wurde.

Querverweis *DBRec..., DBRecBuf..., DBRecBufIsChanged, DBRecUpdate, DBTblIsActive*

Beispiel

```
PROGRAM RECAPP{.PAS};
USES DPACGBL,DPAC;
VAR TblHdle: Byte;
BEGIN
 DBInit; { Engine aktivieren }
 IF (DBTblOpen(TblHdle,'TEST') AND DBTblIsActive) THEN BEGIN
  { Einen leeren Puffer an Tabelle TEST.DBF anhängen }
  DBRecAppend(BUFBLANK);
  IF (DBERROR=DBSUCCESS) THEN
    WriteLn('Leerer Puffer erfolgreich angehängt.');
 END ELSE WriteLn('Keinen Puffer angehängt');
 DBExit;
END. { OF PROGRAM }
```

DBRecBufClose DPACREC.INC

Funktion Entfernt einen Record-Zwischen-Puffer.

Syntax FUNCTION *DBRecBufClose (BufHdle: Byte): Boolean;*

Parameter *BufHdle* bezeichnet das gültige Handle eines Record-Zwischen-Puffers der aktuellen Tabelle, und muß im Bereich *2..MaxBufs* liegen.

Erläuterung *DBRecBufClose* entfernt einen nicht mehr benötigten Record-Zwischen-Puffer, der mit *DBRecBufOpen* zusätzlich für die aktuelle Tabelle eingerichtet wurde. Da durch das Öffnen der Tabelle mit *DBTblOpen* gleichzeitig das Anlegen des ersten Record-Zwischen-Puffers (Handle 1) erfolgt, kann dieser nur durch das Schließen der Tabelle mit *DBTblClose* entfernt werden und nicht durch diese Funktion. *BufHdle* kann somit maximal im Bereich *2..MaxBufs* liegen. Bei erfolgreicher Ausführung liefert die Funktion den Wert *TRUE*.

Hinweise Bei ungültigen Daten bzw. fehlerhafter Ausführung liefert die Funktion den Wert *FALSE* und setzt die globale Fehlervariable *DBERROR* auf den entsprechenden Fehlerkode. Sind bei der Ausführung mehrere Puffer geöffnet, wird der nächste verfügbare Record-Zwischen-Puffer zum aktuellen. Ist der gelöschte Puffer nicht der aktuelle, ändert sich das Handle des aktuellen Puffers nicht.

Querverweis *DBRec..., DBRecBuf..., DBRecBufOpen, DBBufCount*

Beispiel

```
PROGRAM BUFCLOSE{.PAS};
USES DPACGBL,DPAC;
VAR TblHdle  : Byte;
    BufHdle,i: Byte;
    Clse,Open: Boolean;
BEGIN
 DBInit; { Engine aktivieren }
 IF DBTblOpen(TblHdle,'TEST') THEN BEGIN
  FOR i:= 1 TO (MaxBufs-1) DO Open:= DBRecBufOpen(BufHdle);
  DBErrMsg; { War fehlerhaft, dann Meldung }
  WriteLn('Anzahl offener Puffer : ',DBBufCount);
  FOR i:= MaxBufs DOWNTO 1 DO BEGIN  { Alle Puffer schließen }
    Clse:= DBRecBufClose(i);
    IF NOT Clse THEN
     WriteLn('Puffer ',i,' kann nicht geschlossen werden.')
    ELSE
     WriteLn('Anzahl offener Puffer : ',DBBufCount);
    DBReset; { Alle Fehler zurücksetzen }
  END;
 END;
END. { OF PROGRAM }
```

DBRecBufCopy *DPACREC.INC*

Funktion Kopiert den angegebenen Record-Zwischen-Puffer in den aktuellen Record-Zwischen-Puffer.

Syntax FUNCTION *DBRecBufCopy (TblHdle,BufHdle: Byte): Boolean;*

Parameter *TblHdle* bezeichnet das Handle der Tabelle, deren Record-Zwischen-Puffer *BufHdle* in den aktuellen Puffer der aktuellen Tabelle kopiert werden soll. Beide Handles müssen gültig und in folgenden Bereichen sein: *TblHdle* im Bereich *1..MaxHdle*; *BufHdle* im Bereich *1..MaxBufs*.

Erläuterung *DBRecBufCopy* kopiert den durch die Parameter angegebenen Record-Zwischen-Puffer (Quellpuffer) in den aktuellen Record-Zwischen-Puffer der aktuellen Tabelle (Zielpuffer). Bei erfolgreicher Ausführung gibt die Funktion den Wert *TRUE* zurück.

Quell- und Zielpuffer müssen im Modus *M_STRICTCHECK* zueinander kompatible Datenstrukturen aufweisen. Ist dieser Modus nicht aktiv, werden aus der Quelle (ohne Strukturkontrolle, ohne Beachtung der Feldgrenzen) so viele Zeichen kopiert, wie der Zielpuffer aufnehmen kann. Ist der Modus *M_WITHMMOCHCK* aktiv, kopiert die Funktion auch eventuell vorhandene Memotexte mit und aktualisiert die Blocknummern in den Memofeldern des Zielrecords; sonst schreibt sie in diese Zielfelder die Blocknummer 0. Eine Behandlung der Memofelder findet nur im Modus *M_FLDREPLACES* statt, andernfalls kopiert die Funktion den Record ohne Veränderung der Memo-Blocknummern.

Hinweise Bei ungültigen Daten bzw. fehlerhafter Ausführung liefert die Funktion den Wert *FALSE* und setzt die globale Fehlervariable *DBERROR* auf den entsprechenden Fehlerkode. Der Zielpuffer bleibt in diesem Fall unverändert.

Wichtig: Ist der Modus *M_FLDREPLACES* nicht aktiv, werden die Blocknummern der Quell-Memofelder genauso in die Ziel-Memofelder übernommen. Dieses Vorgehen sollte nur bei Sicherheitskopien eines Record-Zwischen-Puffers angewandt werden, da bei weiterer Verwendung der Memofelder (aufgrund ungültiger Blocknummern) Komplikationen auftreten können.

Querverweis *DBRec..., DBRecBuf...*

Beispiel

```
PROGRAM BUFCOPY{.PAS};
USES DPACGBL,DPAC;
VAR TblHdle: Byte;
    BufHdle: Byte;
    Cpy    : Boolean;
    S      : String;
BEGIN
 DBInit; { Engine aktivieren }
 IF DBTblOpen(TblHdle,'TEST') THEN BEGIN
  IF NOT DBRecBufOpen(BufHdle) THEN DBErrMsg;
  { Sicherheitskopie von Puffer 1 anlegen }
  { 1:1 kopieren (keine Memofelder)       }
  DBClrMode(M_FLDREPLACES);
  Cpy:= DBRecBufCopy(TblHdle,1);
  { und mit Sicherheitskopie arbeiten... }
  DBShowErr(DBFldPutStr(1,'Ein String'));
  DBShowErr(DBFldGetStr(1,S));
  WriteLn('Neuer Inhalt von Feld 1/Puffer 2 ist «',S,'»');
  { ... bei Stornierung, ist der alte Pufferinhalt noch }
  {     verfügbar und kann zurückgeholt werden.         }
  Cpy:= DBRecBufCopy(TblHdle,1);
  DBShowErr(DBFldGetStr(1,S));
  WriteLn('Alter Inhalt von Feld 1/Puffer 2 war «',S,'»');
 END;
END. { OF PROGRAM }
```

DBRecBufEmpty *DPACREC.INC*

Funktion: Leert (löscht) den Inhalt eines Record-Zwischen-Puffers.

Syntax: FUNCTION *DBRecBufEmpty (BufHdle: Byte): Boolean;*

Parameter: *BufHdle* bezeichnet das Handle eines Record-Zwischen-Puffers der aktuellen Tabelle, dessen Inhalt gelöscht werden soll. *BufHdle* muß ein gültiges Handle im Bereich *1..MaxBufs* sein.

Erläuterung: *DBRecBufEmpty* leert den Record-Zwischen-Puffer der aktuellen Tabelle, der über das Handle *BufHdle* erreichbar ist. Den Puffer leeren bedeutet, ihn mit

Leerzeichen zu füllen. Nach erfolgreicher Ausführung gibt die Funktion den Wert *TRUE* zurück.

Hinweise

Bei ungültigen Daten bzw. fehlerhafter Ausführung liefert die Funktion den Wert *FALSE* und setzt die globale Fehlervariable *DBERROR* auf den entsprechenden Fehlerkode. Konnte der Puffer geleert werden, liefert die Funktion *DBRecBufIsChanged* den Wert *TRUE*.

Querverweis *DBRec..., DBRecBuf..., DBRecBufIsChangend*

Beispiel

```
PROGRAM BUFEMPTY{.PAS};
USES DPACGBL,DPAC;
VAR TblHdle: Byte;
    S      : String;
BEGIN
 DBInit; { Engine aktivieren }
 IF DBTblOpen(TblHdle,'TEST') THEN BEGIN
  DBShowErr(DBFldPutStr(1,'Ein String'));
  DBShowErr(DBFldGetStr(1,S));
  WriteLn('Inhalt von Feld 1 vor DBRecBufEmpty  «',S,'»');
  { Puffer 1 leeren }
  IF NOT DBRecBufEmpty(1) THEN DBErrMsg;
  DBShowErr(DBFldGetStr(1,S));
  WriteLn('Inhalt von Feld 1 nach DBRecBufEmpty «',S,'»');
 END;
END. { OF PROGRAM }
```

DBRecBufIsChanged DPACINF.INC

Funktion

Prüft, ob der Inhalt des Record-Zwischen-Puffers verändert wurde.

Syntax

FUNCTION *DBRecBufIsChanged: Boolean;*

Erläuterung

Mit *DBRecBufIsChanged* kann überprüft werden, ob bei der aktuellen Tabelle der Inhalt des aktuellen Record-Zwischen-Puffers seit seiner Einrichtung oder dem Einlesen eines Records verändert wurde. Das Ergebnis ist *TRUE*, falls mit einer der Funktionen *DBFldPut..., DBRecBufEmpty, DBRecAdd, DBRecAppend* oder *DBRecBufCopy* eine Änderung gegenüber dem ursprünglichen Zustand des Puffers erfolgt ist. Nach einer Aktualisierung des aktuellen Records mit *DBRecUpdate* (oder *DBRecAppend* und dem Parameter *BUFHDLE*) ist das Ergebnis *FALSE*.

Hinweise Im Fehlerfall gibt die Funktion *FALSE* zurück und setzt die globale Fehlervariable *DBERROR* auf den entsprechenden Fehlerkode.

Querverweis *DBRec..., DBRecBuf..., DBFldPut..., DBTblIsChanged*

Beispiel

```
PROGRAM BUFCHGE{.PAS};
USES DPACGBL,DPAC;
VAR TblHdle : Byte;

PROCEDURE Test;
BEGIN
 IF DBRecBufIsChanged THEN WriteLn('Puffer wurde verändert.')
  ELSE WriteLn('Puffer ist unverändert.');
END;

BEGIN
 DBInit; { Engine aktivieren }
 IF DBTblOpen(TblHdle,'TEST') THEN BEGIN
  Test; { Record auf Veränderung testen }
  DBShowErr(DBFldPutStr(1,'Neuer String')); { Text -> Feld 1 }
  Test; { Record auf Veränderung testen }
 END;
END. { OF PROGRAM }
```

DBRecBufOpen *DPACREC.INC*

Funktion Legt einen neuen (leeren) Record-Zwischen-Puffer an.

Syntax FUNCTION *DBRecBufOpen (VAR BufHdle: Byte): Boolean;*

Parameter In der als *BufHdle* übergebenen Byte-Variablen gibt die Funktion das Handle des neu angelegten Record-Zwischen-Puffers zurück.

Erläuterung Diese Funktion legt für die aktuelle Tabelle einen neuen Record-Zwischen-Puffer an und gibt dessen Handle in *BufHdle* zurück. Über dieses Handle kann später auf den Puffer zugegriffen werden. Der gerade geöffnete Puffer wird zum aktuellen Record-Zwischen-Puffer und ist zunächst leer. Mit den Funktionen *DBFldGet...* und *DBFldPut...* können Werte aus dem Puffer gelesen bzw. in den Puffer geschrieben werden. Da der erste Record-Zwischen-Puffer (Handle 1) gleichzeitig mit dem Öffnen der Tabelle angelegt wird, kann das zurückgegebene Handle nur im Bereich *2..MaxBufs* liegen. Bei erfolgreicher Ausführung gibt die Funktion den Wert *TRUE* zurück.

Hinweise

Bei ungültigen Daten bzw. fehlerhafter Ausführung liefert die Funktion den Wert *FALSE* und setzt die globale Fehlervariable *DBERROR* auf den entsprechenden Fehlerkode.

Für eine Tabelle können maximal *MaxBufs* Record-Zwischen-Puffer angelegt werden. Für jeden neuen Puffer benötigt die Engine zusätzlichen Speicherplatz der Größe *DBRecLen*. Bei mehreren offenen Puffern wird der aktuelle Puffer mit *DBRecBufSelect* ausgewählt.

Querverweis *DBFldGet..., DBFldPut..., DBRec..., DBRecBuf..., DBRecBufClose, DBRecBufSelect*

Beispiel

```
PROGRAM BUFOPEN{.PAS};
USES DPACGBL,DPAC;
VAR TblHdle   : Byte;
    BufHdle,i: Byte;
    Open     : Boolean;
BEGIN
 DBInit; { Engine aktivieren }
 IF NOT DBTblOpen(TblHdle,'TEST') THEN DBErrMsg;
 { Maximale Anzahl an Record-Puffern öffnen }
 FOR i:= 1 TO pred(MaxBufs) DO Open:= DBRecBufOpen(BufHdle);
 DBErrMsg;  { War fehlerhaft, dann Meldung }
 WriteLn('Aktueller Puffer ist: ',BufHdle,'/',DBBufCount);
END. { OF PROGRAM }
```

DBRecBufSelect — *DPACREC.INC*

Funktion Wählt den aktuellen Record-Zwischen-Puffer aus.

Syntax PROCEDURE *DBRecBufSelect (BufHdle: Byte);*

Parameter *BufHdle* bezeichnet das Handle des Puffers, der zum aktuellen Record-Zwischen-Puffer der aktuellen Tabelle gewählt werden soll. *BufHdle* muß ein gültiges Handle im Bereich *1..MaxBufs* sein.

Erläuterung *DBRecBufSelect* dient zur Auswahl des aktuellen Record-Zwischen-Puffers bei mehr als einem geöffneten Puffer pro Tabelle. Dazu wird das Handle des Puffers übergeben, der für die aktuelle Tabelle zum aktuellen Record-Zwischen-Puffer werden soll. Dieser Puffer bleibt dann aktuell bis ein erneuter Aufruf von *DBRecBufSelect* mit anderem Handle erfolgt oder (bei mehreren Tabellen) eine andere Tabelle mit *DBTblSelect* selektiert wird.

Hinweise Ist die Engine-Umgebung noch nicht initialisiert oder noch kein Arbeitsbereich eingerichtet, setzt die Prozedur die globale Fehlervariable *DBERROR* auf den Fehlerkode *E_NOTINSTALLED* bzw. *E_WRONGWKGAREA*.

Die Übergabe eines ungültigen Puffer-Handles führt zum Fehler *E_WRONGBUFHDLE* und ändert das Handle des aktuellen Record-Zwischen-Puffers nicht.

Querverweis *DBRec..., DBRecBuf..., DBActBuf, DBTblSelect*

Beispiel

```
PROGRAM BUFSEL{.PAS};
USES DPACGBL,DPAC;
VAR TblHdle  : Byte;
    BufHdle,i: Byte;
    Open     : Boolean;
BEGIN
 DBInit; { Engine aktivieren }
 IF NOT DBTblOpen(TblHdle,'TEST') THEN DBErrMsg;
 FOR i:= 1 TO Pred(MaxBufs) DO Open:= DBRecBufOpen(BufHdle);
 DBErrMsg;  { War fehlerhaft, dann Meldung }
 WriteLn('Anzahl offener Puffer : ',DBBufCount);
 FOR i:= MaxBufs DOWNTO 1 DO BEGIN
  DBRecBufSelect(i);    { Puffer i auswählen }
  WriteLn('Aktueller Puffer ist  : ',DBActBuf);
 END;
END. { OF PROGRAM }
```

DBRecCount *DPACINF.INC*

Funktion Ermittelt die Anzahl der Records.

Syntax FUNCTION *DBRecCount: LongInt;*

Erläuterung *DBRecCount* ermittelt die Anzahl aller Records für die aktuelle Tabelle und gibt sie als LongInt-Wert zurück. Darunter fallen auch Records, die als gelöscht markiert sind.

Hinweise Ist die Engine-Umgebung noch nicht initialisiert oder noch kein Arbeitsbereich eingerichtet, gibt die Funktion den Wert -1 zurück und setzt die globale Fehlervariable *DBERROR* auf den Fehlerkode *E_NOTINSTALLED* bzw. *E_WRONGWKGAREA*.

Querverweis *DBRec..., DBRecBuf...*

Beispiel

```
PROGRAM RECCOUNT{.PAS};
USES DPACGBL,DPAC;
VAR TblHdle: Byte;
BEGIN
 DBInit; { Engine aktivieren }
 IF DBTblOpen(TblHdle,'TEST') THEN BEGIN
  WriteLn('Tabelle «',DBTblName(1),'» besitzt ',
         DBRecCount,' Records.');
 END;
END. { OF PROGRAM }
```

DBRecDelete — *DPACREC.INC*

Funktion Markiert den aktuellen Record als gelöscht.

Syntax PROCEDURE *DBRecDelete*;

Erläuterung Mit *DBRecDelete* kann der aktuelle Record der aktuellen Tabelle als gelöscht markiert werden. Die Löschmarke (2Ahex) wird unmittelbar im Record der Tabelle und im Record-Zwischen-Puffer angebracht.

Hinweise Ist die Engine-Umgebung noch nicht initialisiert, gibt es noch keine offene Tabelle oder werden die Dateigrenzen (*DBBOF* oder *DBEOF*) erreicht, setzt die Prozedur die globale Fehlervariable *DBERROR* auf den entsprechenden Fehlerkode. Das Handle des aktuellen Records bleibt dabei unverändert. Eine Löschmarke kann nur gesetzt werden, wenn man die Tabelle beschreiben kann.

Querverweis *DBRec..., DBRecBuf..., DBRecRecall, DBRecIsDel, DBRecCount*

Beispiel

```
PROGRAM RECDEL{.PAS};
USES DPACGBL,DPAC;
VAR TblHdle: Byte;
BEGIN
 DBInit; { Engine aktivieren }
 IF NOT DBTblOpen(TblHdle,'TEST') THEN DBErrMsg;
 DBRecDelete; { Aktueller Record in Tabelle -> Löschmarke    }
 IF (DBERROR=DBSUCCESS) THEN
   WriteLn('Record 1 als gelöscht markiert...');
 { prüfen, ob Record mit Löschmarke, dann wieder entlöschen }
 IF DBRecIsDel THEN BEGIN
  DBRecRecall;
  IF (DBERROR=DBSUCCESS) THEN
     WriteLn('und wieder entlöscht.');
 END;
END. { OF PROGRAM }
```

DBRecFirst *DPACREC.INC*

Funktion — Positioniert auf den ersten Record der Tabelle und liest seinen Inhalt in den aktuellen Record-Zwischen-Puffer.

Syntax — PROCEDURE *DBRecFirst*;

Erläuterung — *DBRecFirst* bringt den Recordzeiger der aktuellen Tabelle auf den ersten Record. Der Inhalt des Records gelangt dann in den aktuellen Record-Zwischen-Puffer. Nach erfolgreicher Ausführung ist der erste Record der aktuelle Record.

Hinweise — Bei ungültigen Daten bzw. fehlerhafter Ausführung erhält die globale Fehlervariable *DBERROR* den entsprechenden Fehlerkode. Das Handle des aktuellen Records bleibt dabei unverändert.

Ist ein Primärindex aktiv, wird das Handle des ersten Records durch die Indexreihenfolge bestimmt. Ist der Modus *M_WITHDELETED* inaktiv, überspringt die Prozedur gelöscht markierte Records bis zum ersten nicht markierten Record, sonst nicht. Bei leeren Tabellen (Recordanzahl=0) kommt es bei dieser Prozedur zu keinem Fehler.

Querverweis — *DBRec...*, *DBRecBuf...*, *DBRecLast*

Beispiel

```
PROGRAM RECFIRST{.PAS};
USES DPACGBL,DPAC;
VAR TblHdle : Byte;
BEGIN
 DBInit; { Engine aktivieren }
 IF DBTblOpen(TblHdle,'TEST') THEN BEGIN
  { DBRecFirst ist eigentlich hier nicht notwendig, da     }
  { mit DBTblOpen automatisch auf ersten Record pos. wird }
  DBRecFirst;
  IF (DBRecCount=0) THEN WriteLn('Tabelle besitzt keine Re-
cords.')
   ELSE WriteLn('Erster Record hat die Nummer ', DBActRec);
 END;
END. { OF PROGRAM }
```

DBRecGoto — *DPACREC.INC*

Funktion Positioniert auf den angegebenen Record der Tabelle und liest seinen Inhalt in den aktuellen Record-Zwischen-Puffer.

Syntax PROCEDURE *DBRecGoto (RecHdle: LongInt);*

Parameter *RecHdle* bezeichnet das Handle des Records, dessen Inhalt in den aktuellen Record-Zwischen-Puffer gelangen soll. Der gültige Bereich für das Handle ist *0..DBRecCount* (*RecHdle=0* bezieht sich auf den aktuellen Record).

Erläuterung *DBRecGoto* bringt den Recordzeiger der aktuellen Tabelle auf den Record mit dem Handle *RecHdle* und liest seinen Inhalt in den aktuellen Record-Zwischen-Puffer. Nach erfolgreicher Ausführung ist dieser Record der aktuelle Record.

Hinweise Ist die Engine-Umgebung noch nicht initialisiert, wurde noch keine Tabelle geöffnet oder wird vor den Tabellenanfang positioniert (*DBBOF*), erhält die globale Fehlervariable *DBERROR* den entsprechenden Fehlerkode. Das Handle des aktuellen Records bleibt dabei unverändert. Gelangt der Recordzeiger beim Positionieren jedoch hinter das Tabellenende (*DBEOF*), leert *DBRecGoto* den aktuellen Record-Zwischen-Puffer und setzt *DBERROR* auf den Wert *E_TBLCOMETOEOF*. Das Handle des aktuellen Records ist in diesem Fall *DBRecCount+1*.

Die Angabe *RecHdle=0* ergibt keinen Fehler und ändert die aktuelle Position nicht. Die Prozedur aktualisiert dann aber den aktuellen Record-Zwischen-Puffer mit den Daten des aktuellen Records.

Die Prozedur arbeitet unabhängig von einer eingestellten Indexreihenfolge und liest auch gelöscht markierte Records in den Record-Zwischen-Puffer.

Querverweis *DBRec..., DBRecBuf..., DBRecSkip*

Beispiel

```
PROGRAM RECGOTO{.PAS};
USES DPACGBL,DPAC;
VAR TblHdle : Byte;
BEGIN
 DBInit; { Engine aktivieren }
 IF NOT DBTblOpen(TblHdle,'TEST') THEN DBErrMsg;
 DBRecGoto(10); { Springe  zu Record 10 }
 DBErrMsg;      { Bei Fehler : Abbruch  }
 WriteLn('Aktueller Record ist ',DBActRec);
END. { OF PROGRAM }
```

DBRecIsDel *DPACINF.INC*

Funktion Prüft, ob der Record im aktuellen Record-Zwischen-Puffer als gelöscht markiert ist.

Syntax FUNCTION *DBRecIsDel: Boolean;*

Erläuterung *DBRecIsDel* gibt den Wert *TRUE* zurück, wenn der Record im aktuellen Record-Zwischen-Puffer als gelöscht markiert ist, sonst *FALSE*. Die Funktion überprüft dazu, ob das erste Zeichen im Puffer die Löschmarke (2Ahex) ist.

Hinweise Ist die Engine-Umgebung noch nicht initialisiert oder noch kein Arbeitsbereich eingerichtet, gibt die Funktion den Wert *FALSE* zurück und setzt die globale Fehlervariable *DBERROR* auf den Fehlerkode *E_NOTINSTALLED* bzw. *E_WRONGWKGAREA*.

Querverweis *DBRec..., DBRecBuf..., DBRecDelete, DBRecRecall*

Beispiel

```
PROGRAM RECISDEL{.PAS};
USES DPACGBL,DPAC;
VAR TblHdle : Byte;
BEGIN
 DBInit; { Engine aktivieren }
 IF NOT DBTblOpen(TblHdle,'TEST') THEN DBErrMsg;
 IF (DBRecCount>0) THEN BEGIN
  Write('Record Nr. 1 ist ');
  IF DBRecIsDel THEN WriteLn('als gelöscht markiert.')
    ELSE WriteLn('nicht als gelöscht markiert.');
 END;
END. { OF PROGRAM }
```

DBRecLast — *DPACREC.INC*

Funktion: Positioniert auf den letzten Record der Tabelle und liest seinen Inhalt in den aktuellen Record-Zwischen-Puffer.

Syntax: PROCEDURE *DBRecLast*;

Erläuterung: *DBRecLast* bringt den Recordzeiger der aktuellen Tabelle auf den letzten Record. Der Inhalt des Records gelangt dann in den aktuellen Record-Zwischen-Puffer. Nach erfolgreicher Ausführung ist der letzte Record der aktuelle Record.

Hinweise: Bei ungültigen Daten bzw. fehlerhafter Ausführung erhält die globale Fehlervariable *DBERROR* den entsprechenden Fehlerkode. Das Handle des aktuellen Records bleibt dabei unverändert.
Ist ein Primärindex aktiv, wird das Handle des letzten Records durch die Indexreihenfolge bestimmt. Ist der Modus *M_WITHDELETED* inaktiv, ignoriert die Prozedur gelöscht markierte Records, sonst nicht. Bei leeren Tabellen (Recordanzahl=0) kommt es bei dieser Prozedur zu keinem Fehler.

Querverweis: *DBRec..., DBRecBuf..., DBRecFirst*

Beispiel

```
PROGRAM RECLAST{.PAS};
USES DPACGBL,DPAC;
VAR TblHdle : Byte;
BEGIN
 DBInit; { Engine aktivieren }
 IF NOT DBTblOpen(TblHdle,'TEST') THEN DBErrMsg;
 DBRecLast; { Auf letzten Record positionieren }
 IF (DBActRec=0) THEN
    WriteLn('Tabelle besitzt keine Records.')
  ELSE WriteLn('Letzter Record hat die Nummer ',DBActRec);
END. { OF PROGRAM }
```

DBRecLen *DPACINF.INC*

Funktion Ermittelt die Größe der Records in der aktuellen Tabelle.

Syntax FUNCTION *DBRecLen: Word;*

Erläuterung *DBRecLen* gibt die Größe (bzw. die Länge) der Records in der aktuellen Tabelle als Word zurück. Die Recordgröße ist, aufgrund des „Löschbytes", immer um Eins größer als die Summe aller Feldlängen. Bei erfolgreicher Ausführung liegt der Rückgabewert im Bereich *2..MaxRecSize* (siehe auch Kapitel 5.2), sonst ist er 0.

Hinweise Ist die Engine-Umgebung noch nicht initialisiert oder wurde noch kein Arbeitsbereich eingerichtet, gibt die Funktion den Wert 0 zurück und setzt die globale Fehlervariable *DBERROR* auf den Fehlerkode *E_NOTINSTALLED* bzw. *E_WRONGWKGAREA*.

Querverweis *DBRec..., DBRecBuf..., DBRecCount, DBActRec*

Beispiel

```
PROGRAM RECLEN{.PAS};
USES DPACGBL,DPAC;
VAR TblHdle : Byte;
BEGIN
 DBInit; { Engine aktivieren }
 IF NOT DBTblOpen(TblHdle,'TEST') THEN DBErrMsg;
 WriteLn('Die Tabelle «TEST» besitzt ',DBRecLen,
        ' Bytes große Records.');
END. { OF PROGRAM }
```

DBRecNext *DPACREC.INC*

Funktion Positioniert auf den nächsten Record der Tabelle und liest seinen Inhalt in den aktuellen Record-Zwischen-Puffer.

Syntax PROCEDURE *DBRecNext*;

Erläuterung *DBRecNext* bringt den Recordzeiger der aktuellen Tabelle auf den nächsten Record und liest seinen Inhalt in den aktuellen Record-Zwischen-Puffer. Nach erfolgreicher Ausführung ist dieser Record der aktuelle Record.

Hinweise Ist die Engine-Umgebung noch nicht initialisiert oder wurde noch keine Tabelle geöffnet, erhält die globale Fehlervariable *DBERROR* den entsprechenden Fehlerkode. Das Handle des aktuellen Records bleibt dabei unverändert. Gelangt der Recordzeiger beim Positionieren hinter das Tabellenende (*DBEOF*), leert *DBRecNext* den aktuellen Record-Zwischen-Puffer und setzt *DBERROR* auf den Wert *E_TBLCOMETOEOF*. Das Handle des aktuellen Records ist in diesem Fall *DBRecCount+1*. Ist ein Primärindex aktiv, wird das Handle des nächsten Records durch die Indexreihenfolge bestimmt. Bei inaktivem Modus *M_WITHDELETED* überspringt die Prozedur gelöscht markierte Records, sonst nicht.

Querverweis *DBRec..., DBRecBuf..., DBRecPrev, DBRecSkip*

Beispiel

```
PROGRAM RECNEXT{.PAS};
USES DPACGBL,DPAC;
VAR TblHdle : Byte;
    rd      : LongInt;
BEGIN
 DBInit; { Engine aktivieren }
 IF NOT DBTblOpen(TblHdle,'TEST') THEN DBErrMsg;
 rd:= 0;  { Zähler für gelöschte Records }
 { Alle gelöscht markierten Records nennen }
 WHILE NOT DBEOF AND (DBERROR=DBSUCCESS) DO BEGIN
  IF DBRecIsDel THEN BEGIN
   Inc(rd);
   WriteLn('Record ',DBActRec,' ist als gelöscht markiert.');
  END;
  DBRecNext; { Einen Record weiter }
 END;
 WriteLn(rd,' Record(s) als gelöscht markiert.');
END. { OF PROGRAM }
```

DBRecPrev *DPACREC.INC*

Funktion
Positioniert auf den vorigen Record der Tabelle und liest seinen Inhalt in den aktuellen Record-Zwischen-Puffer.

Syntax
PROCEDURE *DBRecPrev*;

Erläuterung
DBRecPrev bringt den Recordzeiger der aktuellen Tabelle auf den vorigen Record und liest seinen Inhalt in den aktuellen Record-Zwischen-Puffer. Nach erfolgreicher Ausführung ist dieser Record der aktuelle Record.

Hinweise
Ist die Engine-Umgebung noch nicht initialisiert, wurde noch keine Tabelle geöffnet oder wird vor den Tabellenanfang positioniert (*DBBOF*), erhält die globale Fehlervariable *DBERROR* den entsprechenden Fehlerkode. Das Handle des aktuellen Records bleibt dabei unverändert.

Ist ein Primärindex aktiv, wird das Handle des vorigen Records durch die Indexreihenfolge bestimmt. Bei inaktivem Modus *M_WITHDELETED* überspringt die Prozedur gelöscht markierte Records, sonst nicht.

Querverweis
DBRec..., DBRecBuf..., DBRecNext, DBRecSkip

Beispiel

```
PROGRAM RECPREV{.PAS};
USES DPACGBL,DPAC;
VAR TblHdle: Byte;
    rd      : LongInt;
BEGIN
 DBInit; { Engine aktivieren }
 IF NOT DBTblOpen(TblHdle,'TEST') THEN DBErrMsg;
 rd:= 0;     { Zähler für gelöschte Records }
 DBRecLast; { Beim letzten Record beginnen }
 { Alle gelöscht markierten Records nennen }
 WHILE NOT DBBOF AND (DBERROR=DBSUCCESS) DO BEGIN
  IF DBRecIsDel THEN BEGIN
   Inc(rd);
   WriteLn('Record ',DBActRec,' ist als gelöscht markiert.');
  END;
  DBRecPrev;     { Einen Record zurück }
 END;
 WriteLn(rd,' Record(s) als gelöscht markiert.');
END. { OF PROGRAM }
```

DBRecRecall DPACREC.INC

Funktion Entfernt die Löschmarkierung beim aktuellen Record.

Syntax PROCEDURE *DBRecRecall*;

Erläuterung Mit *DBRecRecall* kann beim aktuellen Record der aktuellen Tabelle die Löschmarke (2Ahex) entfernt werden. Die Routine überschreibt dazu die Marke im Record und Record-Zwischen-Puffer der Tabelle mit einem Leerzeichen. Die Aktion, bei der der Record entlöscht wird, findet direkt auf Disk/Platte statt.

Hinweise Ist die Engine-Umgebung noch nicht initialisiert, gibt es noch keine offene Tabelle oder werden die Dateigrenzen (*DBBOF* oder *DBEOF*) erreicht, setzt die Prozedur die globale Fehlervariable *DBERROR* auf den entsprechenden Fehlerkode. Das Handle des aktuellen Records bleibt dabei unverändert. Eine Löschmarke kann nur entfernt werden, wenn man die Tabelle beschreiben kann.

Querverweis *DBRec..., DBRecBuf..., DBRecDelete, DBRecIsDel*

Beispiel

```
PROGRAM RECALL{.PAS};
USES DPACGBL,DPAC;
VAR TblHdle : Byte;
    wasdel  : Boolean;
BEGIN
 DBInit; { Engine aktivieren }
 IF NOT DBTblOpen(TblHdle,'TEST') THEN DBErrMsg;
 wasdel:= DBRecIsDel;        { Record markiert? }
 DBRecRecall;        { ersten Record entlöschen }
 IF (DBERROR=DBSUCCESS) THEN BEGIN
  IF wasdel THEN WriteLn('Record 1 entlöscht.')
   ELSE WriteLn('Record 1 ist nicht als gelöscht markiert');
 END;
END. { OF PROGRAM }
```

DBRecSkip DPACREC.INC

Funktion Positioniert den Recordzeiger in der Tabelle vor oder zurück und liest den Inhalt des Records in den aktuellen Record-Zwischen-Puffer.

Syntax PROCEDURE *DBRecSkip (distance: LongInt);*

Parameter *distance* bezeichnet die effektive Anzahl der Records, um die der Recordzeiger der aktuellen Tabelle vor- (*distance* ist positiv) bzw. rückwärts (*distance* ist negativ) bewegt werden soll.

Erläuterung Mit *DBRecSkip* kann der Recordzeiger der aktuellen Tabelle vor- oder rückwärts bewegt werden. Der Parameter *distance* bestimmt die effektive Anzahl der zu überspringenden Records und gibt gleichzeitig die Bewegungsrichtung des Recordzeigers an: ein positiver Wert bewegt ihn vorwärts, ein negativer rückwärts. Nach erfolgreicher Ausführung ist der Record, auf dem der Recordzeiger steht, der aktuelle Record. Die Prozedur aktualisiert zugleich den aktuellen Record-Zwischenpuffer mit dem Inhalt des Records.

Hinweise Ist die Engine-Umgebung noch nicht initialisiert, wurde noch keine Tabelle geöffnet oder wird vor den Tabellenanfang positioniert (*DBBOF*), erhält die globale Fehlervariable *DBERROR* den entsprechenden Fehlerkode. Das Handle des aktuellen Records bleibt dabei unverändert. Gelangt der Recordzeiger beim Positionieren jedoch hinter das Tabellenende (*DBEOF*), leert *DBRecSkip* den aktuellen Record-Zwischen-Puffer und setzt *DBERROR* auf den Wert *E_TBLCOMETOEOF*. Das Handle des aktuellen Records ist in diesem Fall *DBRecCount+1*.

Ist ein Primärindex aktiv, überspringt *DBRecSkip* eine Anzahl von Records in Indexreihenfolge. Bei aktivem Modus *M_WITHDELETED* werden auch gelöscht markierte Records mitgezählt, sonst nicht.

Querverweis *DBRec..., DBRecBuf..., DBRecGoto, DBRecPrev, DBRecNext*

Beispiel

```
PROGRAM RECSKIP{.PAS};
USES DPACGBL,DPAC;
VAR TblHdle: Byte;
    rn     : LongInt;
BEGIN
 DBInit; { Engine aktivieren }
 IF NOT DBTblOpen(TblHdle,'TEST') THEN DBErrMsg;
 rn:= 0;  { Zähler für nicht markierte Records }
 { Alle als «nicht gelöscht» markierten Records zählen }
 WHILE NOT DBEOF AND (DBERROR=DBSUCCESS) DO BEGIN
  IF NOT DBRecIsDel THEN Inc(rn);
  DBRecSkip(+1); { Einen Record weiter }
 END;
 WriteLn(rn,' Record(s) von ',DBRecCount,
          ' Record(s) als «nicht gelöscht» markiert.');
END. { OF PROGRAM }
```

DBRecUpdate *DPACREC.INC*

Funktion: Aktualisiert den Record in der Tabelle mit dem Inhalt des Record-Zwischen-Puffers.

Syntax: PROCEDURE *DBRecUpdate*;

Erläuterung: *DBRecUpdate* aktualisiert den Inhalt des aktuellen Records mit dem Inhalt des aktuellen Record-Zwischen-Puffers, bezogen auf die aktuelle Tabelle. Der Aufruf von *DBRecUpdate* ist immer dann notwendig, wenn der Inhalt des Record-Zwischen-Puffers verändert wurde (z.B. mit den *DBFldPut...*-Funktionen) und in die Tabelle geschrieben werden soll. Ob ein Puffer verändert ist, kann mit der Funktion *DBRecBufIsChanged* festgestellt werden. Nach einer erfolgreichen Aktualisierung des Record-Zwischen-Puffers gibt sie den Wert *FALSE* zurück.

Hinweise: Im Fehlerfall setzt die Prozedur die globale Fehlervariable *DBERROR* auf den entsprechenden Fehlerkode.
Alle für die Tabelle offenen Indexe werden automatisch aktualisiert. Befindet sich zur Zeit der Aktualisierung ein veränderter Memotext im Puffer der Tabelle, wird dieser in die Memodatei geschrieben und die Blocknummer im Record angepaßt.

Querverweis: *DBRec..., DBRecBuf..., DBRecAppend, DBTblIsActive*

Beispiel:

```
PROGRAM RECUPD{.PAS};
USES DPACGBL,DPAC;
VAR TblHdle: Byte;
BEGIN
 DBInit; { Engine aktivieren }
 { Record kann nur aktualisiert werden, wenn Tabelle ge-
   öffnet ist und beschrieben werden kann!  }
 IF DBTblOpen(TblHdle,'TEST') AND DBTblIsActive THEN BEGIN
  DBShowErr(DBFldPutStr(1,'Hallo')); { Feld 1 verändern... }
  { ... und in der Tabelle aktualisieren }
  DBRecUpdate;
  DBErrMsg; { wenn Fehler, dann anzeigen }
  WriteLn('Feld 1 in Record 1 mit Wert «Hallo» belegt.');
 END;
END. { OF PROGRAM }
```

DBReset *DPACERR.INC*

Funktion

Setzt die Fehlerkodes auf den Wert *DBSUCCESS* (kein Fehler) zurück.

Syntax

PROCEDURE *DBReset*;

Erläuterung

Diese Prozedur setzt die globalen Fehlervariablen *DBERROR*, *DosError* und *IOResult* auf den Wert *DBSUCCESS* (kein Fehler). Mit dem Rücksetzen erfolgt gleichzeitig die Initialisierung des Fehlertextes, der dem Fehlerkode von *DBERROR* zugeteilt ist; in diesem Fall „Programmlauf fehlerfrei.“.

Hinweise

Enthält die globale Fehlervariable *DBERROR* einen Fehlerkode, sind die Prozeduren und Funktionen von *dPAC*, die nach Auftreten dieses Fehlers aufgerufen werden, nicht ausführbar. Eine Ausnahme bilden die Routinen, die *DBERROR* nicht auswerten bzw. keine Änderung an der Variablen vornehmen. Das Rücksetzen der Fehlerkodes sollte nur erfolgen, wenn *DBERROR* zuvor ausgewertet wurde und/oder der weitere Programmlauf dadurch nicht gefährdet ist.

Wichtig: Die Prozeduren *DBErrMsg* und *DBShowErr* setzen nur die globale Fehlervariable *DBERROR* zurück, nicht jedoch *DosError* bzw. *IOResult*.

Querverweis

DBInit, *DBErrMsg*, *DBShowErr*

Beispiel

```
PROGRAM RESET{.PAS};
USES DPACGBL.DPAC;
VAR TblHdle  : Byte;
BEGIN
 DBInit; { Engine aktivieren }
 {Wenn Tabelle nicht existiert, ergibt DBTblOpen einen Fehler}
 IF DBTblOpen(TblHdle,'GIBTSNIX.NIX') THEN { .... };
 {Um mit dem Programmlauf fortfahren zu können, muß dieser   }
 {Fehler zurückgesetzt werden. Dann erst kann eine andere    }
 {Operation ausgeführt werden.                               }
 WriteLn('Beim Öffnen von Tabelle «GIBTSNIX.NIX» ergab sich ',
        'der Fehler: '#10#13,DBErrStr);
 DBReset;
 WriteLn('Nach DBReset besitzt DBERROR den Wert ',DBERROR);
 IF DBTblOpen(TblHdle,'TEST') THEN BEGIN
 { Weitere Operationen ... }
 END;
END. { OF PROGRAM }
```

DBSetBlockSize *XMEMO.PAS*

Funktion Legt die Blockgröße für Memofelder fest (dBASE IV).

Syntax PROCEDURE *DBSetBlockSize (Size: Byte);*

Parameter *Size* ist eine Zahl zwischen 1 und 32.

Erläuterung *DBSetBlockSize* legt bei dBASE IV-Memodateien die Blockgröße in Memofeldern fest. Der Prozedur muß eine Zahl zwischen 1 und 32 übergeben werden, andere Werte werden ignoriert. Multipliziert mit dem Wert 512 gibt die Zahl die Blockgröße in Bytes an. Die Einstellung der Blockgröße wirkt sich nur auf dBASE IV-Tabellen aus. dBASE IV-Memodateien, die nach dem Ändern der Blockgröße mit der Engine neu angelegt werden, weisen die neue Größe auf (z.B. mit *DBMmoCreate*).

Hinweise Falls die Engine-Umgebung noch nicht initialisiert ist, kann die Blockgröße nicht eingestellt werden. Die Angabe ungültiger Werte verändert die gegenwärtig eingestellte Blockgröße nicht. In beiden Fällen entsteht kein Fehler. Nach dem Aufruf von *DBInit* ist immer der Wert 1 (512 Byte) eingestellt. Dies ist der einzige Wert, der zu Tabellen der Version dBASE III/III Plus kompatibel ist.

Querverweis *DBGetBlockSize, DBTblBlockSize*

Beispiel

```
PROGRAM SETBLSIZ{.PAS};
USES DPACGBL,DPAC,XMEMO;
BEGIN
 DBInit; { Engine aktivieren }
 WriteLn('Aktuelle Blockgröße für Memofelder ist ',
        DBGetBlockSize*512,' Bytes.');
 DBSetBlockSize(2);     { Blockgröße auf 1024 Byte einstellen }
 WriteLn('Neue Blockgröße ist ',DBGetBlockSize*512,' Bytes.');
 {Wird jetzt eine dBASE IV-Memofelddatei erzeugt, so erfolgt }
 {eine Aufteilung des Textes in der Memodatei in Blöcken zu  }
 {je 1024 Byte.                                              }
 DBSetBlockSize(33);     { Alte Blockgröße bleibt unverändert }
 WriteLn('Neue Blockgröße ist ',DBGetBlockSize*512,' Bytes.');
END. { OF PROGRAM }
```

DBSetMode *DPAC.PAS*

Funktion
Setzt im Moduswort *DBMODE* den oder die übergebenen Schalter.

Syntax
PROCEDURE *DBSetMode (switch: Word);*

Parameter
switch ist die Wertigkeit des Bits, das in *DBMODE* gesetzt werden soll.

Erläuterung
DBSetMode wirkt direkt auf das Moduswort *DBMODE*, mit dem der Programmodus der Engine eingestellt werden kann. Das Bit mit der Wertigkeit *switch* wird gesetzt. Die einzelnen Modi sind in Kapitel 4.2 erklärt.

Hinweise
Manipulationen am Moduswort können jederzeit vorgenommen werden und unterliegen keiner Initialisierung der Engine. Für die übergebenen Schalter (Bitwerte) sollte man die Konstanten aus der Unit *DPACGBL* verwenden (siehe auch Kapitel 4.2). Für das Setzen mehrerer Schalter sind die Konstanten mit dem „+" - Zeichen zu verknüpfen. Der Default-Modus der Engine kann mit dem Befehl *DBSetMode(M_DEFAULTMODE)* gesetzt werden.

Querverweis
DBClrMode, DBTestMode

Beispiel

```
PROGRAM SETMODE{.PAS};
USES DPACGBL,DPAC;
VAR TblHdle: Byte;
BEGIN
 DBClrMode(M_HALTONERROR);        { Kein Halt bei Fehlern }
 { Öffnen der Tabelle ohne DBInit erzeugt einen Fehler    }
 IF DBTblOpen(TblHdle,'TEST') THEN;
 DBInit; { Engine aktivieren }
 DBErrMsg;                       { 1. Meldung ausgeben     }
 WriteLn('«Kontrollpunkt 1»'); { wird angezeigt          }
 DBSetMode(M_HALTONERROR);       { Jetzt: Halt bei Fehlern }
 IF DBTblOpen(TblHdle,'TEST') THEN;
 DBErrMsg;                       { 2. Meldung ausgeben     }
 WriteLn('Kontrollpunkt 2');     { wird nicht angezeigt!   }
END. { OF PROGRAM }
```

DBShowErr *DPACERR.INC*

Funktion
Gibt bei einem Fehler eine Fehlermeldung aus.

Syntax
PROCEDURE *DBShowErr (Err: Integer);*

Parameter
Err ist eine sogenannte „Dummy-Variable", die keiner Auswertung unterzogen wird. Sie kann dazu verwendet werden, um Funktionen, die einen Integerwert liefern, direkt zur Fehleranzeige zu übergeben (siehe Beispiel).

Erläuterung
DBShowErr gibt im Modus *M_SHOWMESSAGE* eine Fehlermeldung aus, wenn der Fehlerkode der globalen Fehlervariablen *DBERROR* nicht *DBSUCCESS* (kein Fehler) ist. Ist der Modus *M_BEEPONERROR* aktiv, ertönt zusätzlich ein Fehlerton. Im Modus *M_HALTONERROR* stoppt die Funktion den Programmlauf bei einem Fehler. Bei kritischen Fehlern (*E_TOOCRITERROR*) wird das Programm immer angehalten (siehe auch Kapitel 4.2). Das Halten geschieht nach der Ausgabe der Fehlermeldung und des Fehlertons. Der Aufruf von *DBShowErr* bewirkt im Fehlerfall, daß *DBERROR* auf den Wert *DBSUCCESS* zurückgesetzt wird. Unabhängig vom Modus der Engine erfolgt bei Fehlern immer die interne Initialisierung des Fehlertextes. Der dem Fehlerkode zugeteilte Text ist dem Anhang C „Liste der Fehlermeldungen" zu entnehmen.

Hinweise
DBShowErr ruft im Fehlerfall (*DBERROR<>DBSUCCESS*) die Prozedur *DBErrMsg* auf (siehe auch dort bei „Hinweise").

Querverweis
DBErrStr, DBErrMsg, DBInstErrMsg, DBReset

Beispiel

```
PROGRAM SHOWERR{.PAS};
USES DPACGBL,DPAC;
VAR TblHdle: Byte;
    S      : String;
BEGIN
 DBSetMode(M_BEEPONERROR); { Fehlerton }
 DBInit; { Engine aktivieren }
 IF DBTblOpen(TblHdle,'TEST') THEN BEGIN
  { folgende Anweisung erzeugt im Normalfall keinen  }
  { Fehler, d.h. keine Fehlermeldung erscheint!      }
  DBShowErr(DBFldGetASCII(5,S)); { Inhalt von Feld 5 }
  WriteLn('Feld 5 hat den Wert «',S,'»');
  { folgende Anweisung erzeugt einen Fehler, d.h. es }
  { erscheint eine Fehlermeldung!                    }
  DBShowErr(DBFldGetASCII(0,S));
 END;
END. { OF PROGRAM }
```

DBSysFiles *DPACINF.INC*

Funktion

Ermittelt die vom Betriebssystem eingestellte Anzahl der maximal offenen Dateien.

Syntax

FUNCTION *DBSysFiles: Word;*

Erläuterung

Mit *DBSysFiles* läßt sich die Anzahl der maximal offenen Dateien bestimmen, die vom Betriebssystem aus geöffnet werden können. Das Funktionsergebnis entspricht der Zahl der Datei-Puffer, die das System für die Datei-Behandlung einrichtet. Sie läßt sich in der Systemdatei CONFIG.SYS mit dem Befehl FILES=XXX einstellen, wobei XXX für eine Zahl im Bereich 5..255 steht (ab MS-DOS Version 4: 8..255).

Hinweise

DBSysFiles führt keine Fehlerbehandlung durch. Die zurückgegebene Zahl bestimmt die Obergrenze der maximal offenen Dateien für einen Prozeß. Wenn also im Modus *M_EXPNDHANDLE* die DOS-Datei-Tabelle durch die Engine von 20 auf 64 Einträge erweitert wird, können bei *DBSysFiles=20* nur maximal 20 Einträge belegt werden (vgl. mit Beispiel).

Querverweis

DBMaxFiles, DBOpenFiles

Beispiel

```
PROGRAM SYSFILES{.PAS};
USES DPACGBL,DPAC;
VAR TblHdle: Byte;
BEGIN
 DBInit; { Engine aktivieren }
 IF NOT DBTblOpen(TblHdle,'TEST') THEN DBErrMsg;
 WriteLn('«Engine Datei-Info»');
 WriteLn('Anzahl der reservierten Datei-Puffer :',
         DBSysFiles:4);
 WriteLn('Neue Größe der DOS-Datei-Tabelle     :',
         MaxFiles:4);
 WriteLn('Anzahl maximal offener Dateien       :',
         DBMaxFiles:4);
 WriteLn('Anzahl verwalteter Dateien für «TEST»:',
         DBOpenFiles:4);
END. { OF PROGRAM }
```

DBTblBlockSize *DPACINF.INC*

Funktion
Ermittelt die Blockgröße in den Memofeldern der Tabelle.

Syntax
FUNCTION *DBTblBlockSize: Byte;*

Erläuterung
DBTblBlockSize gibt eine Zahl zwischen 1 und 32 zurück, falls die aktuelle Tabelle Memofelder besitzt und im Modus *M_WITHMMOCHCK* erfolgreich geöffnet wurde; sonst den Wert 0. Multipliziert mit dem Wert 512 gibt die Zahl die Größe der Blöcke in Bytes an, mit der die Memotexte der Tabelle in der Memodatei abgelegt sind. Bei Tabellen der Version dBASE III/III Plus kann die Zahl maximal 1 sein.

Hinweise
Falls die Engine-Umgebung noch nicht initialisiert wurde oder keine Tabelle geöffnet ist, liefert die Funktion den Wert 0 und setzt die globale Fehlervariable *DBERROR* auf den entsprechenden Fehlerkode. Vor dem Anlegen neuer dBASE IV-Memodateien (z.B. mit *DBTblCreate*) kann die Blockgröße mit der Prozedur *DBSetBlockSize* eingestellt werden. Diese Memodateien weisen die neue Größe auf. In dBASE III/III Plus-Tabellen ist die Blockgröße auf 512 Bytes festgelegt und kann nicht geändert werden.

Querverweis
DBSetBlockSize, DBGetBlockSize

Beispiel

```
PROGRAM TBLBLSIZ{.PAS};
USES DPACGBL,DPAC,
     XMEMO;          {XMEMO nur wegen DBSetBlockSize einbinden }
VAR  TblHdle: Byte;
BEGIN
 DBInit; { Engine aktivieren }
 IF DBTblOpen(TblHdle,'TEST') THEN BEGIN
 { Aktuell gesetzte Memoblockgröße und die Größe der Memo-   }
 { blöcke in der Tabelle müssen nicht unbedingt gleich sein! }
 DBSetBlockSize(32);          { Auf maximale Blockgröße stellen}
 WriteLn('Blockgröße für neue Memodateien ist ',
         DBGetBlockSize*512,' Bytes.');
 IF DBTblWithMmo THEN
   WriteLn('Größe der Memoblöcke in aktueller Memodatei ist ',
           DBTblBlockSize*512,' Bytes.')
  ELSE
   WriteLn('Tabelle besitzt keine Memofelder.');
 END;
END. { OF PROGRAM }
```

DBTblClose *DPACTBL.INC*

Funktion — Schließt eine dBASE-Tabelle bzw. einen Arbeitsbereich.

Syntax — FUNCTION *DBTblClose (TblHdle: Byte): Boolean;*

Parameter — *TblHdle* bezeichnet das gültige Handle einer Tabelle, die geschlossen werden soll, und muß im Bereich *1..MaxHdle* liegen.

Erläuterung — *DBTblClose* übernimmt das Schließen der Tabelle, die zuvor mit *DBTblOpen* geöffnet wurde und über das Handle *TblHdle* erreichbar ist. Das Schließen der Tabelle ist zugleich das Schließen des Arbeitsbereichs, der dieser Tabelle zugewiesen wurde. Dabei werden alle für diesen Arbeitsbereich offenen Dateien geschlossen und der gesamte zugeteilte Speicherbereich freigegeben. Darunter fallen auch nachträglich geöffnete Record-Zwischen-Puffer und Indexe. Änderungen an einer Tabelle haben eine Aktualisierung zur Folge, die sich nur auf den Header-Bereich der Tabelle auswirkt. Beim Schließen im Modus *M_FLDSDESCUPD* erfolgt auch eine Aktualisierung der Feldbeschreibungen. Der Record-Bereich wird nicht aktualisiert und muß zuvor mit einer der Recordfunktionen (*DBRec...*) aktuell gehalten werden. Bei erfolgreicher Ausführung gibt die Funktion den Wert *TRUE* zurück.

Hinweise — Kann die Tabelle (oder der Arbeitsbereich) nicht geschlossen werden, liefert die Funktion den Wert *FALSE* und setzt die globale Fehlervariable *DBERROR* auf den entsprechenden Fehlerkode. Sind bei der Ausführung mehrere Tabellen geöffnet, wird die nächste verfügbare Tabelle zur aktuellen. Ist die gerade geschlossene Tabelle nicht die aktuelle, ändert sich das Handle der aktuellen Tabelle nicht. Die Funktionen *DBExit* oder *DBTblCloseAll* schließen automatisch alle offenen Tabellen (siehe auch bei der Beschreibung zu diesen Funktionen).

Querverweis — *DBTbl..., DBTblCloseAll, DBTblOpen, DBTblCreate, DBTblIsHdle*

Beispiel

```
PROGRAM TBLCLOSE{.PAS};
USES DPACGBL,DPAC;
VAR TblHdle: Byte;
    clse   : Boolean;
BEGIN
 DBInit; { Engine aktivieren }
 IF DBTblOpen(TblHdle,'TEST') THEN
   WriteLn('Tabelle «TEST» geöffnet.');
 {...}
 IF DBTblIsHdle(TblHdle) THEN clse:= DBTblClose(TblHdle);
 {...}
 IF clse THEN WriteLn('Tabelle «TEST» geschlossen.');
END. { OF PROGRAM }
```

DBTblCloseAll *DPACTBL.INC*

Funktion Schließt alle offenen Tabellen in der Engine-Umgebung.

Syntax PROCEDURE *DBTblCloseAll*;

Erläuterung *DBTblCloseAll* übernimmt das Schließen aller Tabellen, die in der aktuellen Engine-Umgebung zuvor mit *DBTblOpen* geöffnet wurden. Dabei werden auch zugehörige Memo- und Indexdateien geschlossen, Record-Zwischen-Puffer und Memopuffer gelöscht und der gesamte den Tabellen zugeteilte Speicherbereich freigegeben. Nach erfolgreicher Ausführung ist die Anzahl der offenen Dateien 0 (überprüfen mit *DBOpenFiles*).

Hinweise Ist die Engine-Umgebung noch nicht initialisiert, setzt die Prozedur die globale Fehlervariable *DBERROR* auf den Fehlerkode *E_NOTINSTALLED*. Fehler, die beim Schließen einer Tabelle auftreten, werden ignoriert.

Querverweis *DBTbl..., DBTblClose, DBTblOpen, DBOpenFiles*

Beispiel

```
PROGRAM TCLSEALL{.PAS};
USES DPACGBL,DPAC;
VAR TblHdle1,TblHdle2 : Byte;
    FCount            : Byte;
BEGIN
 DBInit; { Engine aktivieren }
 IF DBTblOpen(TblHdle1,'TEST') THEN BEGIN  {Tabelle TEST -> 1}
  FCount:= DBOpenFiles;
  WriteLn('Tabelle 1 benutzt ',FCount,' Dateien');
  IF DBTblOpen(TblHdle2,'DEMO') THEN BEGIN {Tabelle DEMO -> 2}
   FCount:= DBOpenFiles-FCount;
   WriteLn('Tabelle 2 benutzt ',FCount,' Dateien');
  END;
 END;
 {...}
 IF (DBERROR=DBSUCCESS) THEN BEGIN
  DBTblCloseAll;
  WriteLn('Offene Dateien nach DBTblCloseAll : ',DBOpenFiles);
 END;
END. { OF PROGRAM }
```

DBTblCopy *DPACTBL.INC*

Funktion
Kopiert die aktuelle Tabelle in eine neue Tabelle.

Syntax
FUNCTION *DBTblCopy (TblTo: TblStr;*
VersTyp: VersT): LongInt;

Parameter
TblTo ist der Name der neuen Tabelle, in die die aktuelle Tabelle kopiert werden soll. Dieser Name muß den DOS-üblichen Konventionen für Dateinamen entsprechen. Wird keine Extension angegeben, fügt die Funktion *DBFExt* an (Default '.DBF', vereinbart in Unit *DPACGBL*). In *VersTyp* ist die Version der Zieltabelle anzugeben. Es können Tabellen der Version dBASE III (*DB3TYP*), dBASE III Plus (*DB3PTYP*) und dBASE IV (*DB4TYP*) erzeugt werden.

Erläuterung
DBTblCopy kopiert alle Records der aktuellen Tabelle in eine neue Tabelle. Es sollte vor Aufruf der Funktion sichergestellt sein, daß die Zieltabelle nicht bereits auf Disk/Platte existiert, da diese ohne Warnung überschrieben wird. Die erzeugte Tabelle besitzt dieselbe Datenstruktur und wird in

dem dBASE-Format erzeugt, das im Parameter *VersTyp* angegeben wurde. Besitzt die Tabelle Memofelder, werden die Texte aus der Memodatei in die Zielmemodatei kopiert und die Blocknummern in den Feldern der Zieltabelle angepaßt. *DBTblCopy* wählt für die Blockgröße in der Zielmemodatei den Wert, der zuvor mit *DBSetBlockSize* gesetzt wurde (bei dBASE III/III Plus-Tabellen immer 512 Bytes). Im Modus *M_WITHDELETED* kopiert die Funktion auch Records, die als gelöscht markiert sind, sonst nicht. Ist ein Primärindex aktiv, werden die Records in der Zieltabelle in Indexreihenfolge gespeichert. Ist der Modus *M_SHOWMESSAGE* aktiv, zeigt die Funktion den Kopiervorgang auf dem Bildschirm an. Als Ergebnis gibt *DBTblCopy* die Anzahl der kopierten Records zurück.

Hinweise

Falls die Engine-Umgebung noch nicht initialisiert wurde, keine Tabelle geöffnet ist oder während der Ausführung ein Fehler auftritt, gibt die Funktion den Wert 0 zurück und setzt die globale Fehlervariable *DBERROR* auf den entsprechenden Fehlerkode.

Bei unterschiedlicher Quell- und Zielversion der Tabellen, werden numerische Typen gegebenenfalls konvertiert (beispielsweise wird aus dem dBASE IV-Feldtyp „F" in einer dBASE III-Zieltabelle der Feldtyp „N"). Kann das Format der Quelltabelle im Ziel nicht übernommen werden, bricht *DBTblCopy* mit dem Fehler *E_NOEQUSTRUCTS* ab. Bei unsortierter Reihenfolge benötigt die Funktion einen Speicherbereich, der mind. so groß wie ein Record ist und maximal *SBufSize* Bytes (Default 65535) einnehmen kann.

ACHTUNG: Bei Tabellen, die nicht im Modus *M_WITHMMOCHCK* geöffnet wurden, jedoch ein Memofeld besitzen, erfolgt <u>keine</u> automatische Aktualisierung der Memofeld-Blocknummern, jedoch die Generierung einer leeren Memodatei. Diese Vorgehensweise sollte nur verwendet werden, wenn 1:1-Sicherheitskopien der Datendatei angelegt werden sollen, die später wieder mit der ursprünglichen Memodatei eingesetzt werden (für 1:1-Kopien der Memodatei z.B. die Routine *FileCopy* aus Unit *DPACFILE* verwenden).

Querverweis *DBTbl..., DBTblOpen, DBTblSelect*

Beispiel

```
PROGRAM TBLCOPY{.PAS};
USES DPACGBL,DPAC;
VAR TblHdle: Byte;
    Result : LongInt;
BEGIN
 DBInit; { Engine aktivieren }
 IF NOT DBTblOpen(TblHdle,'TEST') THEN DBErrMsg;
 { Kopiere alle Records aus «TEST» in eine neue Tabelle }
 Result:= DBTblCopy('ZIEL',DB3PTYP);
 IF (DBERROR=DBSUCCESS) THEN
  WriteLn(#10#13,Result,' Record(s) erfolgreich kopiert.');
END. { OF PROGRAM }
```

DBTblCreate *DPACTBL.INC*

Funktion Erzeugt eine leere (neue) dBASE-Tabelle (Version III, III Plus oder IV).

Syntax FUNCTION *DBTblCreate (TblName: TblStr;*
nFields: Word;
Fields: FldNamePtr;
Types: FldTypePtr;
Verstyp: VersT): Boolean;

Parameter *TblName* ist der Name der Tabelle, der den DOS-üblichen Konventionen für Dateinamen entsprechen muß. Wird keine Extension angegeben, fügt die Funktion *DBFExt* an (Default '.DBF', vereinbart in Unit *DPACGBL*). *nFields* gibt die Anzahl der Felder an, und muß bei Tabellen der Version III und III Plus eine Zahl zwischen 1 und *MaxFldV3* (Default 128) sein. Bei dBASE IV-Tabellen darf *nFields* max. *MaxFldV4* (Default 255) sein. *Fields* ist der Zeiger auf ein Array von *nFields* Strings, das die Feldnamen der Tabelle aufnimmt. *Types* ist ebenfalls ein Zeiger auf ein Array von *nFields* Strings, in dem die Feldtypen und die Dimensionen der einzelnen Felder vereinbart sind. Die Elemente in *Types* sind in der Form 'TXXX:NN' anzugeben. „T" gibt dabei den Typ des Feldes an, „XXX" die Länge und „NN" die Dezimalstellen, die ein Feld besitzt. In *VersTyp* ist die Version der Tabelle anzugeben. Es können Tabellen der Version dBASE III (*DB3TYP*), dBASE III Plus (*DB3PTYP*) und dBASE IV (*DB4TYP*) erzeugt werden.

Erläuterung Die Funktion *DBTblCreate* versucht mit obigen Parametern eine dBASE-Tabelle zu erzeugen. Es sollte vor Aufruf der Funktion sichergestellt sein, daß die zu erzeugende Tabelle nicht bereits auf Disk/Platte existiert, da diese ohne Warnung überschrieben wird. Wenn die Engine im Modus *M_STRICTCHECK* arbeitet, werden alle Feldnamen auf ihre Gültigkeit und doppeltes Vorkommen hin überprüft. Besitzt die Tabelle mindestens ein Memofeld, so erzeugt die Funktion automatisch die zugehörige Memodatei, die dann denselben Namen und die Extension *DBTExt* (vereinbart in *DPACGBL*) erhält. Bei dBASE-IV Memodateien kann die Blockgröße in Memofeldern zuvor mit der Prozedur *DBSetBlockSize* festgelegt werden. Bei erfolgreicher Ausführung gibt *DBTblCreate* den Wert *TRUE* zurück. Die einfachste Art, eine neue Tabelle anzulegen, ist im Beispiel gezeigt.

Hinweise

Ist die Engine-Umgebung noch nicht initialisiert, kann die Tabelle nicht angelegt werden bzw. wurden falsche Daten übergeben, gibt die Funktion den Wert *FALSE* zurück und setzt die globale Fehlervariable *DBERROR* auf den entsprechenden Fehlerkode. Wurde die Tabelle bereits in der Engine-Verwaltung mit aufgenommen, bricht die Funktion mit dem Fehler *E_TBLFISOPENED* ab.

Ein Feldname darf maximal 10 Zeichen haben, muß mit einem Buchstaben beginnen und darf „_" - Zeichen (Underscore) als Trennzeichen benutzen. Ist der Modus *M_FLDNAMEGERM* aktiv, dürfen als Buchstaben auch Umlaute benutzt werden. Die gültigen dBASE-Feldtypen und Feldlängen sind dem Kapitel 3 zu entnehmen. Die Dimensionsangaben zu den Feldtypen „D", „L" und „M" sind nicht unbedingt mit anzugeben, da diese eine feste Feldlänge besitzen. Ebenso kann die Dezimalstellenangabe „NN" entfallen, wenn ein Feld keine Dezimalstellen besitzt. Die Typen *FldNamePtr* und *FdTypePtr* sind Zeiger auf Arrays, deren Strings die entsprechende Länge haben. Diese Vereinbarungen und der Typ der Versionsangabe *VersT* sind in der Unit *DPACGBL* zu finden (siehe auch Kapitel 5.2).

Ungültige Feldtypen werden automatisch zu Zeichenfeldern (Typ „C") umgewandelt. Fließkomma-Feldern vom Typ „F" weist *DBTblCreate* bei dBASE III/III Plus-Tabellen den Feldtyp „N" zu. Zu groß oder zu klein dimensionierte Felder werden automatisch auf den gültigen Bereich begrenzt.

Querverweis *DBTbl..., DBTblOpen, DBTblExist, DBMmoCreate*

Beispiel

```
PROGRAM CREATE{.PAS};
USES DPACGBL,DPAC;
CONST
nFields    = 7;                              { Anzahl der Felder }
Fieldnames : ARRAY[1..nFields] OF FldNStr =       { Feldnamen }
 ('String','Datum','Integer','LongInt','Real','Logisch',
  'Memo');

Fieldtypes : ARRAY[1..nFields] OF FldTStr ={ Typen u. Längen }
 ('C15'   ,'D'    ,'N7'     ,'N12'    ,'F5:2','L'      ,
  'M'   );

VAR TblName : TblStr;                        { Name der Tabelle   }
    TblHdle : Byte;                          { Handle der Tabelle }
    x       : LongInt;                       { kopierte Records   }
BEGIN
 { Dieses Programm erzeugt zunächst die Tabelle «TEST» (falls}
 { nicht vorhanden) und hängt einen Record an. Danach wird in}
 { die Tabelle «DEMO» (falls nicht vorhanden) der Inhalt von }
 { Tabelle «TEST» kopiert.                                    }
 TblName:= 'TEST';       { «.DBF» wird automatisch angehängt! }
 DBInit; { Engine aktivieren }
 IF NOT DBTblExist(TblName) THEN BEGIN
  { Erzeugen einer dBASE IV-Tabelle, bei Fehler -> anzeigen  }
  DBShowErr(Ord(DBTblCreate(TblName,nFields,
            @Fieldnames,@Fieldtypes,DB4TYP)));
  Writeln('Tabelle «',TblName,'» wurde soeben erzeugt.');
 END ELSE WriteLn('Tabelle «',TblName,'» existiert schon.');
 { Tabelle öffnen und einen leeren Record ans Ende hängen     }
 IF DBTblOpen(TblHdle,TblName) THEN BEGIN
  DBRecAppend(BUFBLANK);
  IF (DBERROR=DBSUCCESS) THEN
   WriteLn('Ein leerer Record wurde angehängt.');
 END;
 TblName:= 'DEMO';           { 2. Tabelle }
 IF NOT DBTblExist(TblName) THEN
    x:= DBTblCopy(TblName,DB4TYP);
END. { OF PROGRAM }
```

DBTblCreateFromDBF *DPACTBL.INC*

Funktion

Erzeugt eine neue Tabelle anhand der Daten, die in einer dBASE-Strukturdatei enthalten sind (erstellt mit *DBTblStruToDBF*).

Syntax

FUNCTION *DBTblCreateFromDBF* *(StruName,TblTo: TblStr; VersTyp: VersT): Integer;*

Parameter

StruName ist der Name der Tabelle, in der die Strukturdaten zu finden sind. *TblTo* ist der Name der neuen Tabelle, die anhand der Strukturdaten erstellt werden soll. Beide Namen müssen den DOS-üblichen Konventionen für Dateinamen entsprechen. Wird bei einem Namen keine Extension angegeben, fügt die Funktion *DBFExt* an (Default '.DBF', vereinbart in Unit *DPACGBL*). In *VersTyp* ist die Version der neuen Tabelle anzugeben. Es können Tabellen der Version dBASE III (*DB3TYP*), dBASE III Plus (*DB3PTYP*) und dBASE IV (*DB4TYP*) erzeugt werden.

Erläuterung

DBTblCreateFromDBF erstellt die neue Tabelle *TblTo* mit den Daten aus der dBASE-Strukturdatei *StruName*, die z.B. mit der Engine-Funktion *DBTblStruToDBF* oder mit dem dBASE-Befehl „COPY STRUCTURE EXTENDED" generiert wurde. Die Strukturdatei ist im Prinzip auch eine dBASE-Tabelle, die vier Felder (bzw. fünf bei dBASE IV) enthält: FIELD_NAME, FIELD_TYPE, FIELD_LEN und FIELD_DEC (und FIELD_IDX bei dBASE IV). Die Records der Strukturdatei beinhalten die strukturellen Daten der neuen Tabelle. Das Feld FIELD_IDX ist nur aus Kompatibilitätsgründen zu dBASE IV aufgenommen, wird aber von der Engine nicht ausgewertet, da sie keine Mehrfachindex-Dateien unterstützt. Im Modus *M_SHOWMESSAGE* zeigt die Funktion die Daten der Felder am Bildschirm an. Wenn die Engine im Modus *M_STRICTCHECK* arbeitet, werden alle Feldnamen der neuen Tabelle auf ihre Gültigkeit und doppeltes Vorkommen hin überprüft. Bei erfolgreicher Ausführung gibt die Funktion den Wert *DBSUCCESS* (kein Fehler) zurück.

Hinweise

Ist die Engine-Umgebung noch nicht initialisiert, kann die Tabelle nicht angelegt werden oder wurden falsche Daten übergeben, setzt die Funktion die globale Fehlervariable *DBERROR* auf den entsprechenden Fehlerkode, der zugleich Funktionsergebnis ist. Wird die angegebene Tabelle (oder Strukturdatei) bereits durch die Engine verwaltet, bricht die Funktion mit dem Fehler *E_TBLFISOPENED* ab.

Besitzt die Strukturdatei ungültige Daten, enthält der Fehlertext das Handle des Records in dem der Fehler auftrat.

Das Handle der aktuellen Tabelle ändert sich durch die Ausführung von *DBTblCreateFromDBF* nicht. Die Tabelle *TblTo* wird nur erzeugt, jedoch nicht von der Engine verwaltet.

Querverweis *DBTbl..., DBTblCreate, DBTblCreateFromSTR, DBTblStruToDBF*

Beispiel

```
PROGRAM FROMDBF{.PAS};
USES DPACGBL,DPAC;
VAR TblHdle: Byte;
    Result : Integer;
BEGIN
 DBInit; { Engine aktivieren }
 { Erzeugt mit den Daten aus der Strukturdatei «STRUKTUR.DBF»
   die Tabelle «NEUDATEI.DBF». Sollte die Strukturdatei nicht
   vorhanden sein, wird sie erzeugt.
 }
 IF NOT DBTblExist('STRUKTUR') THEN BEGIN
  IF NOT DBTblOpen(TblHdle,'TEST') THEN DBErrMsg;
  Result:= DBTblStruToDBF('STRUKTUR');
 END;
 IF NOT DBTblExist('NEUDATEI') THEN BEGIN
   Result:= DBTblCreateFromDBF('STRUKTUR','NEUDATEI',DB4TYP);
 END ELSE BEGIN
   WriteLn('Tabelle «NEUDATEI.DBF» existiert bereits.');
   WriteLn('Keine Neuanlage!');
  END;
END. { OF PROGRAM }
```

DBTblCreateFromSTR *DPACTBL.INC*

Funktion Erzeugt eine neue Tabelle anhand der Daten in einer Engine-spezifischen Strukturdatei (erstellt mit *DBTblStruToSTR*).

Syntax FUNCTION *DBTblCreateFromSTR (StruName: TblStr): Integer;*

Parameter *StruName* ist der Name der Datei, in der die Strukturdaten zu finden sind. Er muß den DOS-üblichen Konventionen für Dateinamen entsprechen.

Wird keine Extension angegeben, fügt die Funktion *STRExt* (Default '.STR', vereinbart in Unit *DPACGBL*) an.

Erläuterung *DBTblCreateFromSTR* erstellt eine neue Tabelle mit den Daten aus der Strukturdatei *StruName*, die z.B. mit der Engine-Funktion *DBTblStruToSTR* generiert wurde. Die Strukturdatei muß eine Textdatei sein, die folgendes Format besitzt:

$FILE [/DB3 | /DB4]
<Tabellenname>
$FIELDS
:Feldname,Feldtyp,L<Feldlänge>,D<Felddezimalen>
$END

Hinter dem Bezeichner *$FILE* steht der Tabellen-Typ: */DB3*=dBASE III-Tabelle, */DB4*=dBASE IV-Tabelle. Steht dort nichts, wird eine dBASE III Plus-Tabelle erzeugt. Direkt unter *$FILE* steht der Name der neuen Tabelle. Ist keine Extension angegeben, fügt die Funktion *DBFExt* an (Default '.DBF', vereinbart in Unit *DPACGBL*). Die Feldbeschreibungen sind nach dem Wort *$FIELDS* aufgeführt und müssen alle mit einem „:" beginnen, damit sie von der Funktion als solche erkannt werden. Führende oder dem Feldnamen nachfolgende Leerzeichen sind erlaubt. Bei Feldtypen fester Länge („D", „M", „L"), können die Längenangaben in der Feldbeschreibung auch entfallen. Pro Zeile darf nur ein Feld beschrieben werden. Die Anzahl der Beschreibungen ist bei dBASE III/III Plus-Tabellen auf *MaxFldV3* (Default 128) und bei Tabellen der Version dBASE IV auf *MaxFldV4* (Default 255) begrenzt. Hinter der Feldbeschreibung können beliebige Kommentare stehen, sie werden beim Einlesen ignoriert. Die komplette Beschreibung einer Tabelle endet mit dem Bezeichner *$END*. Im Modus *M_SHOWMESSAGE* zeigt die Funktion die Daten der Feldbeschreibung am Bildschirm an.

Wenn die Engine im Modus *M_STRICTCHECK* arbeitet, werden alle Feldnamen der neuen Tabelle auf ihre Gültigkeit und doppeltes Vorkommen hin überprüft. Bei erfolgreicher Ausführung gibt die Funktion den Wert *DBSUCCESS* (kein Fehler) zurück.

Hinweise Ist die Engine-Umgebung noch nicht initialisiert, dann kann die Tabelle nicht angelegt werden, wurden falsche Daten übergeben, setzt die Funktion die globale Fehlervariable *DBERROR* auf den entsprechenden Fehlerkode, der zugleich Funktionsergebnis ist. Wird die angegebene Tabelle (oder Strukturdatei) bereits durch die Engine verwaltet, bricht die Funktion mit dem Fehler *E_TBLFISOPENED* ab. Existiert eine Tabelle gleichen Namens bereits auf Disk/Platte, endet die Funktion mit dem Fehler *E_TBLFISONDISK*. Besitzt die Strukturdatei ungültige Daten, enthält der Fehlertext die Nummer der fehlerhaften Zeile. Das Handle der aktuellen Tabelle ändert sich durch die Ausführung von *DBTblCreateFromSTR* nicht. Die Tabelle *TblTo* wird nur erzeugt, jedoch nicht von der Engine verwaltet.

Querverweis *DBTbl..., DBTblCreate, DBTblCreateFromDBF, DBTblStruToSTR*

Beispiel

```
PROGRAM FROMSTR{.PAS};
USES DPACGBL,DPAC,DPACFILE;
VAR TF : Text;
BEGIN
 DBInit; { Engine aktivieren }
 { Erzeugt die Strukturdatei «STRUKTUR.STR», aus der
   dann die Tabelle «NEUDATEI.DBF» erzeugt wird.
 }
 IF DoText(TF,'STRUKTUR.STR',FOPENWR) THEN BEGIN
  WriteLn(TF,'$FILE /DB4    ');
  WriteLn(TF,'NEUDATEI.DBF ');
  WriteLn(TF,'$FIELDS       ');
  WriteLn(TF,':STRING,C,L15');
  WriteLn(TF,':DATUM ,D     ');
  WriteLn(TF,'$END          ');
  IF DoText(TF,'',FCLOSE) THEN;
 END;
 IF (DBTblCreateFromSTR('STRUKTUR')=E_TBLFISONDISK) THEN BEGIN
  WriteLn(DBErrStr,' («NEUDATEI.DBF»)');
  WriteLn('Keine Neuanlage!');
  DBReset; { Sonst kommt noch eine Fehlermeldung }
 END;
END. { OF PROGRAM }
```

DBTblDate DPACINF.INC

Funktion Ermittelt das Datum der letzten Aktualisierung der Tabelle.

Syntax FUNCTION *DBTblDate: Str10;*

Erläuterung *DBTblDate* ermittelt für die aktuelle Tabelle das Datum des letzten Schreibzugriffs auf die Tabelle und gibt es als String der Form 'TT.MM.19JJ' zurück. Der Rückgabewert wird aus dem Datum gebildet, welches beim Öffnen der Tabelle im Headerbereich steht.

Hinweise Ist kein Arbeitsbereich eingerichtet bzw. gibt es keine offene Tabelle, liefert die Funktion einen Leerstring '' und setzt die globale Fehlervariable *DBERROR* auf den entsprechenden Fehlerkode. Nachfolgende Schreibzugriffe auf die Tabelle durch die Engine ändern das Datum nicht. Eine Aktualisierung des Header-Bereichs (und somit auch des Datums) findet erst durch die Funktionen *DBTblClose*, *DBTblCloseAll* oder *DBTblUpdate* statt.

Querverweis *DBTbl..., DBTblOpen, DBTblClose, DBTblCloseAll, DBTblUpdate*

Beispiel

```
PROGRAM TBLDATE{.PAS};
USES DPACGBL,DPAC;
VAR TblHdle: Byte;
BEGIN
 DBInit; { Engine aktivieren }
 IF DBTblOpen(TblHdle,'TEST') THEN
   WriteLn('Datum der letzten Aktualisierung: ',DBTblDate);
END. { OF PROGRAM }
```

DBTblDelete DPACTBL.INC

Funktion Löscht die angegebene Tabelle und eine eventuell zugehörige Memodatei.

Syntax FUNCTION *DBTblDelete (TblName: TblStr): Boolean;*

Parameter *TblName* ist der Name der Tabelle, der den DOS-üblichen Konventionen für Dateinamen entsprechen muß. Wird keine Extension angegeben, dann fügt die Funktion *DBFExt* an (Default '.DBF', vereinbart in Unit *DPACGBL*).

Erläuterung *DBTblDelete* löscht die Tabelle mit dem Namen *TblName*. Existiert zur Tabelle eine Memodatei mit demselben Namen und der Endung *MMOExt* (Default '.DBT', vereinbart in Unit *DPACGBL*), wird sie im Modus *M_WITHMMOCHCK* gleich mitgelöscht. Ist der Modus *M_SHOWMESSAGE* aktiv, zeigt die Funktion den Löschvorgang am Bildschirm an.

DBTblDelete kann allgemein auch dazu verwendet werden, eine Datei zu löschen. War das Löschen erfolgreich, gibt die Funktion den Wert *TRUE* zurück, sonst *FALSE.*

Hinweise Tritt während der Ausführung ein Fehler auf, gibt die Funktion den Wert *FALSE* zurück und setzt die globale Fehlervariable *DBERROR* auf den entsprechenden Fehlerkode. Wird die angegebene Tabelle (oder Datei) bereits durch die Engine verwaltet, bricht die Funktion mit dem Fehler *E_TBLFISOPENED* ab.

Querverweis *DBTbl..., DBTblEmpty, DBTblRename*

Beispiel

```
PROGRAM TDELETE{.PAS};
USES DPACGBL,DPAC;
VAR TblHdle: Byte;
    OK     : Boolean;
BEGIN
 DBInit; { Engine aktivieren }
 { Alle überflüssigen Tabellen/Indexe löschen }
 IF DBTblExist('ZIEL') THEN OK:= DBTblDelete('ZIEL');
 IF DBTblExist('TEMPDAT') THEN OK:= DBTblDelete('TEMPDAT');
 { folgende Zeile ist wichtig, damit nicht versehentlich }
 { Memodateien von Tabellen mitgelöscht werden:          }
 DBClrMode(M_WITHMMOCHCK);
 IF DBTblExist('TEST.IND') THEN OK:= DBTblDelete('TEST.IND');
 IF DBTblExist('IND1.IND') THEN OK:= DBTblDelete('IND1.IND');
 IF DBTblExist('IND2.IND') THEN OK:= DBTblDelete('IND2.IND');
END. { OF PROGRAM }
```

DBTblEmpty *DPACTBL.INC*

Funktion Entfernt alle Records aus der aktuellen Tabelle oder erzeugt eine leere Tabelle.

Syntax PROCEDURE *DBTblEmpty (TblTo: TblStr; DelOld: Boolean);*

Parameter *TblTo* bezeichnet den Namen der temporären Tabelle, die von der Prozedur erzeugt wird. Der Name muß den DOS-üblichen Konventionen für Dateinamen entsprechen. Wird ihm keine Extension mitgegeben, fügt die Funktion *DBFExt* an (Default '.DBF', vereinbart in Unit *DPACGBL*). Besitzt der Parameter *DelOld* den Wert *TRUE,* löscht die Prozedur die aktuelle Tabelle und gibt der temporären Tabelle den Namen der aktuellen; sonst legt sie nur die temporäre Tabelle an.

Erläuterung *DBTblEmpty* „leert" die aktuelle Tabelle, d.h. es werden alle Records der Tabelle entfernt und nur der Header wird übernommen. Für die Zwischenspeicherung der leeren Tabelle verwendet die Routine die Datei mit dem Namen *TblTo*. Der Anwender kann nun mit dem Parameter *DelOld* entscheiden, ob die leere Tabelle die neue aktuelle sein soll. Setzt er *DelOld* auf *TRUE*, entspricht die Prozedur in ihrer Wirkung dem ZAP-Befehl in dBASE und die aktuelle Tabelle besitzt dann keine Records mehr. In diesem Fall werden auch alle offenen Indexe der Tabelle neu indiziert. Besitzt *DelOld* den Wert *FALSE*, legt *DBTblEmpty* lediglich die leere Tabelle an, ändert aber die aktuelle nicht. Die neue Tabelle besitzt dann die Struktur der aktuellen.

Im Modus *M_SHOWMESSAGE* zeigt *DBTblEmpty* die Aktionen, die durchgeführt werden, auf dem Bildschirm an. War das „Leeren" erfolgreich, besitzt die globale Fehlervariable *DBERROR* nach der Ausführung den Wert *DBSUCCESS* (kein Fehler).

Hinweise Tritt während der Ausführung ein Fehler auf, besitzt die globale Fehlervariable *DBERROR* den entsprechenden Fehlerkode. Wird die Tabelle *TblTo* bereits durch die Engine verwaltet, bricht die Routine mit dem Fehler *E_TBLFISOPENED* ab.

DBTblEmpty ändert die Position des Recordzeigers und den Inhalt des aktuellen Record-Zwischen-Puffers. Nach dem Aufruf ist der erste logische Record der neue aktuelle.

Querverweis *DBTbl..., DBTblDelete, DBTblPack*

Beispiel

```
PROGRAM TBLEMPTY{.PAS};
USES DPACGBL,DPAC;
VAR TblHdle: Byte;
BEGIN
 DBInit; { Engine aktivieren }
 IF NOT DBTblOpen(TblHdle,'TEST') THEN DBErrMsg;
 { Leere die Tabelle «TEST» in eine temp. Tabelle }
 { Sollen alle Records aus der aktuellen Tabelle  }
 { entfernt werden, ist anstatt _NO ein _YES an-  }
 { zugeben.                                        }
 DBTblEmpty('TEMPDAT',_NO);
END. { OF PROGRAM }
```

DBTblExist *DPACINF.INC*

Funktion

Prüft, ob eine Tabelle (bzw. Datei) auf Disk/Platte existiert.

Syntax

FUNCTION *DBTblExist (FName: TblStr): Boolean;*

Parameter

FName bezeichnet den Namen der Tabelle bzw. der Datei, deren Existenz auf Disk/Platte geprüft werden soll und muß den DOS-üblichen Konventionen für Dateinamen entsprechen. Wird keine Extension mit angegeben, fügt die Funktion *DBFExt* an (Default '.DBF', vereinbart in Unit *DPACGBL*).

Erläuterung

Diese Funktion prüft, ob die Tabelle bzw. die Datei mit dem Namen *FName* auf Disk/Platte existiert und gibt *TRUE* für gefunden zurück, ansonsten *FALSE*.

Hinweise

Tritt während der Ausführung ein Hardwarefehler* auf, gibt *DBTblExist* den Wert *FALSE* zurück und setzt die globale Fehlervariable *DBERROR* auf den entsprechenden Fehlerkode.

Querverweis

DBTbl..., DBTblOpen

Beispiel

```
PROGRAM TBLEXIST{.PAS};
USES DPACGBL,DPAC;
BEGIN
 DBInit; { Engine aktivieren }
 { Wenn keine Extension angegeben wurde, wird automatisch }
 { die Erweiterung DBFExt (Default auf «.DBF») angehängt   }
 IF DBTblExist('TEST') THEN
  WriteLn('Datei «TEST» existiert.')
 ELSE
  WriteLn('Datei «TEST» existiert nicht.');
END. { OF PROGRAM }
```

DBTblHdle *DPACINF.INC*

Funktion

Ermittelt das Handle für einen Tabellennamen.

---

* siehe für mögliche Hardwarefehler im Programmkode der Datei *DPACERR.INC* bei Prozedur *DPACHWHandler*.

Syntax FUNCTION *DBTblHdle (TblName: TblStr): Byte;*

Parameter *TblName* ist der Name der Tabelle, dessen Handle ermittelt werden soll. Er muß den DOS-üblichen Konventionen für Dateinamen entsprechen. Wird keine Extension mit angegeben, fügt die Funktion *DBFExt* an (Default '.DBF', vereinbart in Unit *DPACGBL*).

Erläuterung Jede Tabelle bekommt beim Öffnen mit *DBTblOpen* ein Handle zugewiesen. Über dieses Handle wird die Tabelle von *dPAC* verwaltet, es ist sozusagen die „Adresse" der Tabelle. *DBTblHdle* prüft, ob *dPAC* eine Tabelle mit dem Namen *TblName* verwaltet. Sie gibt das Handle der Tabelle zurück, wenn diese in der Verwaltung gefunden wurde, ansonsten 0.

Hinweise Ist die Engine-Umgebung nicht mit *DBInit* initialisiert, gibt die Funktion 0 zurück und setzt die globale Fehlervariable *DBERROR* auf den Fehlerkode *E_NOTINSTALLED*. Wurde der angegebene Name nicht gefunden, gibt *DBTblHdle* ebenfalls 0 zurück, erwirkt aber keinen Fehler. Ein gültiges Tabellen-Handle kann im Bereich *1..MaxHdle* liegen.

Querverweis *DBTbl..., DBTblIsHdle, DBFldHdle*

Beispiel

```
PROGRAM TBLEHDLE{.PAS};
USES DPACGBL,DPAC;
VAR TblHdle: Byte;

BEGIN
 DBInit; { Engine aktivieren }
 { Wenn keine Extension angegeben wurde, wird automatisch }
 { die Erweiterung DBFExt (Default auf «.DBF») angehängt  }
 IF DBTblOpen(TblHdle,'TEST') THEN
  WriteLn('Tabellen-Handle ist ',DBTblHdle('TEST'))
 ELSE
  WriteLn('Fehler beim Öffnen der Tabelle TEST.');
END. { OF PROGRAM }
```

DBTblHdrLen DPACINF.INC

Funktion Ermittelt die Länge des Headers der Tabelle.

Syntax FUNCTION *DBTblHdrLen: Word;*

Erläuterung *DBTblHdrLen* ermittelt für die aktuelle Tabelle die Länge des Headers und gibt sie als Word zurück. Die Header-Länge läßt sich nach einer der beiden folgenden Formeln bestimmen:

- Header-Länge:= 32*(f+1)+2 (bei dBASE III)
- Header-Länge:= 32*(f+1)+1 (bei dBASE III Plus /IV)

f gibt dabei die Anzahl der Felder an, die sich auch mit der Funktion *DBFldCount* bestimmen läßt. *DBTblHdrLen* dient zur Information über den Aufbau von dBASE-Dateien.

Hinweise Ist die Engine-Umgebung noch nicht initialisiert oder wurde noch kein Arbeitsbereich eingerichtet, gibt die Funktion den Wert 0 zurück und setzt die globale Fehlervariable *DBERROR* auf den Fehlerkode *E_NOTINSTALLED* bzw. *E_WRONGWKGAREA.*

Querverweis *DBTbl..., DBFldCount, DBRecLen, DBFldLen*

Beispiel

```
PROGRAM HDRLEN{.PAS};
USES DPACGBL,DPAC;
VAR TblHdle: Byte;
BEGIN
 DBInit; { Engine aktivieren }
 IF DBTblOpen(TblHdle,'TEST') THEN BEGIN
  WriteLn('Daten der Tabelle «TEST» :');
  WriteLn('Der Header der Tabelle ist ',
          DBTblHdrLen,' Bytes lang.');
  WriteLn('Er beinhaltet ',DBFldCount,' Feldbeschreibungen.');
 END;
END. { OF PROGRAM }
```

DBTblIsActive DPACINF.INC

Funktion Prüft, ob Daten in die Tabelle geschrieben werden können.

Syntax FUNCTION *DBTblIsActive: Boolean;*

Erläuterung Mit *DBTblIsActive* läßt sich bestimmen, ob die aktuelle Tabelle Daten aufnehmen kann, d.h. ob sie auch für Schreibzugriffe geöffnet ist. Beim Öffnen einer Tabelle mit *DBTblOpen* wird festgestellt, ob sie „aktiv" (Lesen und Schreiben möglich) oder „passiv" (nur Lesen möglich) ist und demgemäß geöffnet. Ist die Tabelle im aktiven Modus geöffnet, liefert *DBTblIsActive* den Wert *TRUE*, ansonsten *FALSE*.

Hinweise Ist die Engine-Umgebung noch nicht initialisiert oder wurde noch kein Arbeitsbereich eingerichtet, gibt die Funktion den Wert *FALSE* zurück und setzt die globale Fehlervariable *DBERROR* auf den Fehlerkode *E_NOTINSTALLED* bzw. *E_WRONGWKGAREA*.

Querverweis *DBTbl..., DBTblOpen, DBTblIsChanged*

Beispiel

```
PROGRAM ISACTIVE{.PAS};
USES DPACGBL,DPAC;
VAR TblHdle: Byte;
BEGIN
 DBInit; { Engine aktivieren }
 IF DBTblOpen(TblHdle,'TEST') THEN BEGIN
  IF DBTblIsActive THEN
   WriteLn('Tabelle «TEST» kann Records aufnehmen.')
  ELSE
   WriteLn('Tabelle «TEST» kann nur gelesen werden.');
 END;
END. { OF PROGRAM }
```

DBTblIsChanged — DPACINF.INC

Funktion Prüft, ob die Tabelle seit dem Öffnen verändert wurde.

Syntax FUNCTION *DBTblIsChanged: Boolean;*

Erläuterung *DBTblIsChanged* prüft, ob die aktuelle Tabelle seit dem Öffnen mit *DBTblOpen* durch die Routinen von *dPAC* verändert wurde. Verändert ist eine Tabelle immer dann, wenn sie beschrieben wurde, gleich ob im Header- oder im Recordbereich. *DBTblIsChanged* liefert den Wert *TRUE*, falls die Tabelle verändert wurde, ansonsten *FALSE*.

Hinweise Ist die Engine-Umgebung noch nicht initialisiert oder wurde noch kein Arbeitsbereich eingerichtet, gibt die Funktion den Wert *FALSE* zurück und setzt die globale Fehlervariable *DBERROR* auf den Fehlerkode *E_NOTINSTALLED* bzw. *E_WRONGWKGAREA*. Nach einer Aktualisierung der Tabelle mit *DBTblUpdate* gibt die Funktion ebenfalls den Wert *FALSE* zurück.

Querverweis *DBTbl..., DBTblOpen, DBTblIsActive, DBTblUpdate*

Beispiel

```
PROGRAM ISCHANGE{.PAS};
USES DPACGBL,DPAC;
VAR TblHdle: Byte;
BEGIN
 DBInit; { Engine aktivieren }
 IF DBTblOpen(TblHdle,'TEST') THEN DBErrMsg;
 DBRecAppend(BUFBLANK); { leeren Record anhängen }
 IF DBTblIsChanged THEN Write('Tabelle ist verändert');
 IF DBTblUpdate(TblHdle) THEN
  IF NOT DBTblIsChanged THEN Write(' und aktualisiert.');
 WriteLn;
END. { OF PROGRAM }
```

DBTblIsHdle DPACINF.INC

Funktion Prüft anhand eines Tabellen-Handles, ob eine Tabelle durch die Engine verwaltet wird.

Syntax FUNCTION *DBTblIsHdle (TblHdle: Byte): Boolean;*

Parameter *TblHdle* bezeichnet ein gültiges Tabellen-Handle, das geprüft werden soll, und muß im Bereich *1..MaxHdle* liegen.

Erläuterung Jede Tabelle bekommt beim Öffnen mit *DBTblOpen* ein Handle zugewiesen. Über dieses Handle wird die Tabelle von *dPAC* verwaltet, es ist sozusagen die „Adresse" der Tabelle. *DBTblIsHdle* prüft, ob *dPAC* eine Tabelle verwaltet, die über das Handle *TblHdle* erreichbar ist. Sie liefert den Wert *TRUE*, wenn das Handle gefunden wurde, ansonsten *FALSE*.

Hinweise Ist die Engine-Umgebung nicht mit *DBInit* initialisiert, liefert die Funktion *FALSE* und setzt die globale Fehlervariable *DBERROR* auf den Fehlerkode

E_NOTINSTALLED. Wurde das angegebene Handle nicht gefunden, gibt *DBTblIsHdle* ebenfalls *FALSE* zurück, bewirkt aber keinen Fehler. Ein gültiges Tabellen-Handle kann im Bereich *1..MaxHdle* liegen.

Querverweis *DBTbl..., DBTblOpen, DBTblIsUsed, DBAreaCount*

Beispiel

```
PROGRAM ISHANDLE{.PAS};
USES DPACGBL,DPAC;
CONST State  : Array[BOOLEAN] OF Str4 = ('NEIN','JA');
VAR   TblHdle: Byte;
BEGIN
 DBInit; { Engine aktivieren }
 TblHdle:= 1;       { Handle mit Wert vorbelegen }
 { Ergebnis ist «NEIN» }
 Writeln('Handle ',TblHdle,' ist benutzt: ',
         State[DBTblIsHdle(TblHdle)]);
 IF NOT DBTblOpen(TblHdle,'TEST') THEN DBErrMsg;
 { Ergebnis ist «JA»  }
 Writeln('Handle ',TblHdle,' ist benutzt: ',
         State[DBTblIsHdle(TblHdle)]);
END. { OF PROGRAM }
```

DBTblIsUsed DPACINF.INC

Funktion Prüft anhand eines Tabellen-Namens, ob eine Tabelle durch die Engine verwaltet wird.

Syntax FUNCTION *DBTblIsUsed (TblName: TblStr): Boolean;*

Parameter *TblName* bezeichnet den Namen der zu prüfenden Tabelle und muß den DOS-üblichen Konventionen für Dateinamen entsprechen. Wird keine Extension mit angegeben, fügt die Funktion *DBFExt* an (Default '.DBF', vereinbart in Unit *DPACGBL*).

Erläuterung *DBTblIsUsed* prüft, ob *dPAC* eine Tabelle verwaltet, die den Namen *TblName* trägt. Sie liefert den Wert *TRUE*, wenn die zugehörige Tabelle gefunden wurde, ansonsten *FALSE*.

Hinweise Ist die Engine-Umgebung nicht mit *DBInit* initialisiert, liefert die Funktion *FALSE* und setzt die globale Fehlervariable *DBERROR* auf den Fehlerkode *E_NOTINSTALLED.* Wurde der angegebene Name nicht gefunden, gibt

DBTblIsHdle ebenfalls *FALSE* zurück, bewirkt aber keinen Fehler. Besitzt *TblName* keine Pfadangabe, erweitert die Funktion den Namen um das momentan gesetzte Verzeichnis.

Querverweis *DBTbl..., DBTblOpen, DBTblIsHdle*

Beispiel

```
PROGRAM ISUSED{.PAS};
USES DPACGBL,DPAC;
VAR  TblHdle: Byte;
     TblName: TblStr;
BEGIN
 DBInit; { Engine aktivieren }
 {....}
 TblName:= 'TEST';  { Name der Tabelle festlegen }
 IF NOT DBTblOpen(TblHdle,TblName) THEN DBErrMsg;
 { Test, ob Tabelle «TEST»  schon verwaltet wird }
 IF DBTBlIsUsed('TEST') THEN
   WriteLn('Tabelle «TEST» wird verwaltet.');
END. { OF PROGRAM }
```

DBTblName *DPACINF.INC*

Funktion Ermittelt den Namen einer Tabelle über ihr Tabellen-Handle.

Syntax FUNCTION *DBTblName (TblHdle: Byte): TblStr;*

Parameter *TblHdle* bezeichnet das gültige Handle einer Tabelle, deren Name ermittelt werden soll, und muß im Bereich *1..MaxHdle* liegen.

Erläuterung *DBTblName* ermittelt den Namen einer Tabelle, deren Handle in *TblHdle* übergeben wird. Ist *TblHdle* ein gültiges Handle oder ist über dieses Handle eine geöffnete Tabelle erreichbar, gibt die Funktion den vollständigen Tabellennamen als Ergebnis zurück, ansonsten einen Leerstring ''.

Hinweise Gibt die Funktion einen Leerstring '' zurück, setzt sie die globale Fehlervariable *DBERROR* auf den entsprechenden Fehlerkode: *E_NOTINSTALLED*, wenn keine Engine-Umgebung initialisiert ist oder *E_WRONGTBLHDLE*, falls *TblHdle* ungültig war.

Querverweis *DBTbl..., DBTblOpen, DBTblIsHdle, DBTblIsUsed*

Beispiel

```
PROGRAM TBLNAME{.PAS};
USES DPACGBL,DPAC;
VAR  TblHdle: Byte;
BEGIN
 DBInit; { Engine aktivieren }
 IF DBTblOpen(TblHdle,'TEST') THEN
  Writeln('Tabelle ',DBTblName(TblHdle),' ist geöffnet.');
END. { OF PROGRAM }
```

DBTblOpen *DPACTBL.INC*

Funktion Öffnet eine dBASE-Tabelle.

Syntax FUNCTION *DBTblOpen (VAR TblHdle: Byte; TblName: TblStr): Boolean;*

Parameter In der als *TblHdle* übergebenen Byte-Variablen speichert die Funktion das Handle ab, über das die Tabelle später erreicht werden kann. *TblName* ist der Name der Tabelle, der den DOS-üblichen Konventionen für Dateinamen entsprechen muß. Wird keine Extension mit angegeben, fügt die Funktion *DBFExt* an (Default '.DBF', vereinbart in Unit *DPACGBL*).

Erläuterung *DBTblOpen* versucht eine dBASE-Tabelle mit dem Namen *TblName* zu öffnen. Dabei müssen mindestens folgende Bedingungen erfüllt sein:

- ❑ Die Tabelle darf noch nicht in der Verwaltung von *dPAC* sein.
- ❑ Eine weitere Datei muß geöffnet werden können.
- ❑ Die Tabelle muß auf Disk/Platte vorhanden sein.
- ❑ Es muß genügend Speicherplatz für das Öffnen und die Verwaltung der Tabelle vorhanden sein.

Sind alle diese Bedingungen erfüllt, dann kann die Tabelle geöffnet werden. Das Öffnen erfolgt im Schreib-/Lese-Modus (kann die Tabelle nur gelesen werden, wird dies entsprechend vermerkt). *DBTblOpen* liest daraufhin die Daten der Tabelle und trägt sie in die Verwaltung von *dPAC* ein. Hierbei erfolgt auch die Initialisierung des intern vergebenen Erkennungs-Bytes und das Anlegen des ersten Record-Zwischen-Puffers für diese Tabelle. Der Puffer wird zum aktuellen Record-Zwischen-Puffer und dient zur Zwischenspeicherung eines Records aus der Tabelle. Besitzt eine Tabelle mindestens ein Memofeld, so öffnet die Funktion im Modus *M_WITHMMOCHCK* auch die zugehörige Memodatei, initialisiert einen internen Memo-Puffer für Texte aus der Memodatei und trägt die Daten in die Tabellen-Verwaltung ein. Das Tabellen-Handle, über das die Tabelle später erreicht werden kann, wird in der als *TblHdle* übergebenen Byte-Variablen zurückgegeben. Die Funktion liefert bei erfolgreicher Ausführung den Wert *TRUE*, ansonsten *FALSE*. Eine erfolgreich geöffnete Tabelle wird zur aktuellen Tabelle, bzw. zum aktuellen Arbeitsbereich.

Ist der Modus *M_STRICTCHECK* aktiv, werden die Feldbeschreibungen der Tabelle auf ihre Richtigkeit kontrolliert (siehe auch Kapitel 4.2). Dabei sind im Modus *M_FLDNAMEGERM* deutsche Umlaute in Feldbezeichnern erlaubt.

Hinweise Bei ungültigen Daten bzw. fehlerhafter Ausführung gibt die Funktion *FALSE* zurück und setzt die globale Fehlervariable *DBERROR* auf den entsprechenden Fehlerkode. Mit der Funktion *DBTblSelect* kann bei mehreren offenen Tabellen die aktuelle Tabelle ausgewählt werden.

Querverweis *DBTbl..., DBTblClose, DBTblSelect, DBTblIsHdle, DBTblIsUsed*

Beispiel

```
PROGRAM TBLOPEN{.PAS};
USES DPACGBL,DPAC;
VAR TblHdle: Byte;
BEGIN
  DBInit; { Engine aktivieren }
  IF DBTblOpen(TblHdle,'TEST') THEN BEGIN
   WriteLn('Tabelle «TEST» ist über Handle ',TblHdle,
           ' erreichbar.');
  END;
END. { OF PROGRAM }
```

DBTblPack *DPACTBL.INC*

Funktion Entfernt alle gelöscht markierten Records aus der aktuellen Tabelle.

Syntax FUNCTION *DBTblPack: LongInt;*

Erläuterung *DBTblPack* entfernt alle gelöscht markierten Records physikalisch aus der aktuellen Tabelle. Die Funktion entspricht in ihrer Wirkung dem dBASE-

Befehl PACK. *DBTblPack* rückt allerdings nicht die gültigen Records in Richtung Header, sondern erzeugt eine temporäre Datei, in der die nicht markierten Records zwischengespeichert werden. Dazu benötigt *DBTblPack* im ungünstigsten Fall denselben Speicherplatz auf Disk/Platte, den die aktuelle Tabelle belegt. Der Name der temporären Datei entspricht dem der Tabelle mit der Extension *FBDExt* (Default '.FBD').

Ist eine Memodatei vorhanden und wurde diese beim Öffnen der Tabelle ebenfalls geöffnet, werden auch die ungenutzten Texte aus Memodatei entfernt. Für das Packen der Memodatei benutzt die Funktion die Engine-Routine *DBMmoPack* (siehe auch diese Funktion). Die Größe der Memoblöcke für dBASE IV-Memodateien kann zuvor mit der Funktion *DBSetBlockSize* eingestellt werden.

Im Modus *M_SHOWMESSAGE* zeigt *DBTblPack* das Packen auf dem Bildschirm an. Nach erfolgreicher Ausführung gibt die Funktion die neue Recordanzahl der Tabelle zurück, ansonsten 0. Der Recordzeiger steht dann auf dem ersten logischen Record, dessen Inhalt in den aktuellen Record-Zwischen-Puffer kopiert wird.

Hinweise

Ist die Engine-Umgebung noch nicht initialisiert oder wurde noch kein Arbeitsbereich eingerichtet, gibt die Funktion den Wert 0 zurück und setzt die globale Fehlervariable *DBERROR* auf den Fehlerkode *E_NOTINSTALLED* bzw. *E_WRONGWKGAREA*.

Existiert bereits eine Datei mit dem Namen der temporären Datei, wird sie von *DBTblPack* ohne Warnung überschrieben. Die Funktion benötigt einen Hauptspeicher-Bereich, der mindestens so groß wie ein Record ist und maximal *SBufSize* Bytes (Default 65535) annehmen kann.

Gibt es zur aktuellen Tabelle auch **offene Indexe**, werden diese **nicht** automatisch **aktualisiert**. Zur Reindizierung der Indexe muß nach einem *DBTblPack* immer ein *DBIndRebuild* ausgeführt werden.

Querverweis

DBTbl..., DBMmoPack, DBSetBlockSize, DBTblEmpty, DBTblCopy, DBTblDelete, DBRecDelete

Beispiel

```
PROGRAM TBLPACK{.PAS};
USES DPACGBL,DPAC;
VAR TblHdle: Byte;
    Result : LongInt;
BEGIN
 DBInit; { Engine aktivieren }
 IF NOT DBTblOpen(TblHdle,'TEST') THEN DBErrMsg;
 { Alle markierten Records aus «TEST» entfernen }
 Result:= DBTblPack;
 IF (DBERROR=DBSUCCESS) THEN
  WriteLn(#10#13'«TEST» besitzt jetzt ',Result,' Record(s)');
END. { OF PROGRAM }
```

DBTblRename *DPACTBL.INC*

Funktion — Gibt der aktuellen Tabelle und einer eventuell zugehörigen Memodatei einen anderen Namen.

Syntax — FUNCTION *DBTblRename (TblTo: TblStr): Boolean;*

Parameter — *TblTo* ist der neue Name für die aktuelle Tabelle, der den DOS-üblichen Konventionen für Dateinamen entsprechen muß. Wird keine Extension angegeben, fügt die Funktion *DBFExt* an (Default '.DBF', vereinbart in Unit *DPACGBL*).

Erläuterung — *DBTblRename* benennt die aktuelle Tabelle in den Namen *TblTo* um. Ist eine Memodatei vorhanden und wurde diese beim Öffnen der Tabelle mitgeöffnet, wird auch sie in den Namen *TblTo* umbenannt, erhält aber als Extension *MMOExt* (Default '.DBT'). Zudem trägt *DBTblRename* den neuen Namen in die Memodatei ab Byte 8 ein. Im Modus *M_SHOWMESSAGE* zeigt *DBTblRename* das Umbenennen auf dem Bildschirm an.

Konnte die Tabelle erfolgreich umbenannt werden, gibt die Funktion den Wert *TRUE* zurück und die globale Fehlervariable *DBERROR* besitzt nach der Ausführung den Wert *DBSUCCESS* (kein Fehler).

Hinweise — Tritt während der Ausführung ein Fehler auf, liefert *DBTblRename* an ihrem Ende den Wert *FALSE* und die globale Fehlervariable *DBERROR* besitzt den entsprechenden Fehlerkode. Wird eine Tabelle mit dem Namen *TblTo* bereits durch die Engine verwaltet, bricht die Routine mit dem Fehler *E_TBLFISOPENED* ab.

Wichtig: *DBTblRename* überschreibt bereits existierende Daten- oder Memodateien mit dem Namen *TblTo* ohne Warnung! Die Prüfung auf die Existenz einer Tabelle kann mit der Funktion *DBTblExist* erfolgen (siehe Beispiel).

Querverweis *DBTbl..., DBTblDelete, DBTblSelect*

Beispiel

```
PROGRAM TRENAME{.PAS};
USES DPACGBL,DPAC;
VAR TblHdle: Byte;
    OK     : Boolean;
BEGIN
 DBInit; { Engine aktivieren }
 { Benennt entweder «TEST» in «TEST1» um oder }
 { «TEST1» in «TEST». Sollten beide Tabellen  }
 { vorhanden sein, wird eine davon gelöscht   }


 IF DBTblExist('TEST1') THEN OK:= DBTblOpen(TblHdle,'TEST1')
  ELSE OK:= DBTblOpen(TblHdle,'TEST');
 IF NOT OK THEN DBErrMsg;

 IF DBTblExist('TEST1') THEN OK:= DBTblRename('TEST')
  ELSE OK:= DBTblRename('TEST1');

END. { OF PROGRAM }
```

DBTblSelect — *DPACTBL.INC*

Funktion Wählt die aktuelle Tabelle bzw. den aktuellen Arbeitsbereich aus.

Syntax PROCEDURE *DBTblSelect (TblHdle: Byte);*

Parameter *TblHdle* bezeichnet das gültige Handle einer Tabelle, die zur aktuellen Tabelle ausgewählt werden soll, und muß im Bereich *1..MaxHdle* liegen.

Erläuterung Jede Tabelle bekommt beim Öffnen durch die Funktion *DBTblOpen* ein Handle zugewiesen. Über dieses Handle wird die Tabelle von *dPAC* verwaltet, es ist sozusagen die „Adresse“ der Tabelle. Sind mehrere Tabellen geöffnet, kann mit *DBTblSelect* die aktuelle Tabelle bzw. der aktuelle Arbeitsbereich bestimmt werden. Nach erfolgreicher Ausführung ist die Tabelle mit dem Handle *TblHdle* die neue aktuelle Tabelle.

Hinweise Ist *TblHdle* kein gültiges Handle, ändert sich das Handle der aktuellen Tabelle nicht und die globale Fehlervariable *DBERROR* erhält *E_WRONGTBLHDLE* als Fehlerkode. Ist keine Engine-Umgebung initialisiert, erhält *DBERROR* den Fehlerkode *E_NOTINSTALLED*.

Querverweis *DBTbl..., DBTblOpen, DBTblClose, DBTblIsHdle, DBTblIsUsed*

Beispiel

```
PROGRAM TBLSEL{.PAS};
USES DPACGBL,DPAC;
VAR TblHdle1,TblHdle2 : Byte;
BEGIN
 DBInit; { Engine aktivieren }
 IF DBTblOpen(TblHdle1,'TEST') THEN BEGIN  {Tabelle TEST -> 1}
  IF DBTblOpen(TblHdle2,'DEMO') THEN BEGIN {Tabelle DEMO -> 2}
   WriteLn('Aktueller Arbeitsbereich ist ',DBActArea);
   DBTblSelect(TblHdle1);
   WriteLn('Aktueller Arbeitsbereich ist ',DBActArea);
  END;
 END;
END. { OF PROGRAM }
```

DBTblStruToDBF *DPACTBL.INC*

Funktion Erstellt eine dBASE-Tabelle, deren Records die Strukturdaten der aktuellen Tabelle enthalten.

Syntax FUNCTION *DBTblStruToDBF (TblTo: TblStr): Integer;*

Parameter *TblTo* ist der Name für die Tabelle mit den Strukturdaten. Er muß den DOS-üblichen Konventionen für Dateinamen entsprechen. Wird beim Namen keine Extension mit angegeben, fügt die Funktion *DBFExt* an (Default '.DBF', vereinbart in Unit *DPACGBL*).

Erläuterung *DBTblStruToDBF* erstellt mit den Daten der aktuellen Tabelle die dBASE-Strukturdatei *TblTo*. Für die erfolgreiche Ausführung der Funktion muß mind. noch ein weiteres Tabellen-Handle verfügbar sein. *DBTblStruToDBF* ist in ihrer Wirkung identisch mit dem dBASE-Befehl „COPY STRUCTURE EXTENDED". Die erzeugte Strukturdatei ist im Prinzip auch eine dBASE-Tabelle, die vier Felder (bzw. fünf bei dBASE IV) enthält: FIELD_NAME, FIELD_TYPE, FIELD_LEN und FIELD_DEC (und FIELD_IDX bei dBASE IV). Die Records der Strukturdatei beinhalten die strukturellen Daten der aktuellen Tabelle. Das Feld FIELD_IDX ist aus Kompatibilitätsgründen zu dBASE IV aufgenommen. Die Funktion trägt hier den Wert „T" ein, wenn ein Feld beim Öffnen der Tabelle als MDX-Feld (Schlüsselfeld für eine MDX-Datei) erkannt wurde, sonst „F". Die Funktion *DBTblCreateFromDBF* (siehe auch dort) kann eine mit *DBTblStruToDBF* erzeugte dBASE-Strukturdatei lesen und mit den darin enthaltenen Daten eine neue Tabelle erstellen. Im Modus *M_SHOWMESSAGE* erscheint auf dem Bildschirm eine Meldung, die das Erstellen der Strukturdatei anzeigt.

Bei erfolgreicher Ausführung gibt die Funktion den Wert *DBSUCCESS* (kein Fehler) zurück.

Hinweise

Ist die Engine-Umgebung noch nicht initialisiert, kann die Tabelle nicht angelegt werden oder wurden falsche Daten übergeben, setzt die Funktion die globale Fehlervariable *DBERROR* auf den entsprechenden Fehlerkode, der zugleich Funktionsergebnis ist. Wird die angegebene Tabelle (oder Strukturdatei) bereits durch die Engine verwaltet, bricht *DBTblStruToDBF* mit dem Fehler *E_TBLFISOPENED* ab.

Das Handle der aktuellen Tabelle ändert sich durch die Ausführung von *DBTblStruToDBF* nicht. Die Tabelle *TblTo* wird nur erzeugt, jedoch nicht von der Engine verwaltet.

Wichtig: *DBTblStruToDBF* überschreibt eine bereits existierende Datei mit dem Namen *TblTo* ohne Warnung! Die Prüfung auf die Existenz einer Tabelle kann mit der Funktion *DBTblExist* erfolgen.

Querverweis *DBTbl..., DBTblCreateFromDBF, DBTblStruToSTR, DBTblSelect*

Beispiel

```
PROGRAM STRU2DBF{.PAS};
USES DPACGBL,DPAC;
VAR TblHdle: Byte;
    Result : Integer;
BEGIN
 DBInit; { Engine aktivieren }
 IF NOT DBTblOpen(TblHdle,'TEST') THEN DBErrMsg;
 { Erzeugt mit den Daten aus der Tabelle «TEST» die Struktur-
   datei  «STRUKTUR.DBF». Sollte  die Strukturdatei vorhanden
   sein, wird sie überschrieben.
 }
 Result:= DBTblStruToDBF('STRUKTUR');
END. { OF PROGRAM }
```

DBTblStruToSTR *DPACTBL.INC*

Funktion Erstellt eine Textdatei, die Engine-spezifische Informationen über die Struktur der aktuellen Tabelle enthält.

Syntax FUNCTION *DBTblStruToSTR (StruName: TblStr): Integer;*

Parameter *StruName* ist der Name für diejenige Textdatei, in der die Strukturdaten abgelegt werden sollen. Er muß den DOS-üblichen Konventionen für Dateinamen entsprechen. Wird beim Namen keine Extension mit angegeben, fügt die Funktion *STRExt* an (Default '.STR', vereinbart in Unit *DPACGBL*).

Erläuterung *DBTblStruToSTR* erstellt mit den Daten der aktuellen Tabelle eine Engine-spezifische Strukturdatei mit dem Namen *StruName*. Die Daten werden als Text in der Datei abgelegt, die folgendes Format besitzt:

$FILE [/DB3 | /DB4]
<Tabellenname>
$FIELDS
:Feldname,Feldtyp,L<Feldlänge>,D<Felddezimalen>
$END

Hinter dem Bezeichner *$FILE* steht der Tabellen-Typ: */DB3*=dBASE III-Tabelle, */DB4*=dBASE IV-Tabelle. Steht dort nichts, wird eine dBASE III Plus-Tabelle erzeugt. Direkt unter *$FILE* speichert die Funktion den Namen der aktuellen Tabelle. Die Feldbeschreibungen sind nach dem Wort *$FIELDS* aufgeführt und beginnen alle mit einem „:". Daran schließt sich der Feldname und, durch Komma getrennt, auch noch der Typ des Feldes, die Feldlänge (eingeleitet durch „L") und die Anzahl der Dezimalstellen im Feld (mit „D" beginnend). Pro Zeile wird ein Feld beschrieben, womit die Anzahl der Beschreibungen der Felderanzahl in der Tabelle entspricht. Als Kennung für das Ende einer Tabellen-Beschreibung steht der Bezeichner *$END*. Die Funktion *DBTblCreateFromSTR* (siehe auch dort) kann eine mit *DBTblStruToSTR* erzeugte Engine-Strukturdatei lesen und mit den darin enthaltenen Daten eine neue Tabelle erstellen. Im Modus *M_SHOWMESSAGE* erscheint auf dem Bildschirm eine Meldung, die das Erstellen der Strukturdatei anzeigt.

Bei erfolgreicher Ausführung gibt die Funktion den Wert *DBSUCCESS* (kein Fehler) zurück.

Hinweise

Ist die Engine-Umgebung noch nicht initialisiert, kann die Datei nicht angelegt werden oder wurden falsche Daten übergeben, setzt die Funktion die globale Fehlervariable *DBERROR* auf den entsprechenden Fehlerkode, der zugleich Funktionsergebnis ist. Wird die angegebene Tabelle (oder Strukturdatei) bereits durch die Engine verwaltet, bricht *DBTblStruToSTR* mit dem Fehler *E_TBLFISOPENED* ab.

Wichtig: *DBTblStruToSTR* überschreibt eine bereits existierende Datei mit dem Namen *TblTo* ohne Warnung! Die Prüfung auf die Existenz einer Tabelle kann mit der Funktion *DBTblExist* erfolgen.

Querverweis *DBTbl..., DBTblCreateFromSTR, DBTblStruToDBF, DBTblSelect*

Beispiel

```
PROGRAM STRU2STR{.PAS};
USES DPACGBL,DPAC;
VAR TblHdle: Byte;
    Result : Integer;
BEGIN
 DBInit; { Engine aktivieren }
 { Erzeugt mit den Daten aus der Tabelle «TEST» die Struktur-
   datei  «STRUKTUR.STR». Sollte  die Strukturdatei vorhanden
   sein, wird sie überschrieben.
 }
 IF NOT DBTblOpen(TblHdle,'TEST') THEN DBErrMsg;
 Result:= DBTblStruToSTR('STRUKTUR');
END. { OF PROGRAM }
```

DBTblUpdate *DPACTBL.INC*

Funktion Aktualisiert eine Tabelle in ihrem Headerbereich.

Syntax FUNCTION *DBTblUpdate (TblHdle: Byte): Boolean;*

Parameter *TblHdle* bezeichnet das gültige Handle einer Tabelle, deren Headerbereich aktualisiert werden soll, und muß im Bereich *1..MaxHdle* liegen.

Erläuterung *DBTblUpdate* aktualisiert den Headerbereich der Tabelle, die über das Handle *TblHdle* erreichbar ist. Eine Aktualisierung des Header-Bereiches ist immer dann notwendig, wenn eine Tabelle im Header- oder im Recordbereich verändert wurde. Standardmäßig wird mit *DBTblUpdate* nur der Info-Teil des Headers (die ersten 12 Bytes) aktualisiert. Das Datum der Aktualisierung ist das momentan eingestellte Systemdatum. Im Modus *M_FLDSDESCUPD* erfolgt zusätzlich die Aktualisierung aller Feldbeschreibungen der Tabelle. Sollen eventuelle Änderungen an Feldnamen permanent gespeichert werden, ist *DBTblUpdate* in diesem Modus auszuführen (siehe auch *DBFldPutName*). Nach erfolgreicher Ausführung liefert die Funktion den Wert *TRUE*.

Hinweise Bei ungültigen Daten bzw. fehlerhafter Ausführung gibt die Funktion den Wert *FALSE* zurück und setzt die globale Fehlervariable *DBERROR* auf den entsprechenden Fehlerkode. Eine Aktualisierung des Header-Bereiches findet in diesem Fall nicht statt. *DBTblUpdate* wird automatisch beim Schließen einer Tabelle aufgerufen, wenn eine Tabelle durch die Routinen von *dPAC* verändert wurde.

Querverweis *DBTbl..., DBTblClose, DBTblDate, DBTblIsChanged*

Beispiel

```
PROGRAM TBLUPD{.PAS};
USES DPACGBL,DPAC;
VAR TblHdle: Byte;
BEGIN
 DBInit; { Engine aktivieren }
 IF DBTblOpen(TblHdle,'TEST') THEN BEGIN
  DBRecAppend(BUFBLANK); { leeren Record anhängen }
  IF (DBERROR=DBSUCCESS)THEN Write('Leeren Record angehängt');
  IF DBTblIsChanged THEN
   IF DBTblUpdate(TblHdle) THEN
    Write(' und Tabelle aktualisiert.');
  WriteLn;
 END;
END. { OF PROGRAM }
```

DBTblVersion *DPACINF.INC*

Funktion

Ermittelt die dBASE-Version der aktuellen Tabelle.

Syntax

FUNCTION *DBTblVersion: Byte;*

Erläuterung

DBTblVersion ermittelt für die aktuelle Tabelle die verwendete dBASE-Version und gibt sie als Byte zurück. Beim Öffnen einer Tabelle durch *DBTblOpen* wird zu der originalen dBASE-Version (erstes Byte im Header der Datendatei) zusätzlich eine interne Version vergeben, mit der die Tabellen-Version genauer bestimmbar ist. *DBTblVersion* gibt im Modus *M_ORGDBASEVER* die originale Version zurück und sonst die interne. In der Unit *DPACGBL* sind die Konstanten für die verschiedenen Versionen vereinbart (siehe auch Kapitel 5.2):

Originale Versions-Bytes:

DBV3	Version III/III Plus ohne Memodatei
DBV3M	Version III/III Plus mit Memodatei
DBV4M	Version IV mit Memodatei

Interne Versions-Bytes:

DBLV3	Version III ohne Memodatei
DBLV3M	Version III mit Memodatei
DBLV3P	Version III Plus ohne Memodatei
DBLV3PM	Version III Plus mit Memodatei
DBLV4	Version IV ohne Memodatei
DBLV4M	Version IV mit Memodatei

Hinweise

Gibt die Funktion den Wert *DBVFAIL* (0) zurück, setzt sie die globale Fehlervariable *DBERROR* auf den entsprechenden Fehlerkode: *E_NOTINSTALLED*, wenn die Engine-Umgebung nicht initialisiert ist oder *E_WRONGTBLHDLE*, falls *TblHdle* ungültig war.

Querverweis

DBTbl..., DBTblOpen, DBTblDate

Beispiel

```
PROGRAM TBLVERS{.PAS};
USES DPACGBL,DPAC;
VAR TblHdle: Byte;
BEGIN
 DBInit; { Engine aktivieren }
 IF DBTblOpen(TblHdle,'TEST') THEN BEGIN
  DBClrMode(M_ORGDBASEVER); { Interne Version ermitteln! }
  { Test auf dBASE IV-Tabelle }
  IF DBTblVersion in [DBLV4,DBLV4M] THEN BEGIN
   IF (DBTblVersion=DBLV4) THEN
       WriteLn('Tabelle ohne Memofeld')
    ELSE WriteLn('Tabelle mit Memofeld.');
  END ELSE WriteLn('Keine dBASE IV-Tabelle!');
 END;
END. { OF PROGRAM }
```

DBTblView *XVIEW.PAS*

Funktion: Zeigt den Inhalt der aktuellen Tabelle in Tabellenform an.

Syntax: PROCEDURE *DBTblView (VAR startrec: LongInt);*

Parameter: *startrec* dient zum einen der Prozedur als Angabe, ab welchem Record die Auflistung der Tabelle erfolgen soll; zum anderen übergibt sie in dieser Variablen das Handle des Records, auf dem der Auswahlbalken beim Verlassen der Prozedur steht.

Erläuterung: *DBTblView* zeigt den Inhalt der aktuellen Tabelle in einem Fenster an. Eine Änderung der Tabellen-Daten ist nicht möglich. Die Anzeige erfolgt in Tabellenform und listet die Records ihrer (logischen) Reihenfolge nach untereinander und deren Felder nebeneinander auf. Bei zu großen Feldern werden nur die Zeichen gezeigt, die im Fenster Platz finden. Im Fenster kann jeder Record und jedes Feld der Tabelle mit den Cursor-Tasten erreicht werden (siehe Hinweise). Bei aktivem Primärindex, folgt der Recordzeiger der Sortierreihenfolge in diesem Index.

Nach dem Aufruf steht ein Auswahlbalken auf dem Record mit dem Handle *startrec*. Existiert der Record nicht, ist der erste logische Record der erste in der Anzeige. Beim Erreichen der Tabellen-Grenzen (BOF und EOF) ertönt im Modus *M_BEEPONERROR* ein Signal.

Zur besseren Orientierung besitzt das Fenster eine Kopf- und eine Statuszeile. Die Kopfzeile zeigt die Feldnamen an und die Statuszeile das Handle des selektierten Records und die Recordanzahl. Im Modus *M_DISPLAYINFO* erscheinen in der Statuszeile zusätzlich die folgenden Informationen: Tabellenname, Version der Tabelle; Name, Typ, Länge und Dezimalstellen des ersten Feldes. *DBTblView* zeigt auch gelöscht markierte Records an, wenn der Modus *M_WITHDELETED* aktiv ist. Bei diesen Records erscheint dann in der Statuszeile das Wort „Del". Memofelder ohne Text sind durch „memo" und die mit Text durch MEMO gekennzeichnet. Ist ein Memofeld mit Text belegt und zugleich das erste in der Anzeige, kann sein Inhalt durch Drücken der Taste [Einfg] betrachtet werden (beachte hierzu auch die Hinweise).

Nach Beenden der Funktion mit der [Esc]-Taste speichert *DBTblView* das Handle des zuletzt selektierten Records in *startrec* ab. Das Handle des neuen aktuellen Records ist identisch mit *startrec*.

Hinweise

Bei ungültigen Daten bzw. fehlerhafter Ausführung setzt *DBTblView* die globale Fehlervariable *DBERROR* auf den entsprechenden Fehlerkode. Besitzt die aktuelle Tabelle beispielsweise keine Records, erhält *DBERROR* den Wert *E_TBLZERORECRD* und die Anzeige bleibt aus.

Die folgenden globalen Variablen dienen zur Voreinstellung von *DBTblView* und sind in der Unit *DPACGBL* vereinbart. Die Variable *VIESTARTFLD* speichert das Handle des ersten Feldes der Anzeige. Höhe und Breite des View-Fensters kann mit den folgenden globalen Variablen festgelegt werden:

- *VIEX1POS,VIEY1POS* = linke obere Ecke (x,y)
- *VIEX2POS,VIEY2POS* = rechte untere Ecke (x,y)

Bei ungültigen Positionsangaben bricht die Funktion mit dem Fehler *E_WRONGVIEWDIM* ab. In *VIEBOXCOLOR* ist die aktuelle Farbe des Fensterrahmens und in *VIEHDRCOLOR* die Farbe von Kopf- und Statuszeile gespeichert. *VIETXTCOLOR* gibt die Farbe der nicht selektierten und *VIESELCOLOR* die Farbe der selektierten Records an. Bei monochromen Bildschirmen erfolgt automatisch die Farb-Einstellung, unabhängig von den Werten in den vorher beschriebenen Variablen.

Zur Taste [Esc] können in den Variablen *VIEKEYTOEND* und *VIEKEYTOESC* weitere Tastenkodes für das Beenden der Anzeige definiert werden. Die Defaulteinstellung für das Betrachten eines Memotextes ist die Taste [Einfg]. Dies kann jedoch geändert werden, indem man der Variablen *VIEKEYTOMMO* einen neuen Tastenkode zuweist.

In der nun folgenden Liste sind die Befehle der Funktion *DBTblView* aufgeführt. Alternative Tastenkombinationen sind durch Komma getrennt. Wird die Engine so kompiliert, daß auch eine Mausunterstützung eingebaut ist, werden durch die Maus-Bewegungen die Pfeil-Tasten simuliert, die linke Maustaste entspricht [Einfg] (bzw. *VIEWKEYTOMMO*) und die rechte [Esc].

[←], [Strg]+[←]	Ein Feld nach links
[→], [Strg]+[→]	Ein Feld nach rechts
[↓]	Nächster Record
[↑]	Voriger Record
[Bild↓]	Um *n* Records vorblättern
[Bild↑]	Um *n* Records zurückblättern (*n* = Anzahl der Records im Fenster-1)
[Ende], [Strg]+[Bild↓]	Letzter Record
[Pos 1], [Strg]+[Bild↑]	Erster Record
[Strg]+[Ende]	Letztes Feld im selektierten Record
[Strg]+[Pos 1]	Erstes Feld im selektierten Record
[Einfg]	Inhalt eines Memofeldes betrachten (wenn „MEMO“ das erste Feld im Fenster ist)
[Esc]	View-Funktion verlassen

Querverweis *DBTbl..., DBTblOpen, DBTblSelect, DBRecCount*

Beispiel

```
PROGRAM VIEW{.PAS};
USES DPACGBL,DPAC,XVIEW,
     DPACUTIL;              { DPACUTIL wegen Stringfunktionen }
VAR  TblHdle : Byte;
     TblName : TblStr;
     strec   : LongInt;
     param   : Str2;
     value   : Str20;
     i       : Byte;
BEGIN
 DBInit; { Engine aktivieren }
 IF (ParamCount < 1) THEN BEGIN
  Write(#10#7,'Aufruf mit ');
  WriteLn('VIEW <Dateiname[.DBF]> [/F<feld>] '+
   '[/R<record>] [/C] [/D]'#10);
  WriteLn('Datei      : Name der Tabelle');
  WriteLn('/F<feld>   : Feldnummer, bei dem View beginnt');
  WriteLn('/R<record>: Recordnummer, ab dem View beginnt');
  WriteLn('/C         : strikte Überprüfung beim Einlesen');
  WriteLn('/D         : gelöschte Records nicht anzeigen');
  Exit;
 END;
 TblName:= ParamStr(1); DBClrMode(M_STRICTCHECK);
 IF (ParamCount>1) THEN
  FOR i:= 2 to ParamCount DO BEGIN
   { Parameter ermitteln z.B. '/D' }
   param:= Upper(copy(ParamStr(i),1,2));
   { Wert ermitteln z.B. '100' }
   Value:= Upper(copy(ParamStr(i),3,length(ParamStr(i))));
   IF (param='/C') THEN DBSetMode(M_STRICTCHECK);
   IF (param='/D') THEN DBClrMode(M_WITHDELETED);
   IF (param='/F') THEN VIESTARTFLD:= StrToByte(Value);
   IF (param='/R') THEN strec:= StrToLong(Value);
  END;
 IF NOT DBTblOpen(TblHdle,TblName) THEN
  IF (DBERROR=E_MMOFNOTEXIST) THEN BEGIN
   DBClrMode(M_WITHMMOCHCK);  { Keine Memodatei nötig }
   DBReset; IF DBTblOpen(TblHdle,TblName) THEN;
  END;
 DBShowErr(DBERROR); { falls Fehler, dann anzeigen }
 DBTblView(strec);   { View-Funktion aufrufen      }
END. { OF PROGRAM }
```

DBTblWithMmo *DPACINF.INC*

Funktion Prüft, ob eine Tabelle mindestens ein Memofeld besitzt.

Syntax FUNCTION *DBTblWithMmo: Boolean;*

Erläuterung *DBTblWithMmo* gibt den Wert *TRUE* zurück, wenn die aktuelle Tabelle mindestens ein Memofeld enthält, sonst *FALSE*. Die Existenz eines Memofeldes wird beim Öffnen der Tabelle durch *DBTblOpen* in der Tabellen-Verwaltung registriert. Dabei ist es unerheblich, ob die Tabelle im Modus *M_WITHMMOCHCK* geöffnet wurde oder nicht.

Hinweise Ist die Engine-Umgebung noch nicht initialisiert oder wurde noch kein Arbeitsbereich eingerichtet, gibt *DBTblWithMmo* den Wert *FALSE* zurück und setzt *DBERROR* auf den Fehlerkode *E_NOTINSTALLED* bzw. *E_WRONGWKGAREA*.

Querverweis *DBMmo..., DBTbl..., DBTblOpen, DBTblSelect*

Beispiel

```
PROGRAM WITHMEMO{.PAS};
USES DPACGBL,DPAC;
VAR TblHdle,i,c : Byte;
BEGIN
 DBInit; { Engine aktivieren }
 IF NOT DBTblOpen(TblHdle,'TEST') THEN DBErrMsg;
 IF DBTblWithMmo THEN BEGIN
   { Alle Memofelder zählen }
   i:= 0; c:= 0;
   WHILE (i<DBFldCount) DO BEGIN
    Inc(i); IF (DBFldType(i)=MMOTYP) THEN Inc(c);
   END;
   WriteLn('Tabelle «TEST» besitzt ',c, ' Memofeld(er).');
 END ELSE WriteLn('Tabelle «TEST» besitzt kein Memofeld');
END. { OF PROGRAM }
```

DBTestMode DPACINF.INC

Funktion Prüft den Modus im Moduswort *DBMODE.*

Syntax FUNCTION *DBTestMode (switch: Word): Boolean;*

Parameter *switch* ist die Wertigkeit des Bits, das in *DBMODE* geprüft werden soll.

Erläuterung *DBTestMode* wirkt direkt auf das Moduswort *DBMODE*, mit dem der Programmodus der Engine eingestellt werden kann. Das Bit mit der Wertigkeit *switch* wird geprüft. Ist es gesetzt, liefert die Funktion den Wert *TRUE*, ansonsten *FALSE.* Die einzelnen Modi sind in Kapitel 4.2 erklärt.

Hinweise Manipulationen am Moduswort können jederzeit vorgenommen werden und unterliegen keiner Initialisierung der Engine. Für die übergebenen Schalter (Bitwerte) sollte man die Konstanten aus der Unit *DPACGBL* verwenden (siehe auch Kapitel 4.2). Für das Testen mehrerer Schalter sind die Konstanten mit dem „+" - Zeichen zu verknüpfen.

Querverweis *DBClrMode, DBSetMode*

Beispiel

```
PROGRAM TESTMODE{.PAS};
USES DPACGBL,DPAC;
VAR TblHdle: Byte;
BEGIN
 DBInit; { Engine aktivieren }
 IF DBTestMode(M_EXPNDHANDLE) THEN BEGIN { Ist Modus aktiv? }
  WriteLn('DOS-Datei-Tabelle (DDT) wurde erweitert.');
  WriteLn('Anzahl maximal offener Dateien ist ',DBMaxFiles);
 END ELSE
   WriteLn('DOS-Datei-Tabelle (DDT) wurde nicht erweitert.');
END. { OF PROGRAM }
```

A Glossar

Aktivierte Tabelle

Tabelle, die gerade in Bearbeitung ist; sie kann mit neuen Einträgen versehen werden.

Aktualisierung

Daten einer Datei (z.B. Tabellen, Records bzw. Record-Zwischen-Puffer, Indexe oder Felder) werden auf den neuesten, aktuellsten Stand in der Datenbank abgespeichert. Alle Eintragungen, auch Neueintragungen und Änderungen gehören zum Aktualisieren.

Aktuell

Auf dem neuesten Stand; *siehe auch Aktualisierung.*

Arbeitsbereich

Jeder Tabelle wird bei ihrem Öffnen ein eigener Arbeitsbereich zugeordnet. Die Bearbeitung der jeweiligen Tabelle kann nur in diesem Arbeitsbereich stattfinden.

ASCII

Englische Abkürzung für **A**merican **S**tandard **C**ode for **I**nformation **I**nterchange. Dies ist ein genormter Kode für die Zeichendarstellung in Computern, in dem jedem Zeichen eine Ordinalzahl zugeordnet wird (z.B. 'M' hat die Zahl 77). Im originalen ASCII-Alphabet sind die Zeichen 0 bis 127 vorhanden. IBM erweiterte diesen Zeichensatz für den PC um weitere 128 Zeichen (bis 255). Eine ASCII-Tabelle ist im Anhang B abgedruckt.

Bereichsüberprüfung

Einen bestimmten Zahlenbereich auf einen Wert hin überprüfen (z.B. sind Werte von 0 bis 255 im gültigen Bereich für den Datentyp Byte).

Blocknummer

Nummer in einem Memofeld, die vergeben wird, wenn sich ein zugehöriger Memotext in der Memodatei befindet.

BOF

Siehe Dateianfang.

CONFIG.SYS

Datei, in der für das Betriebssystem DOS Anweisungen zur Konfiguration des Rechnersystems eingetragen werden können. Die Anweisung „FILES=XXX" gibt z.B. die Anzahl der maximal offenen Dateien an. Für „XXX" wird eine Zahl zwischen 5 und 255 angegeben (ab MS-DOS Version 4 eine Zahl zwischen 8 und 255).

Cursor

Die Eingabemarke, die die aktuelle Bildschirmposition - meist durch Blinken - anzeigt. Der Anwender kann sich mit Hilfe des Cursors leichter am Bildschirm orientieren.

Cursortasten

Tasten, mit denen sich der Cursor auf dem Bildschirm bewegen läßt. Auf einer Multifunktions-Tastatur gibt es einen speziellen Cursor-Block, auf dem Pfeile für vier verschiedene Richtungen angegeben sind. Zusätzlich befindet sich im numerischen Tastenfeld eine Cursorsteuerung, die aktiviert ist, wenn der NumLock-Schalter nicht aktiv ist.

Datei

Englisch File. Als Datei bezeichnet man alle unter einem bestimmten Sammelbegriff zusammengefaßten und gespeicherten Informationen, die vom Computer bearbeitet werden können oder bearbeitet worden sind. Jede Datei hat einen eigenen Namen, den der Benutzer definiert und unter dem sie immer wieder aufgerufen werden kann. Für den Benutzer erscheint sie immer als ein zusammengehörender Datenblock (als eine Einheit). In der Datenbanktechnik versteht man unter einer Datei eine Ansammlung einzelner Datensätze, die auch Records genannt werden und die alle dieselbe Datenstruktur aufweisen.

Dateianfang

Abkürzung ist BOF (Begin Of File). In der Datenbanktechnik spricht man vom Dateianfang, wenn der Recordzeiger vor den ersten Record positioniert wurde.

Dateiende

Abkürzung ist EOF (End Of File). Wird der Recordzeiger hinter den letzten Record bewegt, steht er auf der EOF-Marke (0DH), die das „logische" Ende der Tabelle repräsentiert. Diese Marke wird von dBASE verwaltet und nicht vom Betriebssystem. In manchen Fällen (z.B. bei der Ausführung des dBASE-Befehls ZAP) kann es vorkommen, daß sich hinter der EOF-Marke physikalisch zwar noch Records befinden, im Header aber nur die Anzahl bis zur Ende-Marke eingetragen ist.

Daten

Daten allein weisen zunächst keine Zweckorientierung auf, können aber mit einer Datenverarbeitung zu einer Menge von Informationen, z.B. als Inhalt von Records oder Feldern einer Tabelle, aufbereitet werden. Es werden drei grundsätzliche Arten von Daten unterschieden: numerische, alphanumerische und alphabetische Daten.

Datenbank

Eine Datenbank ist eine organisierte Zusammenfassung von Daten, die untereinander in einer logischen Beziehung zueinander stehen. Die Daten sind so gespeichert, daß sie unabhängig von den Programmen sind, die sie benutzen. Eine Datenbank kann z.B. aus einer Sammlung von Tabellen bestehen, die untereinander eine bestimmte Relation aufweisen.

Datendatei

Die Datendatei wird bei der Engine gleichgesetzt mit einer Tabelle (*siehe dort*).

Datumsfeld

Dieses Feld nimmt nur Datumswerte auf. Die Länge beträgt stets 8 Zeichen und kann nicht verändert werden. In dBASE wird dieses Feld mit dem Buchstaben „D" gekennzeichnet.

DDT

siehe DOS-Datei-Tabelle.

Defaultwert

Unter „Default" versteht man einen Vorgabewert, den man auch mit „Standardeinstellung" übersetzen kann. Ein Datum (z.B. Variable oder Konstante) kann auf einen bestimmten Vorgabewert eingestellt sein.

Der Defaultwert für die Größe von Memoblöcken bei dBASE III und dBASE III Plus ist 512 Byte (in *DPACGBL* als *MinMmoSize* vereinbart).

Deleted Byte

siehe Löschbyte.

Deskriptor

Eine Struktur mit Werten, mit der z.B. eine Ansammlung von Daten beschrieben werden kann. Ein Felddeskriptor im Header der Datendatei beschreibt z.B. die Struktur der Felder in dieser Datei. Der Blockdeskriptor, der bei dBASE IV den Texten in der Memodatei vorangestellt wird, gibt Aufschluß über die Länge des Memotextes.

DOS-Datei-Tabelle

Das Betriebssystem legt die DOS-Datei-Tabelle (kurz „DDT") in das Program Segment Prefix (PSP) bzw. den „Dateivorspann". Die DDT dient dem Betriebssystem zur Ablage der Handles geöffneter Dateien des laufenden Prozesses. Mit der im PSP gespeicherten DDT können für einen Prozeß maximal 20 Dateien geöffnet werden. Das Betriebssystem öffnet jedoch standardmäßig für jedes Programm 5 Ein-/Ausgabe-Einheiten, womit die Zahl der maximal geöffneten Dateien für einen Prozeß auf 15 begrenzt ist. Die Engine ist in der Lage, im Modus *M_EXPNDHANDLE*, die DDT zu erweitern.

EOF

siehe Dateiende.

Exportieren

Wenn Records aus der aktuellen Tabelle in eine Datei des angegebenen Formats kopiert werden.

Extension

Auch Erweiterung, Suffix oder Dateiendung genannt. Diese Namenserweiterung kann aus maximal drei Zeichen bestehen. Sie wird meist angegeben, damit eine Datei aufgrund ihres Namens einer bestimmten Kategorie zugeordnet werden kann. Die Extension „.DBF" steht z.B. für dBASE File, „.PAS" für eine Pascal-Datei, usw.

Fehlerkode

Der Kode bzw. der Wert, den die globale Fehlervariable *DBERROR* der dBASE-Engine einnimmt, wenn im Programm ein Fehler aufgetreten ist. Die Fehlerkodes sind in der Unit *DPACGBL* als Konstanten vereinbart, beginnen alle mit dem Prefix „*E_*" und enden mit einem Fehlerkürzel, das eine Länge von 12 Zeichen besitzt (siehe auch im Anhang „Liste der Fehlermeldungen").

Fehlervariable

Bei der dBASE-Engine nimmt die globale Fehlervariable *DBERROR* den Fehlerkode auf, der ihr von einer Engine-Routine zugeteilt wird. Nach einer erfolgreichen Ausführung besitzt sie den Kode *DBSUCCESS* (kein Fehler). *Siehe auch Fehlerkode.*

Feld

Kleinste Informationseinheit in einem Record. In diesem Teil des Records kann jeweils ein Wert einer vorbestimmten Länge bzw. Größe untergebracht werden.

Feldlänge

Anzahl der Zeichen, die in einem Feld maximal eingegeben werden können. Sie variiert je nach Datenbanksystem und Feldtyp. Normalerweise liegt die Feldlänge zwischen 1 und maximal 255 Zeichen. Da dBASE mit Tabellen fester Record-Länge arbeitet, besitzen auch alle Felder einer Spalte dieselbe Länge.

Feldtyp

Der Feldtyp zeigt an, welchen Datentyp ein Feld aufnehmen kann. In dBASE IV sind die Feldtypen Charakter „C", Datum „D", Logisch „L", Memo „M", Numerisch „N" und Fließkomma „F" möglich.

Feldwert

Wert eines Feldes, abhängig vom Feldtyp.

Format

Einheitliche Darstellung von Daten. Beispiel: das einheitliche Schema, nach dem die Informationen auf Disketten abgespeichert werden.

Funktionstasten

Bestimmte Tasten auf einer Computer-Tastatur, die kein Zeichen auf den Bildschirm schreiben, sondern Bedienungsfunktionen auslösen (z.B. „F1" bis „F10").

Handle

Öffnet man mit der dBASE-Engine eine Tabelle, so wird in einer übergebenen Byte-Variablen eine Nummer eingetragen. Diese Nummer wird hier als „Handle" bezeichnet. Bei einem späteren Zugriff auf die Tabelle kann unter Angabe des Handles die Tabelle „gehandhabt" werden. Handles werden auch bei Records, Record-Zwischen-Puffern, Feldern und Indexen benutzt und geben sozusagen die Adresse (Verwaltungs-Nummer) des jeweiligen Objekts an.

Header

Allgemein: Vorspann einer Datei. Bei dBASE-Tabellen sind im Header Informationen über die Tabelle gespeichert, z.B. Aktualisierungsdatum, Länge und Anzahl der Records, etc.

Importieren

Wenn Daten aus einer Datei des angegebenen Formats in die aktuelle Tabelle kopiert werden.

Index

Hilfsdatei, in der die Einträge einer Hauptdatei in geordneter Reihenfolge vorliegen. Der Index ist zusätzlich mit einem Zeiger versehen, der auf den jeweils zugehörigen Record der Hauptdatei weist. Mit einem Index können einzelne Records auch in großen Datenbeständen sehr schnell aufgefunden werden.

Indexschlüssel

Ein bestimmter Ausdruck, der zur Sortierung von Daten einer Tabelle herangezogen wird und sich aus dem Wert eines oder mehrerer Felder zusammensetzt.

Indizieren

Einen *Index* mit Hilfe eines *Indexschlüssels* über alle Records der Tabelle bilden.

Initialisieren

Die Umgebung der dBASE-Engine muß vor ihrem Gebrauch initialisiert werden. Diese „Initialisierung" übernimmt die Prozedur *DBInit*, welche die internen Strukturen der Engine auf ihre Defaultwerte setzt und den für die Verwaltung nötigen Speicherplatz belegt. Allgemein versteht man unter einer Initialisierung die Einstellung eines Wertes auf eine definierte Größe.

Installation

Darunter verstehen wir hier: Einrichten der Engine auf Festplatte.

Kompilieren

Engl. Compile. Ein Programm, das in einer Programmiersprache (Quellkode) erstellt wurde, in eine Sprache übersetzen, die der Rechner unmittelbar verstehen und ausführen kann (Maschinenkode). Die Engine kann z.B. mit dem Turbo-Pascal-Compiler auf verschiedene Arten kompiliert werden.

Koprozessor

Ein eigenständiger Prozessor, der der eigentlichen CPU die mathematischen Fließkomma-Operationen mit Hilfe von speziellen Befehlen abnimmt. Die Bezeichnung des Koprozessors endet meist mit „87", z.B. 8087, 80287 oder 80387. Ein Koprozessor wird nicht automatisch eingesetzt und muß vom Programm unterstützt werden. Mit dem Einsatz des Koprozessors erhöht sich die Ausführungsgeschwindigkeit von Fließkomma-Operationen beträchtlich.

Laufzeitfehler

Engl. Runtime Error. Ein Laufzeitfehler tritt während des Programmlaufs auf und wird im Falle der Engine von der Turbo-Pascal-Laufzeitbibliothek erkannt. Typische Laufzeitfehler sind Bereichsüberschreitungen, Zeigerfehler oder kritische Fehler. Tritt ein solcher Fehler auf, beendet die Engine das laufende Programm mit der eingebauten Exit-Prozedur.

Logisches Feld

Feld des Typs „Logisch", in dBASE mit dem Buchstaben „L" gekennzeichnet. Felder von diesem Typ können generell nur zwei Werte annehmen: wahr „T" oder falsch „F".

Löschbyte

In dBASE ist dies ein Byte, das jedem Record vorangestellt wird und als Löschmarke angesehen werden kann. Besitzt die Löschmarke ein Leerzeichen, so kennzeichnet es den Record als „nicht gelöscht", bei einem '*' als „gelöscht". Markierte Records sind physikalisch noch vorhanden, können aber mit dem Engine-Befehl *DBTblPack* oder mit dem dBASE-Befehl PACK auch tatsächlich aus der Tabelle entfernt werden.

Maske

Als „Maske" wird bei Programmen eine Bildschirmdarstellung bezeichnet, die ähnlich wie ein Formular aufgebaut ist. Dem Anwender ist vorgegeben, welche Eingaben er als nächstes machen soll. Für die Eingabe ist ein freies Feld vorgesehen, das im Vergleich zur übrigen Schrift meist farblich hervorgehoben ist (siehe Beispielprogramm Adressenliste).

Memodatei

Zur Datendatei gehörende Datei, die automatisch angelegt wird, wenn im Record einer Tabelle mindestens ein Memofeld existiert. In ihr werden die eigentlichen Texte gespeichert, im Memofeld selbst ist nur ein Verweis auf die Memodatei zu finden: die Blocknummer des Memofeldes.

Memofeld

Feld des Typs „Memo", welches in dBASE mit dem Buchstaben „M" gekennzeichnet ist. Dieses Feld wird meist benutzt, wenn Texte mit mehr als 254 Zeichen bzw. mit variabler Länge eingegeben werden sollen. Die Daten werden in einer separaten Datei gespeichert (*siehe Memodatei*). Eine Sortierung und Indizierung nach diesem Feld ist nicht möglich.

Menü

Wenn auf dem Bildschirm eine vom Programm ausgegebene Liste möglicher Auswahlpunkte erscheint, die vom Computer dann bearbeitet werden können. Der Benutzer wählt daraus den gewünschten Menüpunkt (siehe auch Beispielprogramm Adressenliste).

Modus

Die Engine kann in verschiedenen Modi betrieben werden. Die Einstellung geschieht mit dem Moduswort *DBMODE*, das einen Word-Wert darstellt und in dem einzelne Bits gesetzt (Modus aktiv) bzw. gelöscht (Modus nicht aktiv) werden können. Mit den Routinen *DBClrMode*, *DBSetMode* und *DBTestMode* kann *DBMODE* bearbeitet werden. Bsp.: Den Modus für die Überprüfung auf Memodateien und Memofelder löscht man mit dem Befehl *DBClrMode* (*M_WITHMMOCHCK*).

Numerisches Feld

Zahlenfeld, das in dBASE mit dem Buchstaben „N“ (und bei dBASE IV auch mit „F“) gekennzeichnet wird. Erlaubte Zeichen sind die Ziffern 0..9, der Punkt und das Minuszeichen.

Option

Einstellung oder Auswahlmöglichkeit.

Primärindex

Index, dessen Reihenfolge der Recordzeiger der Tabelle gerade folgt.

Program Segment Prefix

Auch „Programm-Vorspann“ genannt. DOS erzeugt diesen Vorspann - der 256 Bytes groß ist - beim Laden eines Programms. Das PSP enthält wichtige Informationen für das Programm bzw. den gerade laufenden Prozess, u.a. die Kommandozeilen-Parameter, die Rücksprung-Adresse, und die *DOS-Datei-Tabelle.*

PSP

siehe Program Segment Prefix.

Record

Auch Datensatz oder Satz genannt. In einem Record sind verschiedene Daten innerhalb einer Datei zusammengefaßt. In dBASE können sich die Inhalte des Records ändern, nicht aber das Format und die Zusammenstellung der einzelnen Felder.

Record-Zwischen-Puffer

Puffer mit dem genauen Abbild eines Records der Tabelle, in dem dieser für die Bearbeitung zwischengespeichert wird.

Record-Länge

Länge oder Größe eines Records (incl. *Löschbyte*) in Anzahl der Zeichen bzw. Bytes ausgedrückt.

Recordnummer

Mit Hilfe der Recordnummer oder dem „Record-Handle“ kann auf einen Record bezug genommen werden. Die Recordnummer gibt die Ordinalzahl des Records in der Tabelle wieder.

Recordposition

Physikalische Position des Records in der Tabelle, auf die der Recordzeiger positioniert werden kann, um den Record lesen oder schreiben zu können. Die Position wird in dBASE mit Hilfe der *Recordnummer* (r), der *Record-Länge* und der Header-Länge wie folgt ermittelt:

*Record-Position:= Header-Länge+ (r-1) * Record-Länge*

Recordzeiger

Dateizeiger, der auf einen Record der Tabelle zeigt.

Relation

In der Datenbanktechnik: Verknüpfung zwischen zwei oder mehr Tabellen einer Datenbank, durch eine bestimmte „Relation" (Beziehung). Dadurch kann der gleichzeitige Zugriff auf die Records der verknüpften Tabellen realisiert werden.

Satzzeiger

siehe Recordzeiger.

Schlüssel

siehe Indexschlüssel.

Schreibschutz

Wenn z.B. eine Datei oder Diskette nicht beschrieben sondern nur gelesen werden kann.

Scrollen

Auch als „Rollen" bezeichnet. Durch eine Funktion kann ein Text kontinuierlich nach oben, unten, links oder rechts geschoben werden, bis der Text an eine Begrenzung stößt.

Sekundärindex

Ein zur Tabelle gehörender Index, der gerade nicht aktiv ist und in dem die Schlüssel nicht eindeutig sortiert sein müssen.

Soundex

Zur phonetischen Suche kann aus einer Zeichenkette ein sogenannter „Soundex-Kode" gebildet werden. Mit Hilfe dieses Kodes werden z.B. bei der Suche nach „Meier" auch Begriffe wie „Mayer", „Maier" oder „Meyer" gefunden, da sie denselben Kode besitzen. Die Regeln, die zur Bildung dieses Kodes verwendet werden, sind wie folgt:

- der erste Buchstabe der Zeichenkette wird beibehalten (in Großbuchstaben)
- folgenden Buchstaben werden, falls sie nicht Anfangsbuchstaben sind, übergangen: a, e, h, i, o, u, w und y.
- jedem anderen Buchstaben des Alphabets wird ein Kode zugeordnet:

b f p v	1
c g j k q s x z	2
d t	3
l	4
m n	5
r	6

- Besitzen zwei oder mehrere benachbarte Buchstaben denselben Soundex-Kode, wird der zweite Buchstabe ignoriert (Bsp. bei „ck" wird „c" erkannt, bei „nn" wird „n" erkannt).
- Es wird immer ein 4stelliger Kode der Form BXXX erzeugt, wobei B für den Anfangsbuchstaben steht und XXX für drei Ziffern (Bsp. M635). Sind weniger als drei Ziffern vorhanden, wird der Kode am Ende mit Nullen gefüllt; bei mehr Ziffern wird der Kode auf vier Zeichen begrenzt.
- Die Generierung des Kodes endet mit dem Auffinden des ersten nichtalphabetischen Zeichens.
- Führende Leerzeichen bzw. Tabulatoren werden ignoriert und die Generierung des Kodes beginnt ab dem Auftreten des ersten alphabetischen Zeichens.
- Soll ein Leerstring ausgewertet werden oder ist das erste Zeichen kein Leerzeichen, Tabulator-Zeichen oder alphabetisches Zeichen, ist der Soundex-Kode „0000".

Spalte

Als Spalte wird bezogen auf eine Tabelle ein Feld bezeichnet. Alle Einträge einer Spalte besitzen denselben *Feldtyp*.

Struktur

In der Datenverarbeitung: Daten weisen eine bestimmte Struktur auf, d.h. sie besitzen eine übersichtliche Form.

Suchbegriff

Wert, nach dem in einer Tabelle gesucht werden soll. In der Funktion *DBFldSearch* z.B. wird der Suchbegriff in ein Feld des Record-Zwischen-Puffers geschrieben und bei einer Entsprechung in der Tabelle mit dem Wert aus dieser überschrieben.

Suchfeld

Feld in dem der *Suchbegriff* gesucht werden soll.

Tabelle

Eine Struktur, die aus Zeilen und Spalten besteht, in denen Daten gespeichert sind. Die Zeilen sind dabei die Records, die Spalten werden durch die Felder gebildet.

Terminator

Zeichen, welches das Ende eines Blocks oder Satzes kennzeichnet (z.B. Header-Terminator).

Transaktion

In dBASE IV gibt es die Transaktionsverarbeitung, d.h. Änderungen an Records oder Feldern werden nicht sofort ausgeführt, sondern erst in einer Protokolldatei abgelegt. Entstehen während der Transaktion Fehler, können die Änderungen wieder rückgängig gemacht werden.

View

Bestimmte Ansicht der Tabelle. Kommt aus dem Englischen und bedeutet „Übersicht", häufig auch mit „BROWSE" bezeichnet. Während die dBASE BROWSE-Funktion Veränderungen an Records und Feldern zuläßt, dient die Engine-Routine *DBTblView* zur reinen Ansicht.

Zeichenfeld

Feld des Typs „Zeichen", in dBASE mit dem Buchstaben „C" gekennzeichnet. Erlaubte Werte sind die Zeichen des ASCII-Alphabets.

Zeile

Als Zeile wird in einer Tabelle ein Record bezeichnet. In dBASE besitzen die Records alle dieselbe Länge.

Zusammengesetzter Schlüssel

Ein Schlüssel, der sich aus dem Wert zweier oder mehrerer Felder einer Tabelle zusammensetzt. *Siehe auch Indexschlüssel.*

B ASCII-Tabelle

	0	1	2	3	4	5	6	7	8	9	A	B	C	D	E	F
0	0	1 ☺	2	3 ♥	4 ♦	5 ♣	6 ♠	7 •	8 ◘	9 ○	10 ◙	11 ♂	12 ♀	13	14	15 ☼
1	16 ►	17 ◄	18 ↕	19 ‼	20 ¶	21 §	22 ▬	23 ↨	24 ↑	25 ↓	26 →	27 ←	28 ∟	29 ↔	30 ▲	31 ▼
2	32	33 !	34 "	35 #	36 $	37 %	38 &	39 '	40 (	41)	42 *	43 +	44 ,	45 -	46 .	47 /
3	48 0	49 1	50 2	51 3	52 4	53 5	54 6	55 7	56 8	57 9	58 :	59 ;	60 <	61 =	62 >	63 ?
4	64 @	65 A	66 B	67 C	68 D	69 E	70 F	71 G	72 H	73 I	74 J	75 K	76 L	77 M	78 N	79 O
5	80 P	81 Q	82 R	83 S	84 T	85 U	86 V	87 W	88 X	89 Y	90 Z	91 [	92 \	93]	94 ^	95 _
6	96 '	97 a	98 b	99 c	100 d	101 e	102 f	103 g	104 h	105 i	106 j	107 kl	108 l	109 m	110 n	111 o
7	112 p	113 q	114 r	115 s	116 t	117 u	118 v	119 w	120 x	121 y	122 z	123 {	124 |	125 }	126 ~	127 ⌂
8	128 Ç	129 ü	130 é	131 â	132 ä	133 à	134 å	135 ç	136 ê	137 ë	138 è	139 ï	140 î	141 ì	142 Ä	143 Å
9	144 É	145 æ	146 Æ	147 ô	148 ö	149 ò	150 û	151 ù	152 ÿ	153 ö	154 ü	155 ¢	156 £	157 ¥	158 Pt	159 ∫
A	160 á	161 í	162 ó	163 ú	164 ñ	165 Ñ	166 ª	167 º	168 ¿	169 ⌐	170 ¬	171 ½	172 ¼	173 ¡	174 «	175 »
B	176 ░	177 ▒	178 ▓	179 │	180 ┤	181 ╡	182 ╢	183 ╖	184 ╕	185 ╣	186 ║	187 ╗	188 ╝	189 ╜	190 ╛	191 ┐
C	192 └	193 ┴	194 ┬	195 ├	196 ─	197 ┼	198 ╞	199 ╟	200 ╚	201 ╔	202 ╩	203 ╦	204 ╠	205 ═	206 ╬	207 ╧
D	208 ╨	209 ╤	210 ╥	211 ╙	212 ╘	213 ╒	214 ╓	215 ╫	216 ╪	217 ┘	218 ┌	219 █	220 ▄	221 ▌	222 ▐	223 ▀
E	224 α	225 β	226 Γ	227 π	228 Σ	229 σ	230 µ	231 τ	232 Φ	233 θ	234 Ω	235 δ	236 ω	237 Φ	238 ∈	239 ∩
F	240 ≡	241 ±	242 ≥	243 ≤	244 ⌠	245 ⌡	246 ÷	247 ≈	248 °	249 •	250 ·	251 √	252 η	253 ²	254 ■	255

C Liste der Fehlermeldungen

Für das Erkennen von Fehlern während des Programmlaufs wurde in die Toolbox die globale Fehlervariable *DBERROR* mit aufgenommen. Sie ist in der Unit *DPACGBL* (globale Vereinbarungen) folgendermaßen deklariert:

CONST *DBERROR: Integer = DBSUCCESS;*

Diese Variable nimmt sowohl Fehler der Turbo-Pascal-Variablen (*IOResult* und *DOSError**), als auch intern behandelte Fehler auf. Dazu gehören auch Fehler, die von der eingebauten Hardwarefehler-Routine gemeldet werden. Eine genaue Beschreibung der Fehlerbehandlungsfunktionen sowie der dafür notwendigen globalen Variablen ist im Referenzteil (Kapitel 6) nachzuschlagen.

Nach erfolgreichen Operationen mit den Routinen aus *dPAC* enthält *DBERROR* den Wert *DBSUCCESS* ('Programmlauf fehlerfrei.', Wert 0). Tritt während der Ausführung einer Routine ein unbekannter bzw. nicht registrierter Fehler auf, so bekommt *DBERROR* den Wert *DBUNKNOWN* ('Unbekannter Fehler', Wert -1) zugewiesen; in allen anderen Fällen liegt ein bekannter Fehler vor. Bei bekannten Fehlern wird *DBERROR* auf einen der unten aufgeführten Werte gesetzt. Für jeden Wert gibt es eine zugehörige Fehlerkonstante. Deklariert sind diese Konstanten (wie *DBERROR*) in der Unit *DPACGBL*. Alle Fehler-Konstanten beginnen mit dem Prefix *E_*, gefolgt von einem Kürzel mit 12 Zeichen Länge.

Auf den folgenden Seiten sind die Fehler ihren Werten nach geordnet aufgelistet. Die Liste enthält für jeden Eintrag Fehlernummer, Bezeichner der Fehlerkonstanten und die zugehörige Fehlermeldung.

---

* siehe dazu näheres im Turbo Pascal Referenzhandbuch; Kapitel „Laufzeitfehler"

Wert	Konstante	Fehlertext
-1	DBUNKNOWN	Unbekannter Fehler.
0	DBSUCCESS	Programmlauf fehlerfrei.
1	E_DBEOFTOOSOON	Ungültige dBASE-Datei (EOF zu früh erreicht).
2	E_DBHDRCRASHED	Ungültige dBASE-Datei (Header inkorrekt).
3	E_DBFLDMISSING	Ende der Felddeskriptoren zu früh erreicht.
4	E_DBEOHMISSING	Header-Ende nicht gefunden.
5	E_TBLCOMETOBOF	Tabellen-Anfang (BOF) erreicht.
6	E_TBLCOMETOEOF	Tabellen-Ende (EOF) erreicht.
7	E_FILEOPENFAIL	Datei konnte nicht geöffnet werden.
8	E_FILECLSEFAIL	Datei konnte nicht geschlossen werden.
9	E_RUNOUTOFHEAP	Heapfehler! (Kein Platz mehr im Hauptspeicher).
10	E_PARAMFAILURE	Fehler bei Parameterübergabe.
11	E_PATHNOTFOUND	Verzeichnis nicht gefunden.
12	E_POSINOTFOUND	Positionierfehler.
13	E_WRITINGERROR	Schreibfehler.
14	E_READINGERROR	Lesefehler.
15	E_WRONGTBLHDLE	Tabelle nicht offen oder falsches Handle.
16	E_TBLOUTOFFLDS	Tabelle hat zu viele Felder.
17	E_TOOMANYFILES	Zu viele offene Dateien.
18	E_BUFNOTACCESS	Record-Puffer konnte nicht geöffnet werden.
19	E_FILENOTAMODE	Datei nicht geöffnet (falscher File-Modus).
20	E_FILEHDLEUSED	Datei bereits offen (Handle schon benutzt).
21	E_FILENOTEXIST	Datei existiert nicht.
22	E_DISKOVERFLOW	Disk ist voll.
23	E_WRONGFLDHDLE	Ungültiges Feld-Handle.
24	E_TBLFORMCRASH	Format der Tabelle paßt nicht zu den Daten.
25	E_TBLNOTCREATE	Fehler beim Erstellen einer neuen Tabelle.
26	E_FILENOACCESS	Zugriff auf Datei verweigert.
27	E_FILENOTAHDLE	Allgemeiner Disk-Fehler (falsches Datei-Handle).
28	E_WRITEPROTECT	Schreibschutz gefunden.
29	E_NODEVICENAME	Unbekanntes Gerät.
30	E_DRIVEDORMANT	Laufwerk nicht bereit oder Luke offen.
31	E_SECTORFAILED	Sektor nicht gefunden.

Wert	Konstante	Fehlertext
32	E_HARDWARELOCK	Nicht genau bestimmbarer Hardware-Fehler.
33	E_HEAPCRASHING	Kritisch! Zuordnungs-Fehler bei Speicherfreigabe.
34	E_NOENGINEINST	Engine wegen Speichermangel nicht installiert.
35	E_FILENOTFOUND	Datei nicht gefunden.
36	E_STRFNOTFOUND	Strukturdatei nicht gefunden.
37	E_FILEALREXIST	Datei existiert bereits.
38	E_STRFNOFORMAT	Fehler in der Strukturdatei (Zeile <Fehlerzeile>).
39	E_BUFNOTOPENED	Record-Puffer noch nicht initialisiert.
40	E_NOTINSTALLED	Engine noch nicht initialisiert.
41	E_RECORDTOOBIG	Recordgröße überschritten.
42	E_DUPLIFLDNAME	Feldname doppelt (Nr. <Feld-Handle>).
43	E_WRONGFLDTYPE	Falscher Datentyp.
44	E_ISOUTOFRANGE	Argument außerhalb des gültigen Wertebereichs.
45	E_WRONGFLDNAME	Ungültiger Feldname
46	E_DBHDRNOFIELD	Ungültige Feldbeschreibung im Headerbereich (<Feld-Handle>).
47	E_TBLFREADONLY	Nur Lesen der Tabelle möglich.
48	E_XX87NOTEXIST	Coprozessor XX87 nicht vorhanden.
49	E_EXPORTFAILED	Fehler beim Export.
50	E_FILECPITSELF	Datei kann nicht in sich selbst kopiert werden.
51	E_EXITISFAILED	Fehler beim Exit. Noch offene Tabellen vorhanden.
52	E_ALLHDLESUSED	Alle Tabellen-Handles sind belegt.
53	E_WRONGBUFHDLE	Ungültiges Record-Puffer-Handle.
54	E_WRONGWKGAREA	Ungültiger Arbeitsbereich.
55	E_ALLBUFRSUSED	Alle Puffer-Handles für aktuelle Tabelle sind belegt.
56	E_NOEQUSTRUCTS	Tabellen-Strukturen sind inkompatibel.
57	E_BUFNOTCLOSED	Record-Puffer konnte nicht geschlossen werden.
58	E_MMOFILECRASH	Keine gültige oder zerstörte Memodatei.
59	E_MMOFNOTEXIST	Memodatei existiert nicht.
60	E_TBLFNOTEXIST	Tabelle existiert nicht.
61	E_UNKNOWNCOMND	Unbekanntes Kommando.
62	E_CRCDATAERROR	CRC-Fehler beim Lesen von Disk/Platte.
63	E_BADSTRUCTDPB	Ungültige Aufrufstruktur für Disk-Parameterblock.
64	E_UNKNOWNMEDIA	Unbekanntes Datenmedium (Sektorformat).

Wert	Konstante	Fehlertext
65	E_PRNTOUTOFPAP	Kein Papier im Drucker.
66	E_MMOFILECLOSE	Memodatei nicht offen.
67	E_MMONOBLOCKWR	Memo-Block kann nicht geschrieben werden.
68	E_MMONOBLOCKRD	Memo-Block kann nicht gelesen werden.
69	E_MMOISNOTREAD	Noch kein Memotext gelesen.
70	E_MMONOTCREATE	Fehler beim Erstellen einer neuen Memodatei.
71	E_MMOZEROFIELD	Tabelle besitzt kein Memofeld.
72	E_TBLFISOPENED	Tabelle/Datei bereits von der Engine verwaltet.
73	E_TBLFISONDISK	Tabelle existiert bereits auf Disk/Platte.
74	E_TBLNOTRENAME	Fehler beim Umbenennen der Tabelle/Datei.
75	E_TBLNOTDELETE	Fehler beim Löschen der Tabelle/Datei.
76	E_WRONGNAMEARR	Ungültiger Feldname (Nr. <Feld-Handle>).
77	E_NOVALIDDRIVE	Ungültiges Laufwerk.
78	E_CANNOTREMOVE	Verzeichnis kann nicht gelöscht werden.
79	E_WRONGINDHDLE	Ungültiges Index-Handle.
80	E_ALLINDEXUSED	Alle Index-Handles für aktuelle Tabelle sind belegt.
81	E_INDFNOTEXIST	Indexdatei existiert nicht.
82	E_WRONGKEYSIZE	Ungültige Schlüssellänge.
83	E_INDINSDELERR	Fehler beim Indizieren (Einfügen/Löschen).
84	E_NOVALIDINDEX	Daten- und Indexdatei passen nicht zueinander.
85	E_INDFISOPENED	Index bereits von der Engine verwaltet.
86	E_INDKEYTOOBIG	Index-Schlüssellänge überschritten.
87	E_INDNOTARECNO	Record-Nummer nicht im Index.
88	E_INDNOTACTIVE	Kein Index aktiv.
89	E_WRONGPGESIZE	Fehler beim Indizieren (Falsche Seitengröße).
90	E_WRONGVIEWDIM	Fehler bei DBTblView (Ungültige Fenstergröße).
91	E_TBLZERORECRD	Tabelle besitzt keine Records.
255	E_TOOCRITERROR	"Fataler" Fehler aufgetreten (Programm-Halt).

D Kenngrößen der Toolbox

Recordanzahl	Nur durch den externen Speicher begrenzt	
Recordgröße	4000 für dBASE-Kompatibilität sonst auch auf 65535 erweiterbar	
Felderanzahl	255 (max. für dBASE-Kompatibilität), theoretisch erweiterbar bis 3449	
Feldgröße	254 (max. für dBASE-Kompatibilität) theoretisch erweiterbar bis 65535	
Feldnamen	10 Zeichen max.	
Feldtypen	Zeichenfelder *C*	254 Bytes max.
	Datumsfelder *D*	8 Bytes
	Fließkommafelder *F*	20 Bytes max.
	Numerische Felder *N*	20 Bytes max.
	Logische Felder *L*	1 Byte
	Memofelder *M*	Größe nur durch Speicher begrenzt
Offene Dateien	64 gleichzeitig geöffnete Dateien (Defaultwert) Hauptsächlich ist jedoch die Zahl der max. offenen Dateien begrenzt durch die Einstellung der Variable „FILES“ in der Systemdatei CONFIG.SYS. Ist ihr Wert auf 255 eingestellt und die der Engine-Konstante *MaxFiles* ebenfalls, können durch die Engine bis zu 250 Dateien gleichzeitig geöffnet sein.	
Offene Tabellen	16 gleichzeitig offene Tabellen (Defaultwert) erweiterbar auf 255. Anzumerken ist jedoch, daß pro geöffnete Tabelle mind. ein Datei-Handle benutzt wird (mit offener Memodatei sogar zwei)! Dadurch ist die Zahl der offenen Tabellen durch die Anzahl max. geöffneter Dateien begrenzt.	
Indexe/Tabelle	7 gleichzeitig offene Indexe/Tabelle (Defaultwert) Dieser Wert ist bis auf 255 erweiterbar, jedoch hängt die Zahl der offenen Indexe/Tabelle von der Anzahl maximal offener Dateien ab (pro Index eine Datei).	
Puffer/Tabelle	4 Record-Puffer pro Tabelle (Defaultwert) erweiterbar auf 255	

E Schnell-Referenz

In der folgenden Auflistung sind die exportierten Routinen der Units *DPAC*, XDATE, *XMEMO* und *XVIEW* in Sachgruppen aufgeteilt. Der Zweck dieser Referenz ist, die wichtigsten Toolbox-Routinen kurz zusammenzufassen. Sie kann Ihnen eine Hilfe sein, herauszufinden, welche Routine für Ihre Anwendung am besten geeignet ist. In der Übersicht zeigt die erste Spalte den Namen der Routine, die zweite ihre Bedeutung und Syntax und die dritte gibt einen Seitenverweis auf die Beschreibung der Routine in Kapitel 6.

Initialisieren und Beenden

DBExit 165

Verläßt die Engine-Umgebung von *dPAC*.
PROCEDURE *DBExit*;

DBInit 223

Initialisiert die Engine-Umgebung von *dPAC*.
PROCEDURE *DBInit*;

DBInstErrMsg 223

Installiert eine vom Anwender definierte Fehlerausgabe-Prozedur.
PROCEDURE *DBInstErrMsg (UserProc: ProcMsgType);*

DBInstNormMsg 226

Installiert die anwenderdefinierte Prozedur für allgemeine Meldungen.
PROCEDURE *DBInstNormMsg (UserProc: ProcMsgType);*

DBInstOrgMsg 226

Installiert interne Routinen für allgemeine und Fehler-Meldungen.
PROCEDURE *DBInstOrgMsg;*

Programmodus

DBClrMode 139

Löscht im Moduswort *DBMODE* den oder die übergebenen Schalter.
PROCEDURE *DBClrMode (switch: word);*

DBSetMode 265

Setzt im Moduswort *DBMODE* den oder die übergebenen Schalter.
PROCEDURE *DBSetMode (switch: Word);*

DBTestMode 306

Prüft den Modus im Moduswort *DBMODE.*
FUNCTION *DBTestMode (switch: Word): Boolean;*

Fehlerbehandlung

DBErrMsg 163

Gibt im Engine-Modus *M_SHOWMESSAGE* eine Fehlermeldung aus.
PROCEDURE *DBErrMsg;*

DBErrStr 164

Gibt den aktuellen Fehlertext als String zurück.
FUNCTION *DBErrStr: String;*

DBInstErrMsg 223

Installiert eine vom Anwender definierte Fehlerausgabe-Prozedur.
PROCEDURE *DBInstErrMsg (UserProc: ProcMsgType);*

DBReset 263

Setzt die Fehlerkodes auf den Wert *DBSUCCESS* (kein Fehler) zurück.
PROCEDURE *DBReset;*

DBShowErr 266

Gibt bei einem Fehler eine Fehlermeldung aus.
PROCEDURE *DBShowErr (Err: Integer);*

Information

DBActArea 133

Gibt das Handle des aktuellen Arbeitsbereichs zurück.
FUNCTION *DBActArea*: Byte;

DBActBuf 133

Gibt das Handle des aktuellen Record-Zwischen-Puffers zurück.
FUNCTION *DBActBuf: Byte;*

DBActInd 134

Gibt das Handle des aktuellen Primärindex zurück.
FUNCTION *DBActInd: Byte;*

DBActRec 136

Gibt das Handle des aktuellen Records zurück.
FUNCTION *DBActRec: LongInt;*

DBAlreadyInit 136

Stellt fest, ob die Engine-Umgebung bereits initialisiert wurde.
FUNCTION *DBAlreadyInit: Boolean;*

DBAreaCount 137

Ermittelt die Anzahl der aktiven Arbeitsbereiche.
FUNCTION *DBAreaCount: Byte;*

DBBOF 138

Stellt fest, ob beim Positionieren der Tabellenanfang erreicht wurde.
FUNCTION *DBBOF: Boolean;*

DBBufCount 138

Anzahl der aktiven Record-Zwischen-Puffer der aktuellen Tabelle.
FUNCTION *DBBufCount: Byte;*

DBCompleted 140

Stellt fest, ob die letzte Transaktion beendet wurde (dBASE IV).
FUNCTION *DBCompleted: Boolean;*

DBDateCDOW 141

Gibt den Wochentagsnamen eines Datums als String zurück.
FUNCTION *DBDateCDOW (Date: DateTime): Str10;*

DBDateCheck 142

Überprüft, ob eine Datumsangabe ein gültiges Datum enthält.
FUNCTION *DBDateCheck (Date: DateTime): Boolean;*

DBDateCMONTH 143

Gibt den Monatsnamen eines Datums als String zurück.
FUNCTION *DBDateCMONTH (Date: DateTime): Str10;*

DBDateDAY 145

Gibt den Tag des Monats eines Datums als Bytewert zurück.
FUNCTION *DBDateDAY (Date: DateTime): Byte;*

DBDateDOW 147

Gibt für ein Datum den Tag der Woche als Bytewert zurück.
FUNCTION *DBDateDOW (Date: DateTime): Byte;*

DBDateDOY 148

Gibt für ein Datum den Tag des Jahres als Word-Wert zurück.
FUNCTION *DBDateDOY (Date: DateTime): Word;*

DBDateMONTH 156

Gibt für ein Datum den Monat als Bytewert zurück.
FUNCTION *DBDateMONTH (Date: DateTime): Byte;*

DBDateTIME 160

Gibt die aktuelle Systemzeit als String zurück.
FUNCTION *DBDateTIME: Str8;*

DBDateTODAY 160

Gibt das aktuelle Systemdatum als String zurück.
FUNCTION *DBDateTODAY: Str10;*

DBDateYEAR 161

Gibt das Jahr einer Datumsangabe als Word-Wert zurück.
FUNCTION *DBDateYEAR (Date: DateTime): Word;*

DBFldType 203

Ermittelt den Datentyp eines Feldes.
FUNCTION *DBFldType (FldHdle: Byte): Char;*

DBGetBlockSize 204

Ermittelt die eingestellte Blockgröße für Memofelder (dBASE IV).
FUNCTION *DBGetBlockSize: Byte;*

DBIndCount 208

Anzahl der offenen Indexe für den aktuellen Arbeitsbereich.
FUNCTION *DBIndCount: Byte;*

DBIndKeyLen 214

Schlüssellänge eines Indexeintrages im ausgewählten Index.
FUNCTION *DBIndKeyLen (IndHdle: Byte): Byte;*

DBIndName 215

Ermittelt den Namen einer offenen Indexdatei.
FUNCTION *DBIndName (IndHdle: Byte): TblStr;*

DBIndUnique 221

Liefert *TRUE*, wenn der Index gleiche Schlüsselausdrücke zuläßt.
FUNCTION *DBIndUnique (IndHdle: Byte): Boolean;*

DBMaxFiles 227

Ermittelt die Anzahl der maximal offenen Dateien.
FUNCTION *DBMaxFiles: Word;*

DBMmoInUse 234

Genutzter Text in der Memodatei in Blöcken und als Prozentwert.
FUNCTION *DBMmoInUse (VAR Blocks: LongInt): Byte;*

DBOpenFiles 241

Ermittelt die Anzahl der offenen Dateien.
FUNCTION *DBOpenFiles: Word;*

DBRecBufIsChanged 248

Prüft, ob der Inhalt des Record-Zwischen-Puffers verändert wurde.
FUNCTION *DBRecBufIsChanged: Boolean;*

DBRecCount 251

Ermittelt die Anzahl der Records.
FUNCTION *DBRecCount: LongInt;*

DBRecIsDel 255

Liefert TRUE, wenn der Record als gelöscht markiert ist.
FUNCTION *DBRecIsDel: Boolean;*

DBRecLen 257

Ermittelt die Größe der Records in der aktuellen Tabelle.
FUNCTION *DBRecLen: Word;*

DBSysFiles 267

Vom Betriebssystem erlaubte Anzahl maximal offener Dateien.
FUNCTION *DBSysFiles: Word;*

DBTblBlockSize 268

Ermittelt die Blockgröße in den Memofeldern der Tabelle.
FUNCTION *DBTblBlockSize: Byte;*

DBTblDate 279

Ermittelt das Datum der letzten Aktualisierung der Tabelle.
FUNCTION *DBTblDate: Str10;*

DBTblExist 283

Prüft, ob eine Tabelle (bzw. Datei) auf Disk/Platte existiert.
FUNCTION *DBTblExist (FName: TblStr): Boolean;*

DBTblHdle 283

Ermittelt das Handle für einen Tabellennamen.
FUNCTION *DBTblHdle (TblName: TblStr): Byte;*

DBTblHdrLen 284

Ermittelt die Länge des Headers der Tabelle.
FUNCTION *DBTblHdrLen: Word;*

DBTblIsActive 285

Prüft, ob Daten in die Tabelle geschrieben werden können.
FUNCTION *DBTblIsActive: Boolean;*

DBTblIsHdle 287

Prüft, ob eine Tabelle mit Handle *TblHdle* bereits verwaltet wird.
FUNCTION *DBTblIsHdle (TblHdle: Byte): Boolean;*

DBTblIsUsed 288

Prüft, ob eine Tabelle mit Namen *TblName* bereits verwaltet wird.
FUNCTION *DBTblIsUsed (TblName: TblStr): Boolean;*

DBTblName 289

Ermittelt den Namen einer Tabelle über ihr Tabellen-Handle.
FUNCTION *DBTblName (TblHdle: Byte): TblStr;*

DBTblVersion 300

Ermittelt die dBASE-Version der aktuellen Tabelle.
FUNCTION *DBTblVersion: Byte;*

DBTblWithMmo 305

Prüft, ob eine Tabelle mindestens ein Memofeld besitzt.
FUNCTION *DBTblWithMmo: Boolean;*

DBTestMode 306

P:üft den Modus im Moduswort *DBMODE*.
FUNCTION *DBTestMode (switch: Word): Boolean;*

Datumsfunktionen

DBDateCDOW 141

Gibt den Wochentagsnamen eines Datums als String zurück.
FUNCTION *DBDateCDOW (Date: DateTime): Str10;*

DBDateCheck 142

Überprüft, ob eine Datumsangabe ein gültiges Datum enthält.
FUNCTION *DBDateCheck (Date: DateTime): Boolean;*

DBDateCMONTH 143

Gibt den Monatsnamen eines Datums als String zurück.
FUNCTION *DBDateCMONTH (Date: DateTime): Str10;*

DBDateMONTH 156

Gibt für ein Datum den Monat als Bytewert zurück.
FUNCTION *DBDateMONTH (Date: DateTime): Byte;*

DBDateSTOD 157

Speichert ein dBASE-Datum in eine DateTime-Variable.
PROCEDURE *DBDateSTOD (SDate: Str8; VAR Date: DateTime);*

DBDateSTOL 158

Konvertiert ein dBASE-Datums in einen LongInt-Wert.
FUNCTION *DBDateSTOL (Date: Str8): LongInt;*

DBDateTIME 160

Gibt die aktuelle Systemzeit als String zurück.
FUNCTION *DBDateTIME: Str8;*

DBDateTODAY 160

Gibt das aktuelle Systemdatum als String zurück.
FUNCTION *DBDateTODAY: Str10;*

DBDateYEAR 161

Gibt das Jahr einer Datumsangabe als Word-Wert zurück.
FUNCTION *DBDateYEAR (Date: DateTime): Word;*

DBFldGetDate 173

Gibt den Wert eines Datum-Feldes als Pascal-Typ DateTime zurück.
FUNCTION *DBFldGetDate (FldHdle: Byte; VAR D: DateTime): Integer;*

DBFldPutDate 189

Schreibt einen Datumswert vom Typ DateTime in ein Datums-Feld.
FUNCTION *DBFldPutDate (FldHdle: Byte; D: DateTime): Integer;*

Tabelle

DBTblDate 279

Ermittelt das Datum der letzten Aktualisierung der Tabelle.
FUNCTION *DBTblDate: Str10;*

DBTblDelete 280

Löscht die angegebene Tabelle und eine evtl. zugehörige Memodatei.
FUNCTION *DBTblDelete (TblName: TblStr): Boolean;*

DBTblEmpty 281

Entfernt alle Records aus der aktuellen Tabelle oder erzeugt eine leere.
PROCEDURE *DBTblEmpty (TblTo: TblStr; DelOld: Boolean);*

DBTblExist 283

Prüft, ob eine Tabelle (bzw. Datei) auf Disk/Platte existiert.
FUNCTION *DBTblExist (FName: TblStr): Boolean;*

DBTblHdle 283

Ermittelt das Handle für einen Tabellennamen.
FUNCTION *DBTblHdle (TblName: TblStr): Byte;*

DBTblHdrLen 284

Ermittelt die Länge des Headers der Tabelle.
FUNCTION *DBTblHdrLen: Word;*

DBTblIsActive 285

Prüft, ob Daten in die Tabelle geschrieben werden können.
FUNCTION *DBTblIsActive: Boolean;*

DBTblIsChanged 286

Prüft, ob die Tabelle seit dem Öffnen verändert wurde.
FUNCTION *DBTblIsChanged: Boolean;*

DBTblIsHdle 287

Prüft, ob eine Tabelle mit dem Handle *TblHdle* bereits verwaltet wird.
FUNCTION *DBTblIsHdle (TblHdle: Byte): Boolean;*

DBTblIsUsed 288

Prüft, ob eine Tabelle mit dem Namen *TblName* bereits verwaltet wird.
FUNCTION *DBTblIsUsed (TblName: TblStr): Boolean;*

DBTblName 289

Ermittelt den Namen einer Tabelle über ihr Tabellen-Handle.
FUNCTION *DBTblName (TblHdle: Byte): TblStr;*

DBTblOpen 290

Öffnet eine dBASE-Tabelle.
FUNCTION *DBTblOpen (VAR TblHdle: Byte; TblName: TblStr): Boolean;*

DBTblPack 291

Entfernt alle gelöscht markierten Records aus der aktuellen Tabelle.
FUNCTION *DBTblPack: LongInt;*

DBTblRename 293

Benennt die aktuelle Tabelle und deren Memodatei um.
FUNCTION *DBTblRename (TblTo: TblStr): Boolean;*

DBTblSelect 294

Wählt die aktuelle Tabelle bzw. den aktuellen Arbeitsbereich aus.
PROCEDURE *DBTblSelect (TblHdle: Byte);*

DBTblStruToDBF 295

Erstellt eine dBASE-Tabelle, deren Records die Strukturdaten der aktuellen Tabelle enthalten.
FUNCTION *DBTblStruToDBF (TblTo: TblStr): Integer;*

DBTblStruToSTR 297

Erstellt eine Textdatei, die Engine-spezifische Informationen über die Struktur der aktuellen Tabelle enthält.
FUNCTION *DBTblStruToSTR (StruName: TblStr): Integer;*

DBTblUpdate 299

Aktualisiert eine Tabelle in ihrem Headerbereich.
FUNCTION *DBTblUpdate (TblHdle: Byte): Boolean;*

DBTblVersion 300

Ermittelt die dBASE-Version der aktuellen Tabelle.
FUNCTION *DBTblVersion: Byte;*

DBTblView 301

Zeigt den Inhalt der aktuellen Tabelle in Tabellenform an.
PROCEDURE *DBTblView (VAR startrec: LongInt);*

DBTblWithMmo 305

Prüft, ob eine Tabelle mindestens ein Memofeld besitzt.
FUNCTION *DBTblWithMmo: Boolean;*

Record und Record-Zwischen-Puffer

DBRecAdd 242

Fügt an eine Zieltabelle den aktuellen Record der aktuellen Tabelle.
FUNCTION *DBRecAdd (ToTbl: Byte): Boolean;*

DBRecAppend 243

Fügt einen Record an das Tabellenende hinzu.
PROCEDURE *DBRecAppend (typ: RecOutputT);*

DBRecBufClose 244

Entfernt einen Record-Zwischen-Puffer.
FUNCTION *DBRecBufClose (BufHdle: Byte): Boolean;*

DBRecBufCopy 246

Kopiert den angegebenen Record-Zwischen-Puffer in den aktuellen.
FUNCTION *DBRecBufCopy (TblHdle,BufHdle: Byte): Boolean;*

DBRecBufEmpty 247

Leert (löscht) den Inhalt eines Record-Zwischen-Puffers.
FUNCTION *DBRecBufEmpty (BufHdle: Byte): Boolean;*

DBRecBufIsChanged 248

Prüft, ob der Inhalt des Record-Zwischen-Puffers verändert wurde.
FUNCTION *DBRecBufIsChanged: Boolean;*

DBRecBufOpen 249

Legt einen neuen (leeren) Record-Zwischen-Puffer an.
FUNCTION *DBRecBufOpen (VAR BufHdle: Byte): Boolean;*

DBRecBufSelect 250

Wählt den aktuellen Record-Zwischen-Puffer aus.
PROCEDURE *DBRecBufSelect (BufHdle: Byte);*

DBRecCount 251

Ermittelt die Anzahl der Records.
FUNCTION *DBRecCount: LongInt;*

DBRecDelete 252

Markiert den aktuellen Record als gelöscht.
PROCEDURE *DBRecDelete;*

DBRecFirst 253

Liest den ersten Record in den aktuellen Record-Zwischen-Puffer.
PROCEDURE *DBRecFirst;*

DBRecGoto 254

Liest einen Record in den aktuellen Record-Zwischen-Puffer.
PROCEDURE *DBRecGoto (RecHdle: LongInt);*

DBRecIsDel 255

Prüft, ob der aktuelle Record als gelöscht markiert ist.
FUNCTION *DBRecIsDel: Boolean;*

DBRecLen 257

Ermittelt die Größe der Records in der aktuellen Tabelle.
FUNCTION *DBRecLen: Word;*

DBRecNext 258

Liest den nächsten Record in den aktuellen Record-Zwischen-Puffer.
PROCEDURE *DBRecNext;*

DBRecPrev 259

Liest den vorigen Record in den aktuellen Record-Zwischen-Puffer.
PROCEDURE *DBRecPrev;*

DBRecRecall 260

Entfernt die Löschmarkierung beim aktuellen Record.
PROCEDURE *DBRecRecall;*

DBRecSkip 260

Positioniert den Recordzeiger in der Tabelle vor oder zurück und liest den Inhalt des Records in den aktuellen Record-Zwischen-Puffer.
PROCEDURE *DBRecSkip (distance: LongInt);*

DBRecUpdate 262

Aktualisiert den Tabellen-Record mit dem Inhalt des Record-Puffers.
PROCEDURE *DBRecUpdate;*

Felder

DBFldBlank 166

Stellt fest, ob ein Feld leer ist.
FUNCTION *DBFldBlank (FldHdle: Byte): Boolean;*

DBFldCount 167

Ermittelt die Anzahl der Felder.
FUNCTION *DBFldCount: Byte;*

DBFldDec 168

Ermittelt die Anzahl der Dezimalstellen eines Feldes.
FUNCTION *DBFldDec (FldHdle: Byte): Byte;*

DBFldGetASCII 169

Gibt den Wert eines beliebigen Feldes als String zurück.
FUNCTION *DBFldGetASCII (FldHdle: Byte; VAR ASC: String): Integer;*

DBFldGetBool 170

Gibt den Wert eines logischen Feldes als Boolean zurück.
FUNCTION *DBFldGetBool (FldHdle: Byte; VAR B: Boolean): Integer;*

DBFldGetByte 171

Gibt den Wert eines ganzzahligen numerischen Feldes als Byte zurück.
FUNCTION *DBFldGetByte (FldHdle: Byte; VAR B: Byte): Integer;*

DBFldGetChar 172

Gibt das erste Zeichen eines Zeichenfeldes zurück.
FUNCTION *DBFldGetChar (FldHdle: Byte; VAR C: Char): Integer;*

DBFldGetDate 173

Gibt den Wert eines Datum-Feldes als Pascal-Typ DateTime zurück.
FUNCTION *DBFldGetDate (FldHdle: Byte; VAR D: DateTime): Integer;*

DBFldGetDoub 174

Gibt den Double-Wert eines numerischen Feldes zurück.
FUNCTION *DBFldGetDoub (FldHdle: Byte; VAR D: Double): Integer;*

DBFldGetInt 175

Gibt den Wert eines ganzzahligen numerischen Feldes als Integer zurück.
FUNCTION *DBFldGetInt (FldHdle: Byte; VAR I: Integer): Integer;*

DBFldGetLong 176

Gibt den Wert eines ganzzahligen numerischen Feldes als LongInt zurück.
FUNCTION *DBFldGetLong (FldHdle: Byte; VAR L: LongInt): Integer;*

DBFldGetReal 177

Gibt den Wert eines numerischen Feldes als Realzahl zurück.
FUNCTION *DBFldGetReal (FldHdle: Byte; VAR R: Real): Integer;*

DBFldGetStr 178

Gibt den Wert eines Zeichenfeldes als String zurück.
FUNCTION *DBFldGetStr (FldHdle: Byte; VAR S: String): Integer;*

DBFldHdle 179

Ermittelt das Feld-Handle für einen Feldnamen.
FUNCTION *DBFldHdle (FldName: FldNStr; VAR FldHdle: Byte): Integer;*

DBFldLen 180

Ermittelt die Feldlänge eines Feldes.
FUNCTION *DBFldLen (FldHdle: Byte): Byte;*

DBFldMaxLen 181

Ermittelt die maximale Feldlänge für einen Feldtyp.
FUNCTION *DBFldMaxLen (ftyp: Char; vers4: Boolean): Byte;*

DBFldMDX *182*

Prüft, ob ein Feld als MDX-Feld deklariert wurde (dBASE IV).
FUNCTION *DBFldMDX (FldHdle: Byte): Boolean;*

DBFldName *183*

Ermittelt den Feldnamen eines Feldes.
FUNCTION *DBFldName (FldHdle: Byte; VAR Lbl: FldNStr): Integer;*

DBFldPutASCII *184*

Schreibt einen String-Wert in ein Feld beliebigen Typs.
FUNCTION *DBFldPutASCII (FldHdle: Byte; ASC: String): Integer;*

DBFldPutBool *186*

Schreibt einen Boolean-Wert in ein logisches Feld.
FUNCTION *DBFldPutBool (FldHdle: Byte; B: Boolean): Integer;*

DBFldPutByte *187*

Schreibt einen Byte-Wert in ein ganzzahliges numerisches Feld.
FUNCTION *DBFldPutByte (FldHdle: Byte; B: Byte): Integer;*

DBFldPutChar *188*

Schreibt ein einzelnes Zeichen in ein Zeichenfeld.
FUNCTION *DBFldPutChar (FldHdle: Byte; C: Char): Integer;*

DBFldPutDate *189*

Schreibt einen Datumswert vom Typ DateTime in ein Datums-Feld.
FUNCTION *DBFldPutDate (FldHdle: Byte; D: DateTime): Integer;*

DBFldPutDoub *191*

Schreibt einen Double-Wert in ein numerisches Feld.
FUNCTION *DBFldPutDoub (FldHdle: Byte; D: Double): Integer;*

DBFldPutInt *192*

Schreibt einen Integer-Wert in ein ganzzahliges numerisches Feld.
FUNCTION *DBFldPutInt (FldHdle: Byte; I: Integer): Integer;*

DBFldPutLong *194*

Schreibt einen LongInt-Wert in ein ganzzahliges numerisches Feld.
FUNCTION *DBFldPutLong (FldHdle: Byte; L: LongInt): Integer;*

Memofelder und Memodateien

DBMmoCreate 229

Erzeugt eine neue (leere) dBASE-Memodatei.
FUNCTION *DBMmoCreate (MmoName: TblStr; Verstyp: VersT): Boolean;*

DBMmoEdit 230

Ermöglicht das Editieren eines Memotextes mit dem Texteditor.
FUNCTION *DBMmoEdit (FldHdle : Byte): Boolean;*

DBMmoInUse 234

Genutzter Text in der Memodatei in Blöcken und als Prozentwert.
FUNCTION *DBMmoInUse (VAR Blocks: LongInt): Byte;*

DBMmoPack 236

Entfernt alle ungenutzten Text-Blöcke aus einer Memodatei.
FUNCTION *DBMmoPack: Word;*

DBMmoRead 237

Liest einen Memotext in den Memopuffer der aktuellen Tabelle.
FUNCTION *DBMmoRead (FldHdle: Byte): Boolean;*

DBMmoView 239

Zeigt den Inhalt des Memopuffers im Editor-Fenster an.
PROCEDURE *DBMmoView;*

DBMmoWrite 240

Schreibt den Text aus dem Memopuffer in die Memodatei.
FUNCTION *DBMmoWrite (FldHdle: Byte): Boolean;*

DBSetBlockSize 264

Legt die Blockgröße für Memofelder fest (dBASE IV).
PROCEDURE *DBSetBlockSize (Size: Byte);*

DBTblBlockSize 268

Ermittelt die Blockgröße in den Memofeldern der Tabelle.
FUNCTION *DBTblBlockSize: Byte;*

Index

DBIndSelect 220

Wählt aus den offenen Indexen im momentanen Arbeitsbereich den Primärindex aus (oder schaltet auf unsortierte Reihenfolge um).
PROCEDURE DBIndSelect (IndHdle: Byte);

DBIndUnique 221

Prüft, ob ein offener Index gleiche Schlüsselausdrücke zuläßt.
FUNCTION *DBIndUnique (IndHdle: Byte): Boolean;*

Suchen

DBFldSearch 200

Sucht in einem Feld der Tabelle nach einem Wert im Record-Puffer.
FUNCTION *DBFldSearch (BufHdle,FldHdle: Byte; mode: SearchT): Integer;*

DBIndFind 211

Sucht im Primärindex nach einem Schlüsselausdruck.
FUNCTION *DBIndFind (Search: KeyStr): Integer;*

Literatur

[1] Wirth, Niklaus:
Algorithmen und Datenstrukturen.
Stuttgart: Teubner-Verlag, 1983.

[2] Pressman, Robert S.:
Software Engineering, Grundkurs für Praktiker
New York: McGraw-Hill (McGraw Hill software engineering), 1989.

[3] Schlageter, G.; Stucky, W.:
Datenbanksysteme, Konzepte und Modelle.
Stuttgart: Teubner-Verlag, 1983.

[4] Ashton Tate (Hrsg.):
Referenz- und Benutzerhandbuch zu dBASE IV.
Langen: Eigenverlag, 1989.

[5] Heiser, Paul W.:
Retten defekter dBASE-Dateien.
München: tewi, 1990.

[6] Beilstein, Hans-Walter:
Professionell arbeiten mit dBASE IV, Version 1.1.
Würzburg: Vogel-Verlag und Druck KG, 1992.

[7] Chip Special Team; Schwalm,Till S.;... :
Turbo-Pascal, Das Allerbeste.
Würzburg: Vogel-Verlag und Druck KG,1989.

[8] Althaus, Martin:
Das PC Profibuch - für IBM PC; XT; AT; PS/2 und Kompatible.
Düsseldorf: SYBEX-Verlag, 1988.

[9] Born, Günter :
Das MS-DOS Programmierhandbuch.
Haar bei München: Markt & Technik-Verlag, 1988.

[10] CHIP SPECIAL Turbo-Pascal, Ausg. 13, ISBN 3-8023-0994-4:
Reusch, Rainer; Artikel „Mausbedienung inklusive"; S. 17-30
Würzburg: Vogel-Verlag und Druck KG, 1989.

[11] CHIP SPECIAL Turbo-Pascal, Ausg.18, ISBN 3-8023-1090-X:
Kern, Martin; Artikel „Eine dBASE-Engine für Turbo-Pascal"; S. 7-16
Würzburg: Vogel-Verlag und Druck KG, 7/1991.

Sachwortverzeichnis

E

F

G

H

I

K

L

M

N

O

P

R

W

X

Z